荣获中国石油和化学工业优秀教材奖

高职高专"十三五"规划教材

建筑材料

第二版

曹亚玲　主　编

李子成　高鹤　张爱菊　副主编

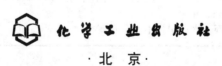

化学工业出版社

·北京·

全书共分十三章。主要阐述了建筑材料的基本组成、构造、特性、技术要求、质量检验测定方法、应用、储存与保管等方面的知识。

本书以建筑材料的主要技术性能和应用为重点，在编写过程中，注重突出高等职业教育特色，加大实践教学力度，突出实用性，每章所涉及的建筑材料试验均编在各章之后，以便理论与实际的紧密结合。为了便于能力训练，各章都配有能力训练题。

本书可作为高职高专土建类各专业及相关专业成人教育的教学用书，也可作为概预算员、施工员、材料员等职业的岗位培训、自学自考用书。

图书在版编目（CIP）数据

建筑材料/曹亚玲主编. —2 版. —北京：化学工业出
版社，2015.1（2021.3 重印）
高职高专"十三五"规划教材
ISBN 978-7-122-22437-8

Ⅰ.①建…　Ⅱ.①曹…　Ⅲ.①建筑材料-高等职业
教育-教材　Ⅳ.①TU5

中国版本图书馆 CIP 数据核字（2014）第 280789 号

责任编辑：李仙华　　　　　　　　　　　装帧设计：刘剑宁
责任校对：王素芹

出版发行：化学工业出版社（北京市东城区青年湖南街 13 号　邮政编码 100011）
印　　装：北京虎彩文化传播有限公司
787mm×1092mm　1/16　印张 15　字数 363 千字　2021 年 3 月北京第 2 版第 4 次印刷

购书咨询：010-64518888　　　　　　　　售后服务：010-64518899
网　　址：http://www.cip.com.cn
凡购买本书，如有缺损质量问题，本社销售中心负责调换。

定　　价：40.00 元　　　　　　　　　　　　　　　版权所有　违者必究

前　言

建筑材料是人类进行建造活动的物质基础，它与建筑、结构、施工之间存在着相互依存、相互促进的密切关系。从事土建工程的技术人员和施工人员，具备建筑材料方面的基本知识和使用技能是非常重要的。建筑材料作为土建工程各专业的一门必修专业基础课，为学生进一步学好专业知识，将来更好地从事工程实践奠定了基础。本书获得中国石油和化学工业优秀教材奖。

本教材根据教育部高等职业教育的有关文件精神，并针对高等职业教育是培养技能型、应用型人才的特点，以社会需求为导向，注重应用为主，理论够用为度进行编写的。本书编写的突出特点是：其一，编者在教材内容的编排上进行了大胆改革，为了突出行动导向的教学思想，力争理论教学与学生试验、实训紧密结合，故把有关材料的检测内容编写在各章的理论教学之后，以便在学生掌握一定的理论知识基础上，及时地进行有关材料检测的操作技能训练。其二，编者在学生能力训练习题中，改变以往建筑材料习题以问答题（思考题）为主的学生练习模式，增加了选择题、判断题等学生喜欢的能力训练题型，并在习题的内容上紧密联系实际工程实践及学生实训操作，强化学生应用所学的理论知识解决工程实际问题的能力。

为了更好地适应教学改革和工程实际需要，本书在第一版的基础上，根据水泥、混凝土、建筑砂浆等材料的新标准、新规范进行了修订补充。

全书共分十三章。各章、节内容主要阐述了建筑材料的基本组成、构造、特性、技术要求、质量检验测定方法、应用及储存与保管等方面的知识。本书可作为高职高专土建类各专业及相关专业成人教育的教学用书，也可作为概预算员、施工员、材料员等职业的岗位培训、自学自考用书。

全书由石家庄铁路职业技术学院曹亚玲教授主编，负责全书的统稿及整理工作。李子成、高鹤、张爱菊副主编，重庆能源职业学院冯雨实参加了编写。在编写过程中，参阅了大量国内同类教材与专著，在此对其作者表示衷心的感谢！

由于建筑材料的发展很快，新材料、新品种不断涌现，加之编者水平有限，所以书中难免出现疏漏之处，敬请读者批评指正。

本书提供有电子教案，可登录 www.cipedu.com.cn 免费下载。

编者

第一版前言

建筑材料是人类进行建造活动的物质基础，它与建筑、结构、施工之间存在着相互依存、相互促进的密切关系。从事土建工程的技术人员和施工人员，具备建筑材料方面的基本知识和使用技能是非常重要的。建筑材料作为土建工程各专业的一门必修专业基础课，可为进一步学好专业知识，将来更好地从事工程实践奠定坚实的基础。

本教材是根据教育部高等职业教育的有关文件精神进行编写的，针对高等职业教育是培养技能型、应用型人才的特点，以社会需求为导向，理论以必需、够用为度，注重应用。本书编写的突出特点如下：

其一，编者在教材内容的编排上进行了大胆改革，为了突出行动导向的教学思想，力争理论教学与试验、实训紧密结合，故把有关材料的检测内容编写在各章的理论教学之后，以便在掌握一定的理论知识基础上，及时地进行有关材料检测的操作技能训练。

其二，编者在能力训练习题中，改变以往建筑材料习题以问答题（思考题）为主的练习模式，增加了选择题、判断题等能力训练题型，并在习题的内容上紧密联系实际工程实践及实训操作，强化应用所学理论知识解决工程实际问题的能力。

全书共分十三章。各章、节内容主要阐述了建筑材料的基本组成、构造、特性、技术要求、质量检验测定方法、应用、储存与保管等方面的知识。本书可作为高职高专土建类各专业及相关专业成人教育的教学用书，也可作为概预算员、施工员、材料员等职业的岗位培训、自学自考用书。

本书由石家庄铁路职业技术学院曹亚玲主编，负责全书的统稿及整理工作，刘伶娟、崔春霞副主编，刘良军主审。参加编写的还有：穆兰、檀丽丽、李志通、巩有奎、相会强、杨石柱、刘士龙、杨维亭、李守国、陈宏伟。

本书在编写过程中，参阅了有关文献资料，在此对这些文献作者表示衷心的感谢！

由于编者水平有限，书中难免有不妥之处，敬请读者批评指正。

本书提供有电子教案，可发信到 cipedu@163.com 邮箱免费获取。

编者

2008 年 5 月

目 录

1 绪 论

1.1 我国建筑材料的发展状况及在建筑工程中的地位

人类赖以生存的总环境中，所有构筑物和建筑物所用的材料，统称建筑材料。建筑材料的发展史是人类文明发展史的一部分，建筑业的发展水平和发展规模代表着整个社会的发展状况，而建筑材料的不断发展又推动着建筑业的发展与进步。随着社会的发展和人民生活水平的不断提高，对土建工程在功能方面提出了各种新的要求，这对建筑材料工业的发展也起到了促进作用。例如：地下、涵洞和隧道等土建工程需要抗渗、防水性很强的材料；大跨度结构和高耸的建筑需要具备轻质高强性能的材料；建筑节能需要高效保温隔热材料等。

新中国成立以来，我国建筑材料工业发展迅速。自1995年后，我国的水泥、平板玻璃、建筑卫生陶瓷和石墨、滑石等部分非金属矿产品产量一直居世界第一，是名副其实的建材生产大国。但我们与发达国家相比，仍然存在差距。能源消耗大，科技含量低，污染环境严重，劳动生产率低，产品创新、市场应变能力差等是亟待解决的问题。因此，国家及时地制定了建材工业"由大变强，靠新出强"的方针和可持续发展的战略。经过努力，建材工业的整体格局已发生了可喜的变化，取得了长足的进步，主要建材产品产量继续保持世界领先水平。随着国家经济的发展和人民生活水平的进一步提高，建筑材料作为生产资料和生活资料，在数量和质量上都面临着更高的要求。人类对建筑的要求已不是原始的遮风挡雨，自我防护，而是舒适、美观、自然、多功能，所以，走可持续发展道路，发展绿色建材已势在必行。

建筑材料是土建工程发展的物质基础，建筑材料的费用是建筑工程造价的主要因素，材料费用高，建筑工程造价就高，建筑材料的质量、功能、档次、性能的优劣直接影响着工程造价。目前，在我国建筑工程总造价中，建筑材料所占的比例高达50%～60%。而建筑施工和安装的全过程，实质上是按设计要求把建筑材料逐步变成建筑物的过程，它涉及材料的选用、运输、储存及加工等多方面。正确合理选用建筑材料，才能保证建筑物的使用功能和耐久性，否则就会出现"豆腐渣"工程。因此，加强工程管理，严把材料质量关，是保证建筑物质量的关键。

1.2 建筑材料的检验与技术标准

建筑材料是否合格，能否用于工程中，取决于技术性能是否达到相应的技术标准要求。材料的检验是通过必要的检测仪器，依据一定的检测方法进行的。建筑材料质量的检测在建筑工程中占有重要位置，通过对建筑材料质量的检验能科学地鉴定建筑物的质量，评判施工质量。

建筑材料检验的依据，是各项有关的技术标准、规程、规范及规定，这是材料检验必须遵守的法规，所以，在选用材料及施工中应用材料都应按有关的技术标准执行。我国的技术标准分为国家标准、行业标准、地方标准和企业标准四类。

（1）国家标准

代号为 GB 和 GB/T。

GB 代表国家强制性标准。全国范围内必须执行。产品的技术指标都不得低于标准中规定的要求。GB/T 代表国家推荐性标准，在国家范围内推荐使用。

（2）行业标准

在全国性的行业范围内使用。如：JC 代表国家建材行业标准；JT 代表国家交通行业标准。

（3）地方标准和企业标准

地方标准代号为 DB，企业标准代号为 QB。只限于在地方或企业内部使用。

标准的表示方法：由标准代号、编号、修订年份和标准名称等组成。

例如：GB/T 14684—2011《建设用砂》；GB/T 14685—2011《建设用卵石、碎石》。

世界各国均有自己的国家标准，如美国的"ASTM"标准；德国的"DIN"标准；英国的"BS"标准；日本"JIS"标准；世界范围统一使用的"ISO"标准等。

1.3　本课程的学习方法及任务

建筑材料是一门专业基础课，涵盖的内容多而杂，实践性强，逻辑性差，叙述性内容多，理论计算少，综合性强，系统性差，涉及知识面广，在学习中应注重理论联系实际。

本课程的任务是通过学习，获取建筑材料的基础知识，掌握建筑材料的性能和应用技术及试验检测技能，同时对建筑材料的储运、保管也要有所了解，以便在今后的工作中正确合理选用材料，并为后续专业课的学习打下基础。

2 建筑材料的基本性质

>>> **教学目标**

　　本章是学习建筑材料课程首先应具备的基础知识。通过本章学习，掌握材料的基本物理性质和基本力学性质的概念及计算，了解材料的性质对材料的物理、力学性能、耐久性的影响，为进一步学好建筑材料打下基础。

2.1　材料的物理性质

2.1.1　与质量有关的性质

　　建筑材料中除少数材料（如钢材、玻璃等）接近绝对密实外，绝大多数材料内部都含有孔隙。在自然状态下，材料的自然体积（V_0）是实体体积（V）和孔隙体积（V_P）之和，而材料中的孔隙特征包括开口孔隙和闭口孔隙，即材料总孔隙体积等于开口孔隙体积与闭口孔隙体积之和：$V_P=V_k+V_b$。

　　自然界中的材料，由于其单位体积内所含有的孔隙特征和数量的不同，所以单位体积的质量也有差异。现分述如下。

2.1.1.1　实际密度（简称密度）

　　指材料在绝对密实状态下单位体积的质量。按下式计算。

$$\rho=\frac{m}{V}$$

式中　ρ——实际密度，g/cm^3；

　　　　m——材料在干燥状态下的质量，g；

　　　　V——材料的实体体积，cm^3。

　　密度的单位有 g/cm^3，kg/L，kg/m^3。它们的换算关系为 $1g/cm^3=1kg/L=10^3kg/m^3$。

　　材料的实体体积如何确定呢？如果实体体积确定了，就可以确定材料的实际密度了。可以采用的方法是将块状材料磨细（粒径<0.2mm），以排除其内部孔隙，经干燥后用李氏密度瓶测定其实体体积。材料磨得越细，材料的孔隙排除得就越充分，测得的实体体积就越接近绝对密实状态的体积，得到的实际密度值就越精确。

2.1.1.2　视密度

　　指材料在包含内部闭口孔隙（开口孔隙除外）条件下的单位体积的质量。按下式计算。

$$\rho'=\frac{m}{V'}$$

式中　ρ'——视密度，g/cm^3；

　　　　m——材料干燥状态下的质量，g；

　　　　V'——材料在自然状态下不含开口孔隙的体积，cm^3。

　　在测定某些较致密的不规则的散粒材料（如卵石、砂等）的实际密度时，常直接采用排水法或水中称重法测其实际体积的近似值（因颗粒内部的闭口孔隙体积没有排除），这时所求得的实际密度为近似实际密度（即视密度）。

2.1.1.3 表观密度

指材料在自然状态下单位体积具有的质量。按下式计算。

$$\rho_0 = \frac{m}{V_0}$$

式中　ρ_0——表观密度，g/cm^3 或 kg/m^3；

　　　m——材料的质量，g 或 kg；

　　　V_0——材料在自然状态下的体积，或称自然体积，cm^3 或 m^3。$V_0 = V + V_P$。

自然体积是指包含材料内部孔隙的体积。自然体积如何确定呢？对于外形规则的材料来说，用数学方法直接计算出几何体积即为自然体积；对于外形不规则的材料，可用排水法确定，但测定前应先对材料进行表面蜡封或吸水饱和，以排除开口孔隙对测定值的影响。材料的表观密度除了与密度有关外，还与材料的孔隙率和含水程度有关。孔隙越多，表观密度越小；当孔隙中含有水分时，材料的质量和体积都有所变化。因此，在测定表观密度时，须注明材料的含水情况，没有特别注明时常指气干状态下的表观密度，在进行材料对比试验时，则以绝对干燥状态下测定的表观密度值（干表观密度）为准。

2.1.1.4 堆积密度

指散粒状或粉状材料，在自然状态下单位体积的质量。按下式计算。

$$\rho_0' = \frac{m}{V_0'}$$

式中　ρ_0'——堆积密度，kg/m^3；

　　　m——材料的质量，kg；

　　　V_0'——材料的堆积体积，m^3。

测定堆积密度时，堆积体积是指所用容器的容积。材料的堆积密度取决于材料的表观密度和测定时材料装入容器中的疏密程度，工程中通常采用松散堆积密度来确定散粒状材料的堆放空间。

2.1.2 与疏密程度有关的性质

2.1.2.1 密实度

指材料体积内被固体物质所充实的程度，即材料的实体体积占自然体积的百分率。以 D 表示。

$$D = \frac{V}{V_0} \times 100\% = \frac{\rho_0}{\rho} \times 100\%$$

2.1.2.2 孔隙率

指材料体积内，孔隙体积占自然体积（即总体积）的百分率。以 P 表示。

$$P = \frac{V_0 - V}{V_0} \times 100\% = \left(1 - \frac{\rho_0}{\rho}\right) \times 100\%$$

密实度（D）与孔隙率（P）的关系：$D + P = 1$。$P = P_k + P_b$。P_k 表示开口孔隙率，P_b 表示闭口孔隙率。

对于块状材料的疏密程度，一般可用密实度或孔隙率来表示。密实度越大（孔隙率越小），则材料越密实。材料的许多工程性质如：强度、抗渗性、抗冻性、导热性、吸声性、吸湿性等均与此有关。一般而言，密实度大、孔隙率小且开口贯通孔隙较少的材料吸水性小、强度高、抗渗性、抗冻性也较好。

2.1.2.3 填充率

指散粒材料在某容器的堆积体积中，被其颗粒填充的程度，即自然体积占堆积体积的百分率。用 D' 表示。

$$D' = \frac{V_0}{V'_0} \times 100\% = \frac{\rho'_0}{\rho_0} \times 100\%$$

2.1.2.4 空隙率

指散粒材料在某容器的堆积体积中，空隙体积占堆积体积的百分率。用 P' 表示。

$$P' = \frac{V'_0 - V_0}{V'_0} \times 100\% = \left(1 - \frac{\rho'_0}{\rho_0}\right) \times 100\%$$

填充率或空隙率的大小，反映了散粒或粉状材料的颗粒之间相互填充的疏密程度。空隙率在配制混凝土时可作为控制混凝土粗、细骨料级配与计算含砂率的依据。

2.1.3 与水有关的性质

2.1.3.1 亲水性与憎水性

材料在使用过程中与水接触是否能被水润湿（水被材料表面吸附），这与材料本身的性质有关。依据材料被水润湿的程度，可将其分为亲水性材料和憎水性材料。

材料的亲水性与憎水性可用润湿角 θ 来表示，如图 2-1 所示。

(a) 亲水性材料   (b) 憎水性材料

图 2-1　材料的润湿示意图

润湿角是在材料、水、空气三相的交点处，沿水滴表面的切线与水和材料接触面之间的夹角（图 2-1）。θ 角越小，则材料被水润湿的程度就越高。一般认为，当 $\theta \leqslant 90°$〔图 2-1(a)〕时，材料为亲水性材料，如砖、石料、混凝土、木材等；当 $\theta > 90°$〔图 2-1(b)〕时，材料为憎水性材料，如沥青、石蜡、塑料等。憎水性材料其表面不能被水润湿，故可作防水材料、防潮材料，若将憎水性材料用于亲水性材料的表面处理，则可提高其耐久性。

2.1.3.2 吸水性与吸湿性

材料在水中吸收水分的性质叫吸水性。其大小可用吸水率表示，吸水率有质量吸水率（$W_质$）和体积吸水率（$W_体$）两种。

质量吸水率：材料吸水饱和时，吸收的水分的质量占材料干燥时质量的百分率。可按下式计算。

$$W_质 = \frac{m_饱 - m_干}{m_干} \times 100\%$$

式中　$W_质$——材料的质量吸水率，%；

　　　$m_饱$——材料吸水饱和时的质量，g；

　　　$m_干$——烘干至恒重的质量，g。

体积吸水率：材料吸水饱和时，吸入水分的体积占干燥材料自然体积的百分率，可按下式计算。

$$W_体 = \frac{V_水}{V_0} \times 100\% = \frac{m_饱 - m_干}{V_0} \times \frac{1}{\rho_水} \times 100\%$$

式中　$W_体$——材料的体积吸水率，%；

　　　$V_水$——材料吸水饱和时，吸入水的体积，cm^3；

　　　V_0——干燥材料的自然体积，cm^3；

　　　$\rho_水$——水的密度，g/cm^3。在常温下 $\rho_水 = 1.0g/cm^3$。

质量吸水率和体积吸水率的关系如下。

$$W_体 = W_质 \rho_0$$

式中　ρ_0——材料在干燥状态下的表观密度。

材料在潮湿的空气中吸收水分的性质叫吸湿性。其大小用含水率来表示，可按下式计算。

$$W_含 = \frac{m_湿 - m_干}{m_干} \times 100\%$$

式中　$W_含$——材料的含水率，%；

　　　$m_湿$——材料吸湿后的质量，g；

　　　$m_干$——干燥材料的质量，g。

材料吸湿性不但与材料本身的特性（组成、构造）有关，还受周围环境条件的影响。温度越低，相对环境湿度越大，材料的含水率也就越大。随着空气湿度的变化，材料既能吸收空气中的水分，也能向干燥的空气中散发水分，最终将使材料中的水分与其周围空气中的湿度达到平衡，这时材料的含水率称为平衡含水率。

2.1.3.3　耐水性

材料长期在饱和水的作用下抵抗破坏的能力，称为耐水性。材料的耐水性用软化系数表示，可按下式计算。

$$K_软 = \frac{f_饱}{f_干}$$

式中　$K_软$——材料的软化系数；

　　　$f_饱$——材料在吸水饱和状态下的抗压强度，MPa；

　　　$f_干$——材料在干燥状态下的抗压强度，MPa。

软化系数一般在0~1之间波动，材料吸水饱和后强度降低得越多，材料的耐水性也就越差。通常认为软化系数大于0.80的材料可作为耐水材料。对于长期处于水中或潮湿的环境中的重要建筑物应选用软化系数大于0.85的材料，对于受潮较轻或次要结构可选用软化系数不小于0.75的材料。

材料的耐水性主要与其组成成分在水中的溶解度和材料内部开口孔隙率的大小有关。溶解度越大，开口孔隙率越大，则材料的耐水性越差，溶解度小且开口孔隙率小的材料，软化系数大，耐水性较好。

2.1.3.4　抗渗性

材料抵抗压力水（或其它液体）渗透本体的性能叫抗渗性。材料抗渗性好坏可用下面两种方法表示。

（1）渗透系数

渗透系数反映了单位时间内，在单位水头作用下，通过单位面积和厚度的渗透水量。可按下式计算。

$$K = \frac{Wd}{Ath}$$

式中　K——渗透系数，cm/s；

　　　W——透过材料试件的水量，cm³；

　　　t——透水时间，s；

　　　A——透水面积，cm²；

　　　h——静水压力水头，cm；

　　　d——试件厚度，cm。

渗透系数越大，说明材料的透水性越好而抗渗性越差。一些防渗、防水材料（如油毡等）其防水性能常用渗透系数表示。

（2）抗渗等级

用标准试验条件下，材料的最大渗水压力（单位：MPa）来确定抗渗等级（P）。例如，P6 表示该试件材料抵抗静水压力的能力为 0.6MPa。抗渗等级值越大，材料的抗渗性越好。材料的抗渗性与其孔隙率和孔隙特征有着密切关系，若孔隙率很小或孔隙为闭口孔隙时，材料的抗渗性就好。

2.1.3.5　抗冻性

材料在吸水饱和时，按规定的试验方法，经过多次冻融循环而不破坏（强度降低不大于 25%，质量损失不大于 5%）的性质称为抗冻性。抗冻性用抗冻等级（F）表示。如：F50 表示强度降低不大于 25%，质量损失不大于 5% 时此材料的最大冻融循环次数为 50 次。材料的抗冻等级值越大，说明其抗冻性越强。

材料经过冻融而破坏的原因，主要是材料毛细孔中的水分结冰时体积增大，对孔壁产生膨胀而破坏。抗冻性的好坏除了取决于材料的孔隙率和孔隙特征外，还与其受冻前吸水饱和的程度、强度及冻结条件（如冻结温度、速度、冻融循环作用的频繁程度等）等因素有关。材料强度越低，开口孔隙率越大，冻结温度越低，速度越快、越频繁，则造成材料的冻害就越严重。因此，对于受大气和水作用的材料，抗冻性往往是决定其耐久性的一个重要因素。

2.1.4　与热有关的性质

2.1.4.1　导热性

材料传导热量的能力称为导热性。导热性的大小用热导率 λ 表示。热导率在数值上等于厚度为 1m 的材料，当其相对两侧表面温度差为 1K 时，经单位面积（1m²）单位时间（1s）所通过的热量。可用下式表示。

$$\lambda = \frac{Qa}{At(T_2 - T_1)}$$

式中　λ——热导率，W/(m·K)；

　　　Q——传导的热量，J；

　　　A——热传导面积，m²；

a——材料厚度，m；

t——热传导时间，s；

T_2-T_1——材料两侧温差，K。

材料的热导率越小，其绝热性越好。各种材料的热导率差别较大，大致为 0.035～3.5W/(m·K)。如泡沫塑料 $\lambda=0.035$W/(m·K)，而大理石 $\lambda=3.5$W/(m·K)。热导率与材料内部孔隙构造有密切关系。由于密闭空气的热导率很小［$\lambda=0.023$W/(m·K)］，所以材料的孔隙率较大者其热导率较小。通常将 $\lambda\leqslant0.15$W/(m·K) 的材料称为绝热材料。

2.1.4.2　热容量

材料受热或冷却时，吸收或放出热量的性质称为热容量。热容量的大小用比热容（也称热容量系数）表示，可按下式计算。

$$c=\frac{Q}{m(T_2-T_1)}$$

式中　c——比热容，J/(g·K)；

Q——材料吸收或放出的热量，J；

m——材料的质量，g；

T_1——材料受热或冷却前的温度，K；

T_2——材料受热或冷却后的温度，K。

比热容是反映材料吸收或放出能量大小的物理量，是设计建筑物围护结构、进行热工计算时的重要参数，选用热导率小、比热容大的材料不仅可节约能耗，而且还能保持室内温度长时间的稳定。常见建筑材料与热有关的性能指标见表 2-1。

表 2-1　常见建筑材料与热有关的性能指标

材料名称	热导率 /[W/(m·K)]	比热容 /[J/(g·K)]	材料名称	热导率 /[W/(m·K)]	比热容 /[J/(g·K)]
建筑钢材	58	0.48	黏土空心砖	0.64	0.92
花岗岩	3.49	0.92	松木	0.17～0.35	2.51
普通混凝土	1.28	0.88	泡沫塑料	0.03	1.30
水泥砂浆	0.93	0.84	冰	2.20	2.05
白灰砂浆	0.81	0.84	水	0.60	4.19
普通黏土砖	0.81	0.84	静止空气	0.025	1.00

2.2　材料的力学性质

材料在外力（荷载）作用下，抵抗破坏和变形的能力称为材料的力学性质。

2.2.1　材料的强度

材料在外力的作用下抵抗破坏的能力称为强度（单位：MPa）。材料的强度通常以极限强度表示。由于材料在建筑物中所处的位置不同，受到外力作用的方式也有所不同，可分为拉力、压力、剪力和弯（折）力，因此，材料抵抗这些外力破坏的能力分别称为抗拉强度、抗压强度、抗剪强度和抗弯（抗折）强度，这些强度是通过静力试验来测定的，静力强度分类见图 2-2。

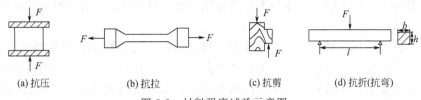

图 2-2　材料强度试验示意图

F—破坏荷载；l—跨度；b—宽度；h—断面高度

计算抗压强度、抗拉强度、抗剪强度可用如下公式。

$$f=\frac{F}{A}$$

式中　F——破坏荷载，N；

　　　A——受力面积，mm^2。

计算抗折（抗弯）强度可用如下公式。

$$f=\frac{3Fl}{2bh^2}$$

式中　F——破坏荷载，N；

　　　l——跨度，mm；

　　　b——宽度，mm；

　　　h——高度，mm。

材料强度的大小通常是以强度等级作为衡量指标，某材料的强度等级值是材料达到该级别的最低值，即材料的实际强度值高于该级别的强度值。如某混凝土的强度等级为 C30，表示该混凝土的实际强度值≥30MPa。

此外，为了便于对不同材料的强度进行比较，常采用比强度这一指标。比强度是按单位质量计算的材料的强度，其值等于材料的强度与其表观密度之比，即 f/ρ_0。比强度是衡量材料是否轻质高强的一个主要指标。几种常见建筑材料的比强度见表 2-2。

表 2-2　钢材、木材和混凝土的强度比较

材　料	表观密度 ρ_0/(kg/m³)	抗压强度 f_c/MPa	比强度 f_c/ρ_0
低碳钢	7860	415	0.053
松木	500	34.3(顺纹)	0.069
普通混凝土	2400	29.4	0.012
红砖	1700	10	0.006

由表 2-2 可看出，松木比强度最高，而红砖的比强度最小。

2.2.2　材料的弹性与塑性

2.2.2.1　弹性

材料在外力作用下产生了变形，当外力消除时能恢复原来的形状的性质，称为弹性，这种变形为弹性变形（可恢复变形）。在预应力钢筋混凝土工程中，利用钢筋的弹性使混凝土预先受压，从而达到提高构件抗裂度和刚度及材料耐久性的目的。

2.2.2.2　塑性

材料在外力作用下产生了变形，当外力消除后，不能恢复原来的形状（永久变形）且也

不产生裂纹的性质，称为塑性，这种变形为塑性变形。材料的塑性对于材料的制作、加工成型有着重要意义。

纯弹性材料和纯塑性材料都是不存在的，材料的弹性与塑性不仅与材料的组成、结构、构造有关，还受到外界条件的影响，如荷载的大小，温度的变化等。例如低碳钢在受力不大时，仅产生弹性变形，此时应力与应变的比值为一常数，但随着外力增大超过弹性极限后，则出现另一种变形——塑性变形。

2.2.3 材料的脆性与韧性

2.2.3.1 脆性

材料在外力作用下未发生明显的塑性变形而突然断裂（破坏）的性质称为脆性。具有这种破坏特征的材料称为脆性材料。通常脆性材料的抗压强度远大于其抗拉强度，它的抗冲击、振动的能力也很差，因而常用做承压构件，如混凝土、砖、石材等。

2.2.3.2 韧性

材料在外力（冲击或振动荷载）的作用下发生了明显的变形而不断裂的性质称为韧性。又叫冲击韧度。具有这种性质的材料称为韧性材料。韧性材料的塑性变形大、抗拉强度高，一般可用于路面、桥梁和吊车梁等需要承受冲击荷载和有抗震要求的结构。

2.3 材料的耐久性

材料在使用过程中能够抵抗各种因素的作用而保持其原有性能的能力，称为耐久性。

材料的耐久性是衡量材料在长期使用条件下其安全性能的一项综合指标，主要包括抗冻性、抗渗性、抗老化、抗蚀性等。

材料在使用过程中除了受机械作用（如冲击、振动、疲劳荷载及磨损）外，还会与周围环境和各种自然因素发生作用，如物理（干湿变化、温度变化、冻融循环）、化学（酸、碱、盐等腐蚀介质的侵害）和生物（菌类、昆虫的侵害）因素等。评判材料耐久性往往是一个很长的过程，需要长期的观察和测定，在建筑工程中使用的材料，通常是根据使用要求，在实验室进行快速试验对其耐久性作出判断。材料的耐久性直接影响建筑物的安全性和经济性，提高材料的耐久性就应根据工程的重要性和所处环境，合理选用材料，并采取相应措施提高材料对外界作用的抵抗能力，甚至可以从改善环境入手减轻其对材料的破坏。

2.4 建筑材料基本性质实训项目

通过实训操作练习，掌握材料密度、表观密度、堆积密度、吸水率测定的操作技能及其数值的确定方法，并学会有关仪器的使用。

2.4.1 密度测定

2.4.1.1 主要仪器

李氏密度瓶（见图2-3）、天平（500g，感量为0.01g）、烘箱、干燥器、筛子（孔径为0.02mm或900孔/cm²）、量筒、温度计、漏斗、小勺等。

2.4.1.2 试样制备

将试样研碎，用筛子除去筛余物后放到105～110℃的烘箱中烘至恒重，再放入干燥器中冷却至室温。

2.4.1.3　实训步骤

① 在李氏瓶中注入与试样不起反应的液体至凸颈下部，记下刻度数 V_0（单位：cm^3）。将李氏瓶放在盛水的容器中，在实训过程中保持水温为20℃。

② 用天平称取 $60\sim90g$ 试样，用漏斗和小勺小心地将试样慢慢送到李氏瓶内（不能大量倾倒，防止试样在李氏瓶喉部发生堵塞），直至液面上升至接近 $20cm^3$ 为止。再称取未注入瓶内剩余试样的质量，计算出送入瓶中试样的质量 m（单位为 g）。

③ 轻轻振动密度瓶，使液体中的气泡排出，记下液面刻度 V_1（单位为 cm^3）。

④ 将注入试样后的李氏瓶中液面读数 V_1 减去未注入前的读数 V_0，得出试样的密实体积（实际体积）V（单位为 cm^3）。

⑤ 结果计算。按下式计算（精确至 $0.01g/cm^3$）。

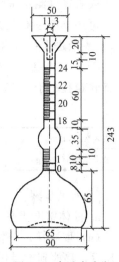

图 2-3　李氏密度瓶
（单位：mm）

$$\rho = \frac{m}{V}$$

式中　m——装入瓶中试样的质量，g；

　　　V——装入瓶中试样的实际体积，cm^3；

　　　ρ——材料的密度，g/cm^3。

按规定，密度试验用两个试样平行进行，以其计算结果的算术平均值为最后结果，但两个结果之差 $\leqslant0.02g/cm^3$。

2.4.2　表观密度测定

2.4.2.1　主要仪器

游标卡尺（精度 0.1mm）、天平（感量 0.1g，1g）、烘箱（105 ± 5）℃、吊篮（直径与高均为150mm，由孔径为 $1\sim2mm$ 的筛网制成或钻有 $2\sim3mm$ 孔洞的耐蚀金属板制成）、台秤（称量5kg，感量5g）、方孔筛（孔径为4.75mm）一个、盛水容器（有溢流孔）、干燥器、广口瓶（1000mL，磨口，带玻璃片）、直尺、温度计、浅盘等。

2.4.2.2　实训步骤

（1）几何形状规则的材料

① 将待测材料的试样放入 $105\sim110$℃的烘箱中烘至恒重，取出置于干燥器中冷却至室温。

② 用游标卡尺量出试样尺寸（每边测三次，各取平均值），并计算出该材料在自然状态下的体积（自然体积）$V_0(cm^3)$，再称试样质量 $m(g)$，则表观密度为

$$\rho_0 = \frac{1000m}{V_0}$$

式中　ρ_0——材料的表观密度，kg/m^3；

　　　m——试样的质量，g；

　　　V_0——试样的自然体积，cm^3。

以 5 次试验结果的平均值为最后结果（精确至 $10kg/m^3$）。

（2）几何形状不规则的材料（如石子的表观密度测定）

表观密度测定有液体密度天平法和广口瓶法。

可用排液法测量其体积 V_0，但在测定前，待测材料表面应用薄蜡层密封或吸水饱和（以免测液进入材料内部的开口孔隙而影响测定值）。

① 试样制备　按规定取样，用四分法缩分至不少于表 2-3 规定的数量，经烘干或风干后筛除粒径小于 4.75mm 的颗粒，洗刷干净后，分为大致相等的两份备用。

表 2-3　石子表观密度试验所需试样数量

最大粒径/mm	26.5	31.5	37.5	63.0	75.0
最少试样质量/kg	2.0	3.0	4.0	6.0	6.0

② 实训步骤

a. 液体密度天平法

（a）取试样一份装入吊篮，并浸入盛水的容器中，液面至少高出试样表面 50mm。浸水 24h 后，移放到称量用的盛水容器中，并用上下升降吊篮的方法排除气泡（试样不得露出水面）。吊篮每升降一次时间约为 1s，升降高度为 30～50mm。

（b）测定水温后（此时吊篮应全浸在水中），准确称出吊篮及试样在水中的质量，精确至 5g，称量时盛水容器中水面的高度由容器的溢流孔控制。

（c）提起吊篮，将试样倒入浅盘，放在烘箱中于（105±5）℃下烘干至恒重，待冷却至室温时，称出其质量（精确至 5g）。

（d）称量吊篮在同样温度水中的质量（精确至 5g）。称量时盛水容器的水面高度仍由溢流孔控制。

【注意】　试验时各项称量可以在 15～25℃范围内进行，但从试样加水静止的 2h 起至试验结束，其温度变化不得超过 2℃。

b. 广口瓶法　本法不宜用于测定最大粒径大于 37.5mm 的碎石或卵石的表观密度。

（a）将试样浸水 24h，然后装入广口瓶（倾斜放置）中，注入清水，摇晃广口瓶以排除气泡。

（b）排尽气泡后，向瓶中添加清水至水面凸出瓶口边缘。然后用玻璃片沿瓶口迅速滑行，使其紧贴瓶口水面。擦干瓶外水分后，称量试样、水、瓶和玻璃片的总质量（精确至 1g）。

（c）将瓶中试样倒入浅盘，放在烘箱中于（105±5）℃下烘干至恒重，待冷却至室温后称量其质量（精确至 1g）。

（d）将广口瓶洗净并重新注入清水，用玻璃片紧贴瓶口表面，擦干瓶外水分，称取水、广口瓶及玻璃片总质量（精确至 1g）。

③ 试验结果计算与评定　石子的表观密度可按下式计算（精确至 10kg/m³）。

$$\rho_0 = \left(\frac{m_0}{m_0 + m_2 - m_1} \right) \rho_水$$

式中　ρ_0——石子的表观密度，kg/m³；

$\rho_水$——水的密度，kg/m³，取 $\rho_水 = 1000$kg/m³；

m_0——烘干试样的质量，g；

m_1——吊篮及试样在水中的质量或试样、水、广口瓶及玻璃片的总质量，g；

m_2——吊篮在水中的质量或水、广口瓶及玻璃片的总质量，g。

表观密度取两次试验结果的算术平均值，两次试验结果之差大于 20kg/m³，须重做试验。对于材质不均匀的试样，如两次试验结果之差大于 $20kg/m^3$，则可取 4 次试验结果的算术平均值。

2.4.3 堆积密度测定（石子堆积密度的测定）

2.4.3.1 主要仪器

台秤（称量 10kg，感量 10g）、磅秤（称量 50kg 或 100kg，感量 50g）、容量筒（规格可因石子最大粒径不同按表 2-4 选用）、其它（垫棒和金属直尺等）。

表 2-4 容量筒的规格要求

最大粒径/mm	容量筒容积/L	容量筒规格/mm		
		内径	净高	壁厚
9.5,16.0,19.0,26.5	10	208	294	2
31.5,37.5	20	294	294	3
53.0,63.0,75.0	30	360	294	4

2.4.3.2 试样制备

按规定取样，烘干或风干后拌匀，并把试样分为大致相等的两份备用。

2.4.3.3 实训步骤

（1）松散堆积密度测定

取试样一份，用取样铲从容量筒口中心上方 50mm 处让试样自由落下，当容量筒上部试样呈锥体并向四周溢满时，停止加料。除去凸出容量筒表面的颗粒，以适当的颗粒填入凹陷处，使凹凸部分的体积大致相等（试验过程应防止触动容量筒）。称量试样和容量筒的总质量（精确至 10g）。

（2）紧密堆积密度测定

取试样一份，用取样铲将试样分三次自距容量筒 50mm 高处装入容量筒。每装完一层后，在筒底放一根垫棒，将筒按住，左右交替颠击地面 25 次。将三层试样装填完毕后，再加试样至超过筒口，用金属直尺沿筒口边缘刮去高出的试样，并用适合的颗粒填充凹处，使表面凸起部分与凹陷部分的体积大致相等。称量试样和容量筒的总质量（精确至 10g）。

（3）称量容量筒的质量（精确至 10g）。

2.4.3.4 试验结果计算与评定

按下式计算堆积密度（精确至 $10kg/m^3$）。

$$\rho_0' = \frac{m_1 - m_2}{V_0'}$$

式中　ρ_0'——石子的松散或紧密堆积密度，kg/m^3；

m_1——试样与容量筒总质量，g；

m_2——容量筒的质量，g；

V_0'——容量筒的容积，L。

堆积密度取两次试验结果的算术平均值，精确至 $10kg/m^3$。

2.4.4 吸水率测定

2.4.4.1 主要仪器

天平（称量为 1000g，感量为 0.1g）、烘箱（温度 105℃±5℃）、其它（水槽等）。

2.4.4.2 试样制备

将试样置于温度不超过 110℃ 的烘箱中烘至恒重,再放到干燥器中冷却至室温待用。

2.4.4.3 实训步骤

① 从干燥器中取出试样,称其质量 $m_干$(单位为 g)。

② 将试样放入水槽中,试样之间应留有 10~20mm 的间隔,试样底部用玻璃棒或玻璃管垫起,避免与槽底直接接触,让水能够自由进入。

③ 将水注入水槽中,使水面至试样高度的 1/3 处,过 24h 后,再加水至试样高度的 2/3 处,再过 24h 加满水,并放置 24h。这样逐次加水能够使试样孔隙中的空气逐渐逸出。

④ 取出试样后,用拧干的湿毛巾抹去其表面水分(不得来回擦拭),称其质量。称量后将试样仍放回水槽中浸水。

以后每隔 24h 用同样的方法称取试样质量,直到试样浸水至较为恒定的质量为止(两次质量之差不得超过 1%),此时称得的试样质量为 $m_饱$(单位为 g)。

⑤ 试验结果计算 材料的质量吸水率或体积吸水率按下式计算。

$$W_质 = \frac{m_饱 - m_干}{m_干} \times 100\%$$

$$W_体 = \frac{m_饱 - m_干}{V_0 \rho_水} \times 100\%$$

式中 $W_质$——质量吸水率;

$W_体$——体积吸水率;

$m_饱$——试样吸水饱和后的质量,g;

$m_干$——试样干燥时的质量,g;

V_0——干燥状态试样的自然体积,cm^3;

$\rho_水$——水的密度,g/cm^3,常温时水的密度可取 $1g/cm^3$。

按规定吸水率试验应用三个试样平行进行,并以三个试样吸水率的算术平均值作为测定结果。

小 结

本章讲述的建筑材料基础知识和理论,如材料的基本物理性质参数(各种密度、孔隙率、密实度、填充率、空隙率);材料与水有关的性质、与热有关的性质;材料的力学性质;材料的耐久性等,是学好各种建筑材料的基础。通过本章学习可以理解建筑材料所具有的各种基本性质的定义、内涵及材料性质对其性能的影响,如材料的孔隙率对材料强度、吸水性、耐久性等的影响,了解材料性能对建筑结构质量的影响,为进一步学好材料打下基础。

能力训练习题

1. 单项选择题

(1) 材料在自然状态下,单位体积的质量是( )。

　　A. 堆积密度　　　　　B. 表观密度　　　　　C. 实际密度　　　　　D. 密实度

(2) 材料孔隙率大且具有( )时,吸水性才是最强的。

　　A. 微细、贯通、开口孔隙　　　　　　　　B. 粗大、贯通、开口孔隙

C. 粗大、贯通、闭口孔隙   D. 微细、贯通、闭口孔隙

（3）下面材料的性质随孔隙率的降低而提高的是（　　　）。

    A. 吸水率   B. 含水率   C. 保温隔热性   D. 强度

（4）散粒状材料在容器的堆积体积中，被其颗粒填充的程度称为（　　　）。

    A. 密实度   B. 孔隙率   C. 空隙率   D. 填充率

（5）含水率为 5% 的湿砂 100kg，其干砂和水各是多少千克？（　　　）

    A. 干砂 85kg、水 15kg   B. 干砂 90kg、水 10kg

    C. 干砂 95kg、水 5kg   D. 干砂 95kg、水 10kg

2. 判断题（对的打"√"，错的打"×"）

（1）材料抗渗性的好坏主要取决于材料的孔隙率。   （　　）

（2）材料越密实，保温隔热性能越好。   （　　）

（3）密度越大的材料密实度也越大。   （　　）

（4）同种材料在干燥状态下，密度一定大于表观密度。   （　　）

（5）材料的渗透系数越大，表示其抗渗性越强。   （　　）

（6）材料受潮后保温性能会降低。   （　　）

（7）软化系数越大的材料，耐水性越差。   （　　）

（8）吸水率小的材料，其孔隙率一定很小。   （　　）

（9）材料的孔隙率越大，其抗冻性越差。   （　　）

（10）相同种类的材料，孔隙率越大，其强度越低。   （　　）

3. 计算题

（1）一辆体积为 3m³ 的车厢内装有碎石，装平时碎石质量为 5000kg，测得碎石的表观密度为 2600kg/m³，此时车厢内的空隙率是多少？若用堆积密度为 1500kg/m³ 的砂子填满车内全部空隙，则需多少砂子？

（2）已知甲材料在绝对密实状态下的体积为 40cm³，在自然状态下的体积为 160cm³；乙材料的密实度为 80%，求甲、乙两种材料的孔隙率，并判断哪种材料较宜作保温材料？

（3）某块材料的全干质量为 100g，自然状态下的体积为 40cm³，绝对密实状态下的体积为 33cm³，试计算该材料的实际密度、表观密度、密实度及孔隙率。

（4）某工地抽取碎石试样，烘干后称取碎石试样为 482g，将其装入有刻度的容器中，水面由原来的 452mL 上升至 630mL，取出石子，擦干其表面水分，称量其质量为 487g，试求该碎石的表观密度、视密度、开口孔隙率及质量吸水率。

（5）某工地现场拌制混凝土，每次搅拌需加入干砂 120kg，现场砂的含水率为 2%，计算每次应加入湿砂多少千克？

（6）直径为 20mm 的钢筋做拉伸试验，测得能承受的最大拉力为 145kN，试计算钢筋的抗拉强度（精确至 0.1MPa）。

3 气硬性胶凝材料

    凡在一定条件下，经过自身的一系列物理、化学作用后，能将散粒或块状材料胶结成具有一定强度的整体的材料，称为胶凝材料。胶凝材料根据化学成分可分为无机胶凝材料和有机胶凝材料。

    无机胶凝材料可分为气硬性胶凝材料（如石灰、石膏等）和水硬性胶凝材料（如水泥等）。

    气硬性胶凝材料：只能在空气中凝结硬化，保持并发展其强度的胶凝材料。

    水硬性胶凝材料：既能在空气中凝结硬化，而且在有水的环境硬化得更好的胶凝材料。

    本章主要介绍气硬性胶凝材料中的石灰、石膏、水玻璃。

3.1 石 灰

3.1.1 石灰的生产

生产石灰的原料主要有天然原料和化工副产品两种。天然原料是以 $CaCO_3$ 为主要成分的矿物（如天然的石灰岩、白云岩等）。化工副产品主要包括电石渣、$CaCO_3$、$MgCO_3$ 等。

$$CaCO_3 \xrightarrow{900 \sim 1000℃} CaO（生石灰）+CO_2 \uparrow$$

石灰的质量与煅烧的程度有直接关系，煅烧温度过低或时间不足时，会残留未分解的 $CaCO_3$，即形成欠火灰；若煅烧时间过长或温度过高，又会形成过火灰。欠火灰中 CaO 含量较低，熟化时石灰的出浆率也低，降低了石灰的利用率；过火灰质地密实，熟化速度较慢，若熟化不彻底，容易影响工程质量。品质好的石灰应该煅烧均匀、易熟化、灰膏产量高。

3.1.2 石灰的熟化与硬化

3.1.2.1 熟化

块状生石灰作为气硬性胶凝材料在使用前应加水熟化（又称消解）成熟石灰（又称消石灰），其反应式为

$$CaO+H_2O \longrightarrow Ca(OH)_2+64.9kJ$$

生石灰熟化时特点是体积膨胀 $1 \sim 2.5$ 倍，并放出大量的热。CaO 含量高，杂质少，块小的生石灰熟化速度较快。未彻底熟化的石灰（过火灰未熟化）不得用于拌制砂浆，以防抹灰后出现凸包裂纹。在建筑工地应及时将块状石灰放在化灰池内，加水后经过两周以上的时间让其彻底熟化，这个过程称为"陈伏"。

    石灰熟化方法：在化灰池或熟化机中加水，将生石灰拌制成石灰浆，经筛网过滤（除

渣）流入储灰池，在储灰池中陈伏（放置两周）成石灰膏，并在其表面保留一定厚度的水层，以防其接触空气而碳化变质。

3.1.2.2 硬化

石灰浆体的硬化过程主要包括结晶硬化和碳化硬化。

（1）结晶硬化

由于石灰膏中水分（一部分蒸发，另一部分被其它材料吸收）的减少，使其 $Ca(OH)_2$ 以胶体析出，随着时间的增加胶体逐渐变稠，$Ca(OH)_2$ 结晶析出，这样晶体、胶体逐渐结合成固体而硬化。

（2）碳化硬化

石灰膏体表面的 $Ca(OH)_2$ 与空气中的 CO_2 反应生成 $CaCO_3$，不溶于水的 $CaCO_3$ 由于水分的蒸发而逐渐结晶。其反应如下。

$$Ca(OH)_2 + CO_2 + nH_2O \longrightarrow CaCO_3 + (n+1)H_2O$$

碳化过程是从膏体表面开始的，逐步深入到内部，但表层生成的 $CaCO_3$ 结晶阻碍了空气中 CO_2 的深入，也影响了内部水分的蒸发，所以碳化过程长时间仅限于在表面进行。

石灰的硬化过程只能在空气中进行，硬化后的产物是碳酸钙和氢氧化钙，而氢氧化钙是可溶于水的物质，所以石灰只能在干燥环境的建筑物中使用，而不能用于有水或潮湿的环境中。

3.1.3 石灰的技术性能及标准

建筑生石灰按有效成分（CaO 含量、MgO 含量）和 CO_2 含量、未消化残渣含量及产浆量划分为优等品、一等品和合格品，各等级的技术要求见表 3-1。

表 3-1 建筑生石灰的技术指标（JC/T 479—2013）

项 目		钙质生石灰			镁质生石灰		
		优等品	一等品	合格品	优等品	一等品	合格品
(CaO+MgO)含量/%	≥	90	85	80	85	80	75
未消化残渣含量(孔径为 5mm 筛的筛余)/%	≤	5	10	15	5	10	15
CO_2 含量/%	≤	5	7	9	6	8	10
产浆量/(L/kg)	≥	2.8	2.3	2.0	2.8	2.3	2.0

注：有%的含量为质量分数。

建筑生石灰粉按有效成分（CaO、MgO 含量）、CO_2 含量及细度划分为优等品、一等品和合格品，各等级的技术要求见表 3-2。

表 3-2 建筑生石灰粉的技术指标（JC/T 479—2013）

项 目			钙质生石灰粉			镁质生石灰粉		
			优等品	一等品	合格品	优等品	一等品	合格品
(CaO+MgO)含量/%		≥	90	85	80	85	80	75
CO_2 含量/%		≤	5	10	15	5	10	15
细度	孔径为 0.90mm 筛筛余/%	≤	0.2	0.5	1.5	0.2	0.5	1.5
	孔径为 0.125mm 筛筛余/%	≤	7.0	12.0	18.0	7.0	12.0	18.0

注：有%的含量为质量分数。

建筑消石灰粉按有效成分（CaO、MgO 含量）、游离水质量分数、体积安定性及细度划分为优等品、一等品和合格品，各等级的技术要求见表 3-3。

表 3-3　建筑消石灰粉的技术指标（JC/T 481—2013）

项　目		钙质消石灰粉			镁质消石灰粉			白云石消石灰粉		
		优等品	一等品	合格品	优等品	一等品	合格品	优等品	一等品	合格品
(CaO＋MgO) 含量/%	≥	70	65	60	65	60	55	65	60	55
游离水/%		0.2～0.4								
体积安定性		合格	—		合格	—		合格	—	
细度	0.90mm 筛筛余/% ≤	0	0	0.5	0	0	0.5	0	0	0.5
	0.125mm 筛筛余/% ≤	3	10	15	3	10	15	3	10	15

注：有%的含量为质量分数。

3.1.4　石灰的特性

生石灰与其它胶凝材料相比有以下特性。

（1）良好的保水性和可塑性

生石灰熟化成石灰浆时，能自动形成极微细的呈胶体状态的氢氧化钙，表面吸附一层较厚的水膜，因此，具有良好的塑性。在水泥砂浆中掺入石灰膏，能显著提高水泥砂浆的保水性和可塑性。

（2）硬化慢、强度低

因石灰浆在空气中的碳化过程很慢，析出 $CaCO_3$、$Ca(OH)_2$ 晶体的量的增加速度也很缓慢，所以石灰膏的凝结硬化速度慢，硬化后强度也不高。如 1：3 石灰砂浆 28d 的抗压强度通常只有 0.2～0.5MPa。

（3）体积收缩大

石灰浆在硬化过程中由于大量水分的蒸发和碳酸钙的生成，会引起体积收缩而产生裂纹，所以除调成石灰乳作薄层涂刷外，不宜单独使用。工程中可在石灰中掺入砂、麻刀、纸筋等以减少收缩。

（4）耐水性差

石灰浆体硬化后主要成分是 $Ca(OH)_2$，由于 $Ca(OH)_2$ 微溶于水，所以石灰受潮后或被水浸泡，容易使其溃散，强度更低，因此石灰耐水性差。

（5）吸湿性强

生石灰极易吸收空气中的水蒸气而变质（生成熟石灰粉），失去胶凝作用，所以，生石灰作为气硬性胶凝材料使用时，应及时熟化或储存于密闭容器中。

3.1.5　石灰的应用

（1）配制水泥石灰混合砂浆和石灰砂浆

用熟化并陈伏好的石灰膏、水泥和砂配制而成的混合砂浆是目前用量最大、用途最广的砌筑砂浆；用石灰膏和砂或麻刀或纸筋配制而成的石灰砂浆、麻刀灰、纸筋灰，广泛用作内墙、天棚的抹面砂浆。此外，石灰膏还可稀释成石灰乳，用作内墙和天棚的粉刷涂料。

（2）拌制灰土和三合土

灰土（通常用石灰和黏土的体积比表示，有三七灰、二八灰）、三合土（石灰＋黏土＋砂、石或碎砖和炉渣等）、粉煤灰石灰土（石灰＋粉煤灰、黏土）、粉煤灰碎石土（石灰＋粉煤灰、砂、碎石等）等，大量应用于建筑物的基础、地面和道路等的垫层、地基的换土处理等。石灰宜用磨细的生石灰或消石灰粉，这样更易与黏土拌和，而磨细生石灰还可以提高灰土、三合土的密实度、强度和耐久性。

（3）作为石灰碳化制品的主要原料

例如：制作碳化石灰板（它能锯、刨、钉，适合作非承重内墙板、天花板等）。

（4）作为硅酸盐制品的主要原料

例如：灰砂砖、粉煤灰砖及砌块、加气混凝土砌块等（磨细生石灰或消石灰粉与砂或粒化高炉矿渣、炉渣、粉煤灰等硅质材料，经配料、混合、成型，再经常压或高压蒸气养护制成的密实或多孔硅酸盐制品）。

3.1.6 石灰的验收、储运及保管

建筑生石灰粉或消石灰粉一般采用袋装，可用符合标准规定的牛皮纸袋、复合纸袋或塑料编织袋包装，袋上应标明厂名、产品名称、商标、净重和批量编号。运输和储存应注意防水防潮、分类和分等级堆放，且不宜长期储存，不宜与易燃、易爆物共储运，以免酿成火灾。建筑生石灰存放时，可制成石灰膏密封或在上面覆盖砂土等以隔绝空气，防止吸湿、碳化。

包装质量：建筑生石灰粉每袋净重有 40kg、50kg 两种，每袋质量偏差值不超过 1kg；建筑消石灰粉每袋净重有 20kg、40kg 两种，每袋质量偏差值不超过 0.5kg、1kg。

3.2 石 膏

石膏是以 $CaSO_4$ 为主要成分的气硬性胶凝材料。石膏中因含结晶水不同而形成多种性能不同的石膏，主要有建筑石膏（$CaSO_4 \cdot \frac{1}{2} H_2O$）、无水石膏（$CaSO_4$）和生石膏（$CaSO_4 \cdot 2H_2O$）等。其中建筑石膏及制品具有质量轻、吸声性好、吸湿性好、形体饱满、表面平整细腻、装饰性好和易于加工等优点。

3.2.1 建筑石膏的生产

可用天然石膏或含有 $CaSO_4$ 的化工副产品及废渣作为原料生产建筑石膏。将二水石膏加热至 $107\sim170℃$ 即可制得 β 型半水石膏，再将其磨成细粉即得建筑石膏，反应式如下。

$$CaSO_4 \cdot 2H_2O \xrightarrow{107\sim170℃} CaSO_4 \cdot \frac{1}{2}H_2O + \frac{3}{2}H_2O$$

3.2.2 建筑石膏的凝结硬化

建筑石膏遇水将重新水化成二水石膏，反应式如下。

$$CaSO_4 \cdot \frac{1}{2}H_2O + \frac{3}{2}H_2O \longrightarrow CaSO_4 \cdot 2H_2O$$

建筑石膏与水混合成的可塑性浆体很快会失去塑性，石膏的凝结硬化过程是一个连续的溶解、水化、胶化、结晶的过程。

半水石膏易溶于水，加水后很快达到饱和而分解出溶解度低的二水石膏胶体。由于二水石膏的析出，溶液中的半水石膏转变成为非饱和状态，导致半水石膏进一步溶解、水化，直至完全变成二水石膏为止。随着浆体中的自由水因水化和蒸发而减少，浆体变稠失去塑性，石膏凝结。二水石膏晶体继续大量形成、长大，彼此连接共生、交错搭接形成结晶结构网，

使之逐渐产生强度，并不断增长，直到形成坚硬的固体。

3.2.3 建筑石膏的技术要求

建筑石膏呈白色粉状，密度为 $2.6\sim2.75g/cm^3$，堆积密度为 $800\sim1100kg/cm^3$，属轻质材料。根据规定，按原材料 2h 强度（抗折）分为 3.0、2.0、1.6 三个等级，建筑石膏的物理力学性能应符合表 3-4 要求。

表 3-4 建筑石膏的物理、力学性能（GB/T 9776—2008）

等级	细度(0.2mm 方孔筛筛余)/%	凝结时间/min		2h 强度/MPa	
		初凝	终凝	抗折	抗压
3.0				≥3.0	≥6.0
2.0	≤10	≥3	≤30	≥2.0	≥4.0
1.6				≥1.5	≥3.0

3.2.4 建筑石膏的特性

（1）凝结硬化速度快

施工时可根据需要作适当调整，若加速凝固可掺少量磨细的未经煅烧的石膏；若需缓凝，可掺硼砂、亚硫酸盐和酒精废液等。

（2）孔隙率大，强度较低

为使石膏具有必要的可塑性，通常加水量远大于理论需水量，硬化时多余水分的蒸发形成孔隙，因而保湿、隔热、吸声性能较好，可制成轻质隔板。掺缓凝剂后，石膏制品的强度将有所降低。

（3）硬化时体积微膨胀

石膏不像大多数胶凝材料那样，硬化时体积收缩，而是膨胀。其体积膨胀率约为 1%。这使石膏制品的表面光滑、细腻、尺寸精确、形体饱满、装饰性好，因而特别适合制作建筑装饰制品。

（4）耐水性、抗渗性、抗冻性差

建筑石膏制品孔隙率大，且二水石膏可微溶于水，遇水后强度大大降低，其软化系数仅为 0.2～0.3，是不耐水材料。若石膏制品吸水后受冻，会因孔隙中水分结冰膨胀而破坏。

（5）防火性好，耐火性差

建筑石膏制品的热导率小，传热慢，且二水石膏受热脱水产生的水蒸气能阻碍火势的蔓延。但二水石膏脱水后，强度下降，因而不耐火。

（6）具有一定的调湿性

由于石膏制品内部的大量毛细孔隙对空气中的水蒸气具有较强的吸附能力，所以对室内的空气湿度有一定的调节作用。

3.2.5 建筑石膏的应用

（1）室内抹灰及粉刷

石膏洁白细腻，用于室内抹灰和粉刷，具有良好的装饰效果。抹灰后的表面光滑、细腻、洁白、美观，可直接涂刷涂料、粘贴壁纸等。

（2）制作石膏制品

石膏制品（如各种石膏板材等）质量轻，且加工性能好（可锯、钉、刨等），同时石膏凝结硬化快，制品可连续生产，工艺简单，能耗低，生产效率高，施工时制品拼装快，可加快施工进度等，所以石膏制品在我国有着广阔的发展前景，是当前着重发展的新型轻质材料之一。

3.2.6　石膏的验收与储运

建筑石膏一般采用袋装，包装袋上应标明产品标记、制造厂名、生产批号和出厂日期、质量等级、商标、防潮标志；储运时防止受潮和混入杂物，不同等级的石膏应分别储运，避免混杂；自生产日起算，存期不得超过 3 个月，若过期应重新进行质量检验，以确定等级。

3.3　水　玻　璃

3.3.1　水玻璃的生产

水玻璃俗称"泡花碱"，是由碱金属氧化物和二氧化硅结合而成的能溶于水的一种硅酸盐物质。

建筑工程中常用的水玻璃是硅酸钠（$Na_2O \cdot nSiO_2$）的水溶液，也称钠水玻璃（简称水玻璃）。

钠水玻璃的主要原料是硅砂、纯碱或含 Na_2SO_4 的原料。将原料磨细，按比例配合，在玻璃熔炉内熔融而生成硅酸钠，冷却后得固态水玻璃，然后在水中加热溶解而成液体水玻璃。其反应式为

$$nSiO_2 + Na_2CO_3 \xrightarrow{1300\sim1400℃} Na_2O \cdot nSiO_2 + CO_2 \uparrow$$

式中　n——水玻璃模数，即 SiO_2 与 Na_2O 的摩尔比。

水玻璃溶解的难易程度与水玻璃模数 n 的大小有关，n 值越大，水玻璃的黏度越大，粘接能力就越强，也就越难溶解，但较易分解、硬化。建筑工程中常用水玻璃的模数 n 一般为 $2.5\sim2.8$。

液体水玻璃常含有杂质而成青灰色、绿色或微黄色，以无色透明的液体水玻璃为最好。液体水玻璃可以与水以任意比例混合，使用时仍可加水稀释。在液体水玻璃中加入尿素，在不改变其黏度的情况下可提高其黏结力。

3.3.2　水玻璃的硬化

水玻璃在空气中与二氧化碳作用，析出二氧化硅凝胶，凝胶干燥而逐渐硬化，其反应式为

$$Na_2O \cdot nSiO_2 + CO_2 + mH_2O \longrightarrow nSiO_2 \cdot mH_2O + Na_2CO_3$$

上述硬化过程很慢，为加速硬化，可掺入适量的固化剂，如氟硅酸钠或氯化钙。氟硅酸钠的适宜掺量为水玻璃质量的 $12\%\sim15\%$，如果用量太少，不但硬化速度缓慢，强度降低，而且未经反应的水玻璃易溶于水，因而耐水性差。但如果用量过多，又会引起凝结过快，造成施工困难，且渗透性大，强度也低。加入氟硅酸钠后，水玻璃的初凝时间可缩短到 $30\sim60min$，终凝时间可缩短到 $240\sim360min$，7d 基本达到最高强度。

3.3.3　水玻璃的性质

（1）黏结力强

水玻璃的黏结力较好，硬化时析出的硅酸凝胶有堵塞毛细孔隙而防止水渗透的作用。对于同一模数的水玻璃，其浓度越稠、密度越大，则黏结力越强。而不同模数的液体水玻璃，

模数越大，其胶体组分越多，黏结力也随之增强。

（2）耐酸能力强

水玻璃能经受除氢氟酸、过热（300℃以上）磷酸、高级脂肪酸或油酸以外的几乎所有的无机酸和有机酸的作用，可用于配制水玻璃耐酸混凝土、耐酸砂浆、耐酸胶泥等。

（3）耐热性好

由于硬化水玻璃在高温作用下脱水、干燥并逐渐形成二氧化硅空间网状骨架，所以具有良好的耐热性能。

（4）耐碱、耐水性较差

由于水玻璃可溶于碱，也溶于水，所以水玻璃硬化后不耐碱、不耐水。为提高水玻璃的耐水性，可采用中等浓度的酸对已硬化的水玻璃进行酸洗处理。

3.3.4 水玻璃的应用

（1）配制耐热、耐酸砂浆和混凝土

以水玻璃为胶结材，加入促硬剂和耐热或耐酸粗、细骨料，可配制成耐热、耐酸砂浆和耐酸混凝土。用于耐热、耐腐工程，如铺砌的耐酸块材，浇筑地面、整体面层、设备基础等。

（2）涂刷或浸渍材料

将液体水玻璃直接涂刷于建筑物表面，可提高其抗风化能力和耐久性。而以水玻璃浸渍的多孔材料，可提高其密实度、强度、抗渗性等。但不能用水玻璃涂刷或浸渍石膏制品，因为水玻璃与硫酸钙反应生成体积膨胀的硫酸钠晶体，会导致石膏制品的开裂以至破坏。

（3）修补裂缝、堵漏

将液体水玻璃、粒化高炉矿渣粉、砂和氟硅酸钠按一定比例配合成砂浆，直接压入砖墙裂缝内，可起到粘接和补强的作用。在水玻璃中加入各种矾类的溶液，可配制成防水剂，能快速凝结硬化，适用于堵漏、填缝等局部抢修工程。

小　结

本章讲述的三种材料，除水玻璃外，其特点均不能在有水或长期潮湿的环境中使用。因为建筑石膏的水化产物二水石膏，石灰的水化产物氢氧化钙均能溶于水，所以由它们组成的结构长期在水作用下会溶解、溃散而破坏。因此，这些材料的软化系数小，抗冻性差。它们适用于室内及不与水长期接触的工程部位。在储运过程中也应注意防水防潮，存期不宜过长。

建筑石膏是由二水石膏（$CaSO_4 \cdot 2H_2O$）在干燥状态下加热脱水后制得 β 型半水石膏。建筑石膏特点是凝结硬化速度快、需水量较大，硬化体（石膏制品）的孔隙率大、表现密度小、保温、隔热、隔音、吸声效果好，防火性较好，调温调湿性较好。石膏制品是一种具有节能意义和发展前途的新型轻质墙体材料和室内装饰装修材料。

以碳酸钙为主要成分的岩石（石灰石、白云石等）经高温煅烧后制得的块状生石灰，经加工后可得到磨细的生石灰粉、消石灰粉、石灰膏、石灰乳等产品。工程中所用生石灰作为气硬性胶凝材料，必须经过消化（熟化），以消除过火灰的危害。石灰浆体具有良好的塑性和保水性，硬化慢、强度低，硬化时体积收缩大。主要用于配制砂浆，制作石灰乳涂料，拌制灰土和三合土及配制硅酸盐制品。

水玻璃是由碱金属氧化物（R_2O）和二氧化硅（SiO_2）以不同比例结合而成的硅酸盐物质，可溶于水，易渗透于制品内部孔隙中或封堵制品表面毛细孔。水化过程中起胶凝作用的产物是含水硅胶（$n\mathrm{SiO_2} \cdot m\mathrm{H_2O}$），黏结性强，具有一定的耐酸和耐热能力。常用于涂刷或浸渍需要保护的制品（材料），配制防水剂堵漏、填缝及局部抢修工程，也可用于加固地基或配制耐酸、防火混凝土。

能力训练习题

1. 选择题（以下各题不一定只有一个正确答案，请把正确答案的题前字母填入括号内）

(1) 石灰膏在储灰池中陈伏的目的是（　　　　）。

    A. 充分熟化　　　　　B. 增加产浆量　　　　C. 减少收缩　　　　D. 降低发热量

(2) 浆体在凝结硬化时其体积发生微膨胀的是（　　　　）。

    A. 石灰　　　　　　　B. 石膏　　　　　　　C. 水玻璃　　　　　D. 黏土

(3) 在储灰池中的石灰膏表面要保持有一定厚度的水层主要是为了（　　　　）。

    A. 防止氧化　　　　　B. 防止碳化（硬化）　C. 防止挥发　　　　D. 防止污染

(4) 下面水玻璃性能中哪一项是错的？（　　　　）

    A. 黏结力强　　　　　B. 耐酸性强　　　　　C. 耐碱性强　　　　D. 耐热性差

(5) 熟石灰粉的主要成分是（　　　　）。

    A. 氧化钙　　　　　　B. 氢氧化钙　　　　　C. 碳酸钙　　　　　D. 硫酸钙

(6) 石灰膏要在储灰池中存放多少天以上才可以使用？（　　　　）

    A. 3　　　　　　　　　B. 7　　　　　　　　　C. 14　　　　　　　D. 28

(7) 下列材料中属于气硬性胶凝材料的是（　　　　）。

    A. 水泥　　　　　　　B. 石灰　　　　　　　C. 水玻璃　　　　　D. 混凝土

(8) 建筑石膏依据下列哪些性质划分为三个等级？（　　　　）

    A. 凝结时间　　　　　B. 细度　　　　　　　C. 抗折强度　　　　D. 抗压强度

2. 判断题（对的打"√"，错的打"×"）

(1) 石膏浆体的凝结硬化过程主要是其碳化的过程。　　　　　　　　　　　　（　　）

(2) 氟硅酸钠作为促硬剂可加快水玻璃的硬化，其掺量越多越好。　　　　　（　　）

(3) 石灰膏在储灰池中陈伏是为了提高产浆量。　　　　　　　　　　　　　（　　）

(4) 石灰和石膏在凝结硬化过程中体积都会发生收缩。　　　　　　　　　　（　　）

(5) 水玻璃的模数越大，粘接能力越强。　　　　　　　　　　　　　　　　（　　）

(6) 气硬性胶凝材料只能在空气中凝结硬化，而水硬性胶凝材料只能在水中凝结硬化。

                                                        （　　）

(7) 石灰在熟化过程中要吸收大量的热，其体积也有较大的收缩。　　　　　（　　）

(8) 在空气中储存过久的生石灰作为气硬性胶凝材料可以照常使用。　　　　（　　）

(9) 石灰硬化时体积收缩，一般不单独使用。　　　　　　　　　　　　　　（　　）

(10) 水玻璃的模数越大，在水中的溶解度就越大。　　　　　　　　　　　（　　）

3. 问答题

(1) 建筑生石灰作为气硬性胶凝材料，在使用前为什么要及时、彻底熟化？

(2) 用于墙面抹灰，建筑石膏与石灰相比具有哪些优点？

(3) 何谓气硬性胶凝材料和水硬性胶凝材料？

(4) 石灰有何特性及应用？

(5) 水玻璃硬化特点是什么？水玻璃模数、密度对其性能有何影响？

4 水　泥

　　水泥是一种粉状的水硬性胶凝材料，与水混合后可成为塑性的浆体，再经过一系列的物理、化学作用，凝结硬化成坚硬的人造石材，在凝结硬化过程中可把散粒状（如砂、石等）材料胶结成具有一定的强度的整体。水泥浆体不仅能在空气中凝结硬化，而且在有水的环境下硬化得更好，保持并继续增长其强度，所以，水泥属于典型的水硬性胶凝材料。

　　水泥作为主要的建筑材料，广泛地应用于工业、民用建筑、道路桥梁、水利及国防等土建工程中。水泥品种繁多，按其矿物组成可分为硅酸盐类水泥、铝酸盐类水泥、硫铝酸盐类水泥、铁铝酸盐类水泥、氟铝酸盐类水泥等；按其用途分为通用水泥、专用水泥和特性水泥。通用水泥就是建筑工程中常用的六大品种水泥（硅酸盐水泥、普通硅酸盐水泥、矿渣硅酸盐水泥、火山灰硅酸盐水泥、粉煤灰硅酸盐水泥和复合硅酸盐水泥等）；专用水泥主要有道路水泥、油井水泥和砌筑水泥等；特性水泥主要有快硬硅酸盐水泥、明矾石膨胀水泥、抗硫酸盐硅酸盐水泥等。

4.1　硅酸盐水泥

　　凡由硅酸盐水泥熟料、$0\sim5\%$石灰石或粒化高炉矿渣、适量石膏磨细制成的水硬性胶凝材料，称为硅酸盐水泥（国外通称波特兰水泥）。硅酸盐水泥有两种类型：Ⅰ型硅酸盐水泥（不掺混合材料，代号 P·Ⅰ）和Ⅱ型硅酸盐水泥（掺入不超过水泥质量 5％混合材料，代号 P·Ⅱ）。硅酸盐水泥是硅酸盐类水泥的基本品种，其它品种水泥都是在硅酸盐水泥熟料基础上，掺入一定量的混合材料和适量石膏磨细而制得，所以，硅酸盐水泥是本章的重点。

4.1.1　硅酸盐水泥的生产及矿物组成

4.1.1.1　硅酸盐水泥的生产简述

　　生产硅酸盐水泥的关键是必须有高质量的硅酸盐水泥熟料。水泥厂是以石灰石、黏土和铁矿粉为主要原料（有时需加入校正原料），按一定比例混合磨细制成水泥生料，再将生料在水泥窑（回转窑或立窑）中高温煅烧（$1400\sim1450℃$）至部分熔融，冷却后即得硅酸盐水泥熟料，最后再加入适量石膏和 $0\sim5\%$石灰石或粒化高炉矿渣，磨细就制得Ⅰ型硅酸盐水泥（P·Ⅰ）和Ⅱ型硅酸盐水泥（P·Ⅱ）。生产过程见图 4-1。

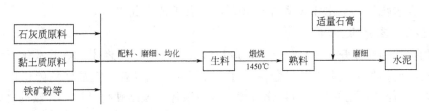

图 4-1 硅酸盐水泥生产过程

4.1.1.2 熟料的矿物组成及特性

在水泥熟料中，氧化钙、氧化硅、氧化铝和氧化铁不是以单独的氧化物存在，而是经高温煅烧后，反应生成两种或两种以上的氧化物的多种矿物集合体，主要有以下四种矿物：硅酸三钙（$3CaO \cdot SiO_2$，简写 C_3S）、硅酸二钙（$2CaO \cdot SiO_2$，简写 C_2S）、铝酸三钙（$3CaO \cdot Al_2O_3$，简写 C_3A）、铁铝酸四钙（$4CaO \cdot Al_2O_3 \cdot Fe_2O_3$，简写 C_4AF）。

在原料配比适当，煅烧温度控制正常的情况下，水泥熟料中不仅含有上述各种矿物，而且每种矿物的含量还必须在一定的范围之内。各种矿物单独与水作用时表现出的不同特性见表 4-1。

表 4-1 水泥熟料矿物的组成、含量及特性

矿物名称		硅酸三钙	硅酸二钙	铝酸三钙	铁铝酸四钙
矿物组成		$3CaO \cdot SiO_2$	$2CaO \cdot SiO_2$	$3CaO \cdot Al_2O_3$	$4CaO \cdot Al_2O_3 \cdot Fe_2O_3$
简写		C_3S	C_2S	C_3A	C_4AF
矿物含量/%		37～60	15～37	7～15	10～18
矿物特性	硬化速度	快	慢	最快	快
	早期强度	大	小	大	小
	后期强度	大	大	小	中
	水化热	较大	小	大	小
	耐腐蚀性	较差	较好	最差	较好

可通过调整水泥熟料的矿物成分比例，改变水泥的性质，如提高硅酸三钙的相对含量，就可制得高强水泥和早强水泥；提高硅酸二钙的相对含量，同时适当降低硅酸三钙和铝酸三钙的相对含量，即可制得低热水泥或中热水泥。

4.1.2 硅酸盐水泥的凝结硬化

4.1.2.1 水化

水泥加水拌和后，水泥颗粒立即分散于水中并与水发生水化反应，水化过程是水泥熟料中的矿物成分和石膏与水发生反应的过程。各种矿物的水化反应式如下。

$$2(3CaO \cdot SiO_2) + 6H_2O \longrightarrow 3CaO \cdot 2SiO_2 \cdot 3H_2O + 3Ca(OH)_2$$
（水化硅酸钙凝胶）（氢氧化钙板状晶体）

$$2(2CaO \cdot SiO_2) + 4H_2O \longrightarrow 3CaO \cdot 2SiO_2 \cdot 3H_2O + Ca(OH)_2$$

$$3CaO \cdot Al_2O_3 + 6H_2O \longrightarrow 3CaO \cdot Al_2O_3 \cdot 6H_2O$$
（水化铝酸钙立方晶体）

$$4CaO \cdot Al_2O_3 \cdot Fe_2O_3 + 7H_2O \longrightarrow 3CaO \cdot Al_2O_3 \cdot 6H_2O + CaO \cdot Fe_2O_3 \cdot H_2O$$
（水化铁酸钙凝胶）

为了调节水泥的凝结时间而加入的石膏和水化铝酸钙与水也发生了水化，其反应式如下。

$$3(CaSO_4 \cdot 2H_2O) + 3CaO \cdot Al_2O_3 \cdot 6H_2O + 19H_2O \longrightarrow 3CaO \cdot Al_2O_3 \cdot 3CaSO_4 \cdot 31H_2O$$
（水化硫铝酸钙针状晶体）

水泥完全水化后,水化硅酸钙约占50%,氢氧化钙约占20%。

4.1.2.2 凝结硬化

水泥加水拌和后即开始了水化反应,最初形成具有塑性的浆体,随着水化反应的进行,水泥浆体逐渐变稠失去流动性、可塑性,进而凝固并形成具有一定强度的硬化体(如图4-2所示)。这一过程是水泥的凝结与硬化过程。水泥浆体的凝结硬化是一个连续的复杂的过程,是水泥应用中的一个重要现象。

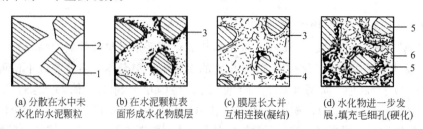

图4-2 水泥凝结硬化示意图

1—水泥颗粒;2—水分;3—凝胶;4—晶体;5—水泥颗粒的未水化内核;6—毛细孔

水泥加水拌和后,水化反应是从水泥颗粒表面开始的,逐渐形成水化物膜层,此时的水泥浆体具有可塑性〔见图4-2(b)〕。随着水化反应的进行,水化物增多,自由水分不断减少,水化物颗粒逐渐接近,部分颗粒相互接触连接,形成疏松的空间网络。此时,水泥浆体失去流动性和部分可塑性,但还不具有强度,这一过程即为"初凝"。随着水化作用进一步深入,生成更多的凝胶和晶体,并互相贯穿使网络结构不断加强,最终浆体完全失去塑性,并具有一定的强度,这一过程即为"终凝"〔见图4-2(c)〕。以后,水化反应进一步进行,水化物的量随时间的延续而不断增加,并逐渐填充于毛细孔中,水泥结构更趋密实,强度不断增长,直至形成坚硬的水泥石,这一过程即为"硬化"〔见图4-2(d)〕。

4.1.3 水泥石的结构

如图4-3所示,水泥浆体硬化后的水泥石,主要由凝胶体(胶体和晶体)和未水化的水泥颗粒及毛细孔等组成。

水泥石硬化程度越大,凝胶体含量越多,未水化的水泥颗粒内核和毛细孔所占的比例就越少,则水泥石越密实,强度越高。除水泥中熟料的矿物成分、水泥的细度对水泥石的硬化有较大影响外,下列因素对水泥石的硬化也有不同程度的影响。

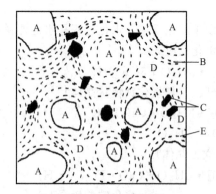

图4-3 水泥石的结构

A—未水化水泥颗粒;B—胶体粒子(水化硅酸钙等);C—晶体粒子(氢氧化钙等);D—毛细孔(毛细孔水);E—凝胶孔

4.1.3.1 石膏掺量

在水泥的生产过程中,加入了适量的石膏,其目的是为了延缓水泥的凝结硬化速度(起到缓凝剂的作用)。因为不掺石膏或石膏掺量不足时,水泥的凝结硬化速度很快,但水化并不充分,原因是C_3A在溶液中电离出的三价铝离子可促进胶体凝聚。为了克服C_3A水化过快而使水泥浆体产生速凝等负面影响,粉磨水泥时要掺入适量石膏,石膏与水化铝酸钙及水反应生成难溶的高硫型水化硫铝酸钙晶体(钙矾石),从而减少了溶液中铝离子的含量,形成的钙矾石覆盖在水泥颗粒表面，延缓了水泥的水化速度，减慢了水泥浆的凝结硬化。但石膏掺量不宜过多，因为过多的二价钙离子又会产生强烈的凝聚作用，反而造成水泥浆的促凝效果，而且在水泥凝结硬化的后期，还会引起体积安定性的不良。

4.1.3.2　温度、湿度及养护时间

温度对水泥的凝结硬化速度影响也很大，温度越高，凝结硬化的速度越快。因此，采用蒸气养护是加速水泥浆凝结硬化的方法之一。温度较低时，水化速度比较缓慢，0℃时水化将完全停止，并可能遭受冰冻破坏。因此，冬季施工时要注意采取保温等措施。

水泥的凝结硬化过程也要有充足的湿度，环境湿度大，水分不易蒸发，水泥的水化就保持有足够的化学用水。如果环境干燥，水泥中的水分蒸发过快，当水分蒸发完毕，水泥的水化就无法继续进行，硬化即也停止，强度则不再增长，甚至还会在水泥石表面产生干燥裂缝。所以，湿润养护对水泥的硬化至关重要。

水泥的凝结硬化是需要时间的（龄期），随着时间的延长，水泥的水化程度不断增大，水化产物随之增多，孔隙率减少，而强度提高。一般在 28d 内强度发展最快，28d 后显著减慢。

4.1.3.3　水胶比（W/B）

拌和水泥浆时，水的质量与水泥质量之比称为水胶比（W/B）。为使水泥浆具有一定的塑性和流动性，加入的水量通常要显著超过水泥完全水化需要的水量，多余的水则在硬化的水泥石内形成毛细孔隙。水胶比越大，水泥浆则越稀，凝结硬化速度和强度发展也越慢，且硬化后的水泥石毛细孔隙就越多，强度也越低；但水胶比也不能过小，水胶比过小时，会造成施工困难。因此，只有在满足施工要求的前提下，尽量减小水胶比，降低孔隙率，才能提高水泥石的密实度和强度。

4.1.3.4　养护的龄期

水泥的凝结硬化是一个随时间而不断进行的过程，随着时间的延长，水化程度不断提高，水化产物不断增加，毛细孔逐渐减少，水泥石强度不断发展。在水泥水化作用的初期，强度增长最快，如水化 7d 的强度可达到水化 28d 强度的 70%，而水化 28d 以后的强度增长明显减慢。

4.1.4　硅酸盐水泥的技术要求

根据《通用硅酸盐水泥》（GB 175—2007/XG1—2009），对硅酸盐水泥的细度、标准稠度用水量凝结时间、体积安定性、强度及强度等级等作出如下规定。

4.1.4.1　细度

水泥颗粒的粗细程度称为细度。为了使水泥能够充分的水化，理论上讲水泥颗粒越细，水泥颗粒的总表面积则越大，水化速度就越快，水化也越彻底。但是，水泥颗粒过细，其硬化时体积收缩就越大，磨制水泥的成本就越高，所以，应合理控制水泥的细度。水泥细度可采用筛分析法和比表面积法进行评定。筛分析法是用 $80\mu m$ 的方孔筛对水泥试样进行筛分析试验，用筛余（%）来表示细度；比表面积法是指单位质量的水泥粉末所具有的总表面积，以 m^2/kg 表示。国家标准规定：硅酸盐水泥比表面积应大于 $300m^2/kg$。

4.1.4.2　标准稠度用水量

所谓标准稠度用水量是指水泥净浆达到规定稠度时所需的拌和用水量，以占水泥质量的百分率表示，硅酸盐水泥的标准稠度用水量一般是 24%～30%。标准稠度用水量的测定方法见实训项目。

4.1.4.3 凝结时间

凝结时间分为初凝时间和终凝时间。初凝时间是指水泥加水拌和至水泥浆体开始失去塑性所需的时间；终凝时间是指水泥加水拌和至水泥浆体完全失去塑性，开始产生强度所需的时间。凝结时间的测定方法见实训项目。

水泥的凝结时间对施工有重大意义，初凝时间的规定是为了使人们有足够的时间完成一系列的施工操作（如搅拌、运输、浇筑、砌筑、振捣、成型等）；终凝时间的规定是为了使人们能连续施工，不延误工期。

国家标准规定：硅酸盐水泥的初凝时间不早于45min，终凝时间不超过390min。初凝时间不满足规定视为废品，终凝时间不满足规定视为不合格品。

4.1.4.4 体积安定性

水泥浆体硬化后体积变化的均匀性称为水泥体积安定性。若水泥浆体硬化后体积变化不均匀，即体积安定性不良，则会导致混凝土产生膨胀开裂、翘曲等破坏，造成严重的工程质量事故。引起水泥体积安定性不良的主要原因是：水泥中含有过量的游离氧化钙、游离氧化镁和过量的石膏。GB 1346—2011中规定，硅酸盐水泥的体积安定性经沸煮法（分标准法和代用法）检验必须合格。标准法是用标准稠度净浆填满雷氏夹的圆柱环中，经养护及沸煮一定时间后，检查雷氏夹两根指针尖距离的变化，以判断水泥体积安定性是否合格；代用法是用标准稠度净浆制成试饼，经养护、沸煮后，观察试饼的外形变化，检验试饼有无翘曲和裂纹，以此判断体积安定性是否合格。用沸煮法只能检验出游离的氧化钙造成的体积安定性不良，游离的氧化镁产生的危害与氧化钙相似，但由于氧化镁的水化作用更缓慢，过量氧化镁造成的体积安定性不良，必须用压蒸法才能检验出来。石膏造成的体积安定性不良则需长时间在温水中浸泡才能发现。由于后两种原因造成的体积安定性不良都不易检验，所以国家标准规定：熟料中MgO的含量不超过5.0%，经压蒸试验合格后，允许放宽到6.0%，SO_3含量不超过3.5%。经检验水泥体积安定性不良则视为废品，不得用于任何工程。

4.1.4.5 强度及强度等级

强度是水泥力学性质的一项重要指标，是确定水泥强度等级的依据。实际工程中，由于很少使用水泥净浆，所以在测定水泥强度时，采用《水泥胶砂强度检验方法（ISO法）》（GB/T 17671—1999），此标准规定：将水泥、标准砂和水按规定比例（水泥：标准砂：水=1:3:0.5），用规定方法制成规格为40mm×40mm×160mm的标准试件，在标准条件（1d为20℃±1℃、相对湿度>90%的空气中，1d后放入20℃±1℃的水中）下养护，测定其3d和28d时的抗折强度和抗压强度。根据3d、28d的抗折强度和抗压强度将硅酸盐水泥的强度等级分为42.5、42.5R、52.5、52.5R、62.5、62.5R。各等级、各龄期的强度值不得低于表4-2中的数值，如有一项指标低于表中数值，则应降低强度等级，直到四个数值全部满足表中规定为止。

表4-2 硅酸盐水泥各强度等级、各龄期的强度值 (GB 175—2007/XG1—2009)

强度等级	抗压强度/MPa		抗折强度/MPa		强度等级	抗压强度/MPa		抗折强度/MPa	
	3d	28d	3d	28d		3d	28d	3d	28d
42.5	17.0	42.5	3.5	6.5	52.5R	27.0	52.5	5.0	7.0
42.5R	22.0	42.5	4.0	6.5	62.5	28.0	62.5	5.0	8.0
52.5	23.0	52.5	4.0	7.0	62.5R	32.0	62.5	5.5	8.0

注：R为早强型。

4.1.4.6 水化热

水泥在水化反应中放出的热量称为水化热，通常以 J/kg 表示。大部分水化热是伴随着强度的发展在水化初期放出的，水化热的大小和释放速率主要与水泥熟料的矿物组成、细度有关。颗粒越细，矿物中 C_3S、C_3A 含量越多，水化热越大。

水化热对于混凝土工程来说，既有利，又有弊。水化热高的水泥对大体积混凝土工程来说非常不利（如大坝、大型基础、桥墩等），因为水泥水化放出的热量积聚在混凝土内部散发很缓慢，混凝土表面与内部因温差过大而导致温差应力，致使混凝土受拉而开裂破坏。所以，大体积混凝土工程应选择低热水泥。但是，冬季施工时，水化热却有利于水泥的凝结、硬化和防止混凝土受冻。

4.1.5 水泥石的腐蚀与防止

硅酸盐水泥硬化后，在通常使用条件下耐久性还是较好的，能够抵抗多种侵蚀介质的腐蚀。但如果水泥石长期处于侵蚀介质的作用下（如流动的淡水、酸性溶液、盐的溶液、强碱等），水泥石结构会逐渐遭到破坏（孔隙率增大，强度下降），这种现象称为水泥石的腐蚀。水泥石的腐蚀主要分为下面四种类型。

4.1.5.1 软水的侵蚀（溶出性侵蚀）

当水泥石长期与软水（如雨水、雪水、冷凝水及部分的江水和湖水等）接触时，水泥石中的氢氧化钙被溶解，在静水或无压水的情况下，氢氧化钙很快处于饱和溶液中，使溶解作用终止，此时的溶出仅在表层发生，危害很小。但有流动水或压力水的作用时，溶解的氢氧化钙会随着水流而流失，结果水泥石逐渐变得疏松，孔隙率增大，强度下降；另外氢氧化钙的不断溶解，造成水泥石内部的碱性降低，而水泥的水化产物只有在碱性环境下才能稳定存在，因此氢氧化钙的溶解也导致其它水化产物的分解溶蚀，最终造成水泥石结构的破坏。

4.1.5.2 盐类的侵蚀

自然界的水中常含有各种盐类，某些盐的离子会与水泥石中的氢氧化钙发生复分解反应，生成易溶或无胶结能力的物质，还会有膨胀性的物质生成，所以水泥石的结构遭到破坏。常见的盐类侵蚀有硫酸盐和镁盐的侵蚀。

当水中溶有硫酸盐时，它会与水泥石中的氢氧化钙反应生成硫酸钙（即石膏），硫酸钙再与水泥石中的水化铝酸钙反应生成膨胀性的水化硫铝酸钙（即钙矾石），导致水泥石结构的破坏。其反应如下。

$$3(CaSO_4 \cdot 2H_2O) + 3CaO \cdot Al_2O_3 \cdot 6H_2O + 19H_2O \longrightarrow 3CaO \cdot Al_2O_3 \cdot 3CaSO_4 \cdot 31H_2O$$

钙矾石是针状晶体，常称"水泥杆菌"。若硫酸钙浓度过高，会直接在孔隙中生成二水石膏结晶，造成水泥石的体积膨胀而破坏。

当水中溶有镁盐（如氯化镁）时，水泥石中的氢氧化钙与镁盐发生复分解反应，生成比氢氧化钙溶解度更大的氯化钙和无胶结能力的氢氧化镁。其反应如下。

$$MgCl_2 + Ca(OH)_2 \longrightarrow Mg(OH)_2 + CaCl_2$$

自然界的海水、湖水、盐沼水、地下水、某些工业污水及流经高炉矿渣或煤渣的水中常含有钠、钾、铵等的硫酸盐，海水及地下水中含有大量的镁盐。

4.1.5.3 酸类的侵蚀

环境中的某些工业污水和地下水中常溶有较多的二氧化碳，这种水对水泥石的侵蚀称为碳酸侵蚀。水泥石中的氢氧化钙与溶有二氧化碳的水反应，生成不溶于水的碳酸钙，碳酸钙在二氧化碳浓度较大的水中又生成易溶于水的碳酸氢钙。其反应如下。

$$Ca(OH)_2 + CO_2 + H_2O \longrightarrow CaCO_3 + 2H_2O$$
$$CaCO_3 + CO_2 + H_2O \longrightarrow Ca(HCO_3)_2$$

基于上述反应，水泥石中的氢氧化钙不断的转化成易溶于水的碳酸氢钙，随水流而流失，造成水泥石结构的破坏。

当环境中的水中存在其它酸（如盐酸、硝酸、硫酸及有机酸等）时，水泥石中的氢氧化钙（碱性物质）就会与酸发生中和反应，生成比氢氧化钙溶解度更大的盐类或膨胀性的物质，这都会导致水泥石结构的破坏。

4.1.5.4 强碱的侵蚀

水泥石本身含有碱性物质（如氢氧化钙），所以一般的弱碱溶液不会对其造成侵蚀。但是，若水泥石中的铝酸三钙含量较高时，未水化的铝酸三钙遇到强碱（如 NaOH）就会发生反应生成易溶的铝酸钠，其反应如下。

$$3CaO \cdot Al_2O_3 + 6NaOH \longrightarrow 3Na_2O \cdot Al_2O_3 + 3Ca(OH)_2$$

当水泥石被氢氧化钠溶液浸润后并在空气中干燥时，则与空气中的二氧化碳作用生成碳酸钠，并在水泥石的毛细孔隙中析出结晶沉积，从而导致水泥石破坏。

除上述四种典型的水泥石腐蚀类型外，自然界其它的腐蚀介质（如糖、酒精等）对水泥石也有一定的侵蚀作用。水泥石遭受侵蚀的内因主要是水泥石中的氢氧化钙、水化铝酸钙和孔隙的存在，外因主要是环境中各种腐蚀介质的存在。

防止水泥石遭受腐蚀的方法：①合理选择水泥品种。如采用含氢氧化钙少的水泥，可提高对流动的淡水、侵蚀性液体的抵抗能力；采用含水化铝酸钙少的水泥可抵抗硫酸盐引起的侵蚀；选择含混合材料多（水泥熟料相对较少）的水泥可提高水泥的耐蚀性。②提高施工质量，降低孔隙率。在实际工程中，可通过降低水灰比，选择级配良好的骨料，掺入外加剂，改善施工方法等，提高水泥石结构的密实度，从而提高其抗蚀性。③加做保护层。当侵蚀作用较强，上述方法不能奏效时，可用耐蚀材料在水泥石的表面加做保护层，如石料、陶瓷、塑料、沥青等覆盖于其表面，使侵蚀介质与水泥石隔离，从而达到防腐的目的。

4.1.6 硅酸盐水泥的特性与应用

（1）凝硬快、强度高

硅酸盐水泥的凝结硬化速度快，且强度高，尤其是早期强度增长快。适用于有早强要求的冬季施工的混凝土工程，地上、地下重要结构物及高强混凝土和预应力混凝土。

（2）抗冻性好

在采用合理的配合比和充分的养护条件下，硅酸盐水泥配制的混凝土结构，孔隙率较低，结构密实，具有良好的抗冻性。适用于冬季施工和遭受反复冻融的混凝土工程。

（3）耐蚀性差

硅酸盐水泥中熟料含量高，所以含氢氧化钙和水化铝酸钙成分较多，因此耐蚀性差。不适用于有海水、矿物水、硫酸盐等侵蚀介质存在的环境。

（4）水化热高

硅酸盐水泥中含有大量的熟料矿物成分，在水泥水化时放出大量的热。可用于冬季施工避免冻害，但不适用于大体积混凝土工程。

（5）抗碳化性好

水泥石中的氢氧化钙与空气中的二氧化碳作用称为碳化。硅酸盐水泥水化后氢氧化钙含量较多，碳化引起水泥的碱度降低不明显，所以抗碳化性好。适用于重要的钢筋混凝土结构、预应力混凝土结构和二氧化碳浓度较高的环境。

（6）耐热性差

硅酸盐水泥中的一些重要成分在 250℃时会发生脱水或分解，造成水泥石的强度下降。当受热 700℃以上时，结构遭到破坏，因此，不适用于耐热混凝土工程。

（7）干缩小

硅酸盐水泥硬化时，产生大量的水化硅酸钙凝胶，使水泥石密实，游离水少，不易产生干缩裂纹，适用于干燥环境的混凝土工程。

（8）耐磨性好

硅酸盐水泥强度高，耐磨性好，且干缩小，适用于路面与地面工程。

4.2　掺混合材料的硅酸盐水泥

4.2.1　混合材料

4.2.1.1　非活性混合材料

常温时不能与氢氧化钙或水泥发生水化反应的混合材料称为非活性混合材料。非活性混合材料掺入水泥中可提高水泥产量，增加水泥品种，降低成本，调整水泥强度等级和改善水泥性能（降低水化热、改善耐蚀性等）等。常用的非活性混合材料有：磨细石灰石、石英砂、黏土、慢冷矿渣及各种废渣等。

4.2.1.2　活性混合材料

常温下能与氢氧化钙或水泥发生水化反应生成具有水硬性水化产物的混合材料称为活性混合材料。水泥中常用的活性混合材料有粒化高炉矿渣和火山灰质混合材料两种。

活性混合材料中含有活性二氧化硅和氧化铝，在常温下也可与氢氧化钙和水发生反应生成水硬性物质（水化硅酸钙和水化铝酸钙）。当有石膏存在时，石膏与生成的水化铝酸钙再发生水化反应，生成水化硫铝酸钙。所以，氢氧化钙和石膏的存在是活性混合材料潜在活性得以发挥的必要条件，因而被称为活性混合材料的激发剂。

活性混合材料的水化速度较水泥熟料慢些，且对温度较敏感，高温时水化速度明显加快，强度提高；低温时水化速度很慢。故活性混合材料适合高温养护。

活性混合材料除具有非活性混合材料的作用外，还能产生一定的强度，并能明显改善水泥的性能。

4.2.2　掺混合材料的硅酸盐水泥（通用水泥）

4.2.2.1　普通硅酸盐水泥

普通硅酸盐水泥简称普通水泥，其代号为 P·O，由硅酸盐水泥熟料、掺加量为＞5%且≤20%的活性混合材料、适量石膏磨细制成的水硬性胶凝材料。

普通水泥分为 42.5、42.5R、52.5、52.5R 四个强度等级。各等级、各龄期的强度值不得低于表中的规定，详见表4-3。

表 4-3　普通硅酸盐水泥各强度等级、各龄期的强度值（GB 175—2007/XG1—2009）

强度等级	抗压强度/MPa		抗折强度/MPa	
	3d	28d	3d	28d
42.5	17.0	42.5	3.5	6.5
42.5R	22.0	42.5	4.0	6.5
52.5	23.0	52.5	4.0	7.0
52.5R	27.0	52.5	5.0	7.0

注：R 为早强型。

普通水泥的初凝时间不早于 45min，终凝时间不超过 10h。其它技术要求与硅酸盐水泥相同。水泥体积安定性用沸煮法检验必须合格。由于混合材料掺量少，所以其性能基本与同等级的硅酸盐水泥相近。普通水泥广泛用于各种混凝土及钢筋混凝土工程，是我国主要的水泥品种之一。

4.2.2.2　矿渣硅酸盐水泥

矿渣硅酸盐水泥简称矿渣水泥。由硅酸盐水泥熟料、粒化高炉矿渣、适量石膏磨细制成的水硬性胶凝材料。其中粒化高炉矿渣掺量为＞20％且≤70％。且分为 A 型和 B 型，A 型＞20％且≤50％，代号 P·S·A；B 型＞50％且≤70％，代号 P·S·B。

4.2.2.3　火山灰质硅酸盐水泥

火山灰质硅酸盐水泥简称火山灰水泥，代号为 P·P。由硅酸盐水泥熟料、火山灰质混合材料、适量石膏磨细制成的水硬性胶凝材料。火山灰质混合材料掺量为＞20％且≤40％。

4.2.2.4　粉煤灰硅酸盐水泥

粉煤灰硅酸盐水泥简称粉煤灰水泥，代号为 P·F。由硅酸盐水泥熟料、粉煤灰、适量石膏磨细制成的水硬性胶凝材料。粉煤灰掺量＞20％且≤40％。

矿渣水泥、火山灰水泥、粉煤灰水泥、复合水泥的强度等级为：32.5、32.5R、42.5、42.5R、52.5、52.5R 六个强度等级。各龄期、各等级的强度值不得低于表中的规定，详见表4-4。

表 4-4　矿渣水泥、火山灰水泥、粉煤灰水泥、复合水泥各强度等级、各龄期的强度值

（GB 175—2007/XG1—2009）

强度等级	抗压强度/MPa		抗折强度/MPa	
	3d	28d	3d	28d
32.5	10.0	32.5	2.5	5.5
32.5R	15.0	32.5	3.5	5.5
42.5	15.0	42.5	3.5	6.5
42.5R	19.0	42.5	4.0	6.5
52.5	21.0	52.5	4.0	7.0
52.5R	23.0	52.5	4.5	7.0

注：R 为早强型。

4.2.2.5　复合硅酸盐水泥

复合硅酸盐水泥简称复合水泥，代号为 P·C。由硅酸盐水泥熟料、两种或两种以上规定

的混合材料、适量石膏磨细制成的水硬性胶凝材料。水泥中混合材料总掺量为＞20％且≤50％。复合水泥的强度等级、各龄期强度值不低于表 4-4 规定。

复合水泥早期强度高于矿渣水泥、火山灰水泥和粉煤灰水泥，与普通水泥相比甚至略高。其它特性与矿渣水泥、火山灰水泥相近或略好。使用范围一般与掺有大量混合材料的其它水泥相同。

以上四种水泥中三氧化硫含量要求，矿渣水泥不超过 4.0％，其余水泥不超过 3.5％。而细度（用筛余％表示，80μm 方孔筛筛余不大于 10％或 45μm 方孔筛筛余不大于 30％）、凝结时间、体积安定性等的要求与普通水泥相同，四种水泥中的氧化镁含量不大于 6％。这四种水泥的特性及应用详见表 4-5。

4.2.3 通用水泥的特性及应用

通用水泥的特性及应用可参见表 4-5。

表 4-5 通用水泥的特性及应用

项目代号	硅酸盐水泥 P·Ⅰ，P·Ⅱ	普通水泥 P·O	矿渣水泥 P·S	火山灰水泥 P·P	粉煤灰水泥 P·F	复合水泥 P·C
混合材料掺量	0～5％	6％～15％	20％～70％	20％～50％	20％～40％	15％～50％
特性	早期、后期强度高，水化热大，抗冻性好，耐热性差，干缩性较小，抗渗性较好，耐蚀性差，抗碳化性好，耐磨性好	早期强度稍低、后期强度高，水化热略小，抗冻性较好，抗碳化性较好，耐蚀性略差，耐磨性较好	对温度敏感，适合高温养护，耐蚀性好，水化热小，抗冻性较差，抗碳化性较差，泌水性大，抗渗性差，耐热性较好，干缩较大	对温度敏感，适合高温养护，耐蚀性好，水化热小，抗冻性较差，抗碳化性较差，保水性好，抗渗性好，干缩大，耐磨性差	对温度敏感，适合高温养护，耐蚀性好，水化热小，抗冻性较差，抗碳化性较差，泌水性大（快），抗渗性差，干缩小、抗裂性好，耐磨性差	对温度敏感，适合高温养护，耐蚀性好，水化热小，抗冻性较差，抗碳化性较差，干缩较大
适用范围	早期强度要求高的混凝土，有耐磨要求的，严寒地区反复遭受冻融的混凝土，抗碳化性要求高的混凝土，掺混合材料的混凝土	与硅酸盐水泥基本相同	水下混凝土，海港混凝土，大体积混凝土，耐蚀性要求较高的混凝土，高温养护的混凝土，有耐热要求的混凝土	水下混凝土，海港混凝土，大体积混凝土，耐蚀性要求较高的混凝土，高温养护的混凝土，有抗渗要求的混凝土	水下混凝土，海港混凝土，大体积混凝土，耐蚀性要求较高的混凝土，高温养护的混凝土，有抗裂性要求较高的构件	水下混凝土，海港混凝土，大体积混凝土，耐蚀性要求较高的混凝土，高温养护的混凝土
不适用范围	大体积混凝土工程，受化学及海水侵蚀的工程，耐热要求高的工程，有流动水及压力水作用的工程	与硅酸盐水泥基本相同	早强要求较高的混凝土，有抗冻要求的混凝土	早强要求较高的混凝土，有抗冻要求的混凝土，干燥环境的混凝土，有耐磨性要求的工程	早强要求较高的混凝土，有抗冻要求的混凝土，有抗碳化要求的工程	早强要求较高的混凝土，有抗冻要求的混凝土，抗碳化要求高的混凝土

4.2.4 水泥的保管与验收

4.2.4.1 水泥的保管

水泥应按不同生产厂家、不同品种、强度等级、出厂日期等分别堆放。堆放水泥的库房中不能存放石灰、石膏、黏土、农药、化肥等粉状材料，以免混杂，影响使用。施工中不应将品种不同的水泥随意换用或混合使用。水泥在运输及保管中应注意防水、防潮，干燥保存，库房要保持干燥通风，堆放时下面离地面 30cm，四周离墙、离窗 30cm；要按批登记，先进先出，尽量缩短库存时间；堆放时跺高不得超过 10 袋，以防吸湿结块；存期不得超过三个月，因为存放三个月后的水泥强度大约降低 $10\% \sim 20\%$，六个月后降低 $15\% \sim 30\%$，一年后降低 $25\% \sim 40\%$。若存期已经超过六个月，使用时必须重新检测水泥的强度，按实际强度使用。

4.2.4.2 受潮水泥的鉴别与使用

水泥在运输或储存中若受潮，应根据实际情况酌情处理后再使用。水泥受潮的程度鉴别与使用见表4-6。

表 4-6 受潮水泥的鉴别、处理与使用

受 潮 程 度	处 理 方 法	应 用
有粉块，用手可捏碎（受潮轻微）	将粉块压碎	经试验后，按实际强度使用
部分已结成硬块（受潮较严重）	将硬块筛除，粉块压碎	经试验后，按实际强度使用，用于受力小的部位或强度较低的工程，也可用于拌制砂浆
大部分结成硬块（受潮严重）	将硬块粉碎、磨细	不能作为水泥使用，可作为混合材料掺入新水泥中使用（掺量不超过 25%）

4.2.4.3 水泥的验收

（1）品种验收

水泥袋上应清楚标明：产品名称、代号；净含量；强度等级；生产许可证编号；生产者名称及地址；出厂编号；执行标准号；包装年、月、日。另外，掺火山灰质混合材料的普通水泥还应标注"掺火山灰"字样，包装袋两侧应印有水泥名称和强度等级，硅酸盐水泥和普通硅酸盐水泥的印刷采用红色，矿渣水泥的印刷采用绿色，火山灰、粉煤灰和复合水泥的印刷采用黑色。

（2）数量验收

水泥通常采用袋装或散装，袋装水泥每袋净含量 50kg，且不得少于标志质量的 98%，随机抽取 20 袋，总质量不得少于 1000kg。其它包装形式由供需双方协商确定，散装水泥平均堆积密度为 1450kg/m³，袋装压实的水泥为 1600kg/m³。

（3）质量验收

水泥出厂前应按品种、强度等级和编号取样试验，袋装水泥和散装水泥要分别编号、取样，取样要有代表性，可连续取样，也可从 20 个以上不同部位取等量样品，总量不小于 12kg。

水泥出厂交货的质量验收可抽取实物试样以其检验结果为依据，即买卖双方应共同取样和签封试样，试样共 20kg，分为两份，一份由卖方保存 40d，另一份由买方按标准规定项目及方法进行检验。若 40d 内买方检验认为水泥质量不符合标准要求，则双方可将卖方保存的那一份试样送水泥质量监督检验机构进行仲裁检验。

质量验收的另一种方法是以水泥厂同编号水泥的检验报告为依据，即在发货前或交货时买方（或委托卖方）在同编号水泥中抽取试样，双方共同签封后保存三个月。在三个月内，买方对水泥质量有疑问时，双方应将共同签封的封存试样送水泥质量监督检验机构进行仲裁检验。

（4）验收结论

水泥出厂时应保证出厂强度等级，其它技术要求应符合国家标准的规定。

凡氧化镁、三氧化硫、初凝时间、体积安定性中的任何一项不符合国家标准规定者，均视为废品。

硅酸盐水泥、普通水泥凡细度、终凝时间、不溶物和烧失量中的任何一项不符合国家标准规定者，矿渣水泥、火山灰水泥、粉煤灰水泥和复合水泥凡细度、终凝时间中的任何一项不符合国家标准规定者或混合材料掺量超过最大限量、强度低于商品强度等级的指标时，水泥包装标志中水泥品种、强度等级、生产者名称和出厂编号不全者均视为不合格品。

4.3 其它品种水泥

4.3.1 快硬硅酸盐水泥

凡由硅酸盐水泥熟料、适量石膏磨细制成、以 3d 抗压强度表示强度等级的水硬性胶凝材料，称为快硬硅酸盐水泥（简称快硬水泥）。

由于快硬水泥中适当提高了 C_3S 和 C_3A 的含量，所以具有早强、快硬的效果。快硬水泥的细度要求 $80\mu m$ 的方孔筛筛余（%）不超过 10%；初凝时间不早于 45min，终凝时间不迟于 10h；体积安定性必须合格。依据 1d 和 3d 的强度值将快硬水泥划分为 32.5、37.5 和 42.5 三个强度等级，各强度等级、各龄期的强度值不能低于表 4-7 中的规定。

表 4-7 快硬水泥各强度等级、各龄期强度值

强度等级	抗压强度/MPa			抗折强度/MPa		
	1d	3d	28d	1d	3d	28d
32.5	15.0	32.5	52.5	3.5	5.0	7.2
37.5	17.0	37.5	57.5	4.0	6.0	7.6
42.5	19.0	42.5	62.5	4.5	6.4	8.0

快硬水泥凝结硬化快，早期、后期强度均高，抗渗性、抗冻性强，水化热大，耐蚀性差。适用于早强、高强混凝土及紧急抢修工程和冬季施工的混凝土工程。不适用于大体积混凝土及有耐蚀要求的混凝土工程。快硬水泥的存期较其它水泥短，不宜久存，自出厂日起若超过 1 个月，应重新检验强度，合格后方可使用。

4.3.2 膨胀水泥

水泥在凝结硬化过程中一般会产生收缩，使水泥混凝土出现裂纹，影响其强度和其它性能。而膨胀水泥却克服了这一弱点，在硬化过程中能够产生一定的膨胀，可提高水泥石的密实度，消除由收缩带来的不利影响。

膨胀水泥产生膨胀的原因是水泥中比一般水泥多了一种膨胀组分，在水泥的凝结硬化过程中，膨胀组分使水泥产生一定量的膨胀值。常用的膨胀组分是水化后能形成膨胀性产物（水化硫铝酸钙）的材料。

常用的膨胀水泥可分为以下几类。

（1）硅酸盐膨胀水泥

以硅酸盐水泥为主，外加铝酸盐水泥和石膏等膨胀组分配制而成。如：膨胀硅酸盐水泥和自应力硅酸盐水泥等。

主要用于制造防水混凝土；加固结构、浇筑机器底座或固结地脚螺栓；还可用于接缝和

修补工程。不能用于有硫酸盐侵蚀介质存在的工程。

（2）低热微膨胀水泥

主要用于要求水化热较低及要求补偿收缩的混凝土、大体积混凝土，也可用于要求抗渗和抗硫酸盐侵蚀的工程。

（3）膨胀硫铝酸盐水泥

主要用于配制结点、抗渗和补偿收缩的混凝土工程。

（4）自应力水泥

主要用于自应力钢筋混凝土压力管及其配件。

4.3.3　白色与彩色硅酸盐水泥

由白色硅酸盐水泥熟料加入适量石膏，磨细制成的水硬性胶凝材料，称为白水泥。在白水泥磨粉时，加入适当的颜料，即制成彩色水泥。

白水泥的细度要求 $80\mu m$ 方孔筛筛余（％）不超过 10%；初凝时间不早于 $45min$，终凝时间不迟于 $12h$；体积安定性必须合格；按 $3d$、$7d$ 和 $28d$ 的强度值将白水泥分为：32.5、42.5、52.5 三个强度等级。各强度等级、各龄期的强度值不得低于表 4-8 中的规定。

表 4-8　白水泥各强度等级、各龄期强度值（GB/T 2015—2005）

强 度 等 级	抗压强度/MPa			抗折强度/MPa		
	3d	7d	28d	3d	7d	28d
32.5	12.0	20.5	32.5	3.0	3.5	6.0
42.5	17.0	26.5	42.5	3.5	4.5	6.5
52.5	22.0	33.5	52.5	4.0	5.5	7.0

白水泥的白度是白水泥的一项重要技术指标。目前，白度是通过光电系统组成的白度计对可见光的反射程度确定的。白度等级分为特级、一级、二级和三级，各等级的白度不得低于87。

白水泥中加入的颜色，必须具有良好的大气稳定性及耐久性，不溶于水，分散性好，抗碱性强，不参与水泥水化反应，对水泥的组成和特性无破坏作用等。

白水泥和彩色水泥主要用于配制各种装饰混凝土及装饰砂浆。

4.3.4　道路水泥

道路硅酸盐水泥简称道路水泥。由道路硅酸盐水泥熟料、$0\sim10\%$ 活性混合材料和适量石膏磨细制成的水硬性胶凝材料，称为道路水泥。

道路水泥熟料中含有较多的铁铝酸钙，其矿物组成的要求为 C_3A 含量不超过 5%，C_4AF 含量不小于 16.0%，水泥中 SO_3 含量不超过 3.5%，MgO 含量不超过 5.0%，水泥的初凝时间不早于 $1h$，终凝时间不迟于 $10h$。在 $80\mu m$ 方孔筛上的筛余（％）不超过 10%。道路水泥强度等级分为 42.5、52.5 和 62.5 三个等级，各强度等级、各龄期的强度值不得低于表 4-9 中的规定。

表 4-9　道路水泥各强度等级、各龄期强度值（GB 13693—2005）

强 度 等 级	抗压强度/MPa		抗折强度/MPa	
	3d	28d	3d	28d
42.5	22.0	42.5	4.0	7.0
52.5	27.0	52.5	5.0	7.5
62.5	32.0	62.5	5.5	8.5

道路水泥强度高，尤其是抗折强度高，耐磨性好，干缩小，抗冲击性好，适用于建造混凝土公路路面，也可用于公路和铁路桥梁、飞机场跑道、城市广场、停车场、火车站站台等。

4.3.5 中、低热硅酸盐水泥

中热硅酸盐水泥简称中热水泥。由适当成分的硅酸盐水泥熟料、适量石膏，磨细制成的具有中等水化热的水硬性胶凝材料。代号为 P·MH。中热水泥的强度等级为 42.5。

低热硅酸盐水泥简称低热水泥。由适当成分的硅酸盐水泥熟料、适量石膏，磨细制成的具有低水化热的水硬性胶凝材料。代号为 P·LH。低热水泥的强度等级为 42.5。

低热矿渣硅酸盐水泥简称低热矿渣水泥。由适当成分的硅酸盐水泥熟料、适量石膏和粒化高炉矿渣，磨细制成的具有低水化热的水硬性胶凝材料。代号为 P·SLH。其中粒化高炉矿渣掺量占 20%～60%，允许用不超过混合材料总量 50% 的磷渣或粉煤灰代替部分矿渣。低热矿渣水泥强度等级为 32.5。各龄期强度值不能低于表 4-10 中的规定。

表 4-10　中、低热水泥和低热矿渣水泥各龄期强度值（GB 200—2003）

水 泥 品 种	强 度 等 级	抗压强度/MPa			抗折强度/MPa		
		3d	7d	28d	3d	7d	28d
中热水泥	42.5	12.0	22.0	42.5	3.0	4.5	6.5
低热水泥	42.5	—	13.0	42.5	—	3.5	6.5
低热矿渣水泥	32.5	—	12.0	32.5	—	3.0	5.5

水泥中三氧化硫含量不超过 3.5%，初凝时间不早于 60min，终凝时间不迟于 12h。80μm 方孔筛的筛余（%）不超过 12%。各龄期水化热不得超过表 4-11 中的数值。

表 4-11　中、低热水泥和低热矿渣水泥各龄期水化热值

水 泥 品 种	强 度 等 级	水化热/（kJ/kg）	
		3d	7d
中热水泥	42.5	251	293
低热水泥	42.5	230	260
低热矿渣水泥	32.5	188	230

注：水化热的测定按 GB/T 12959—2008 进行。

中、低热水泥主要用于大体积混凝土工程，如大坝、大体积建筑物和厚大的基础工程等。

4.3.6 砌筑水泥

以活性混合材料或具有水硬性的工业废料为主要原料，加入少量硅酸盐水泥熟料和适量石膏，经磨细制成的水硬性胶凝材料，称为砌筑水泥。其初凝时间不早于 45min，终凝时间不迟于 12h，强度等级为 12.5、17.5、22.5。细度、体积安定性等技术要求与矿渣水泥相同。主要用于建筑工程中的砌筑、抹面砂浆、垫层混凝土等，不能用于结构混凝土。

4.4　水泥实训项目

通过实训操作练习，掌握水泥主要技术性质的检测方法、仪器使用、操作技能及其数值

的确定方法。

4.4.1 水泥试验的一般规定

4.4.1.1 试样和用水

水泥试样应充分拌匀，通过0.9mm方孔筛，并记录筛余物情况。试验用水须是洁净的饮用水，如有争议时应以蒸馏水为准。

4.4.1.2 检测环境要求

水泥实验室的温度应保持在（20±2）℃，相对湿度不低于50%；水泥试样、砂、拌和水和试验用具的温度应与实验室一致。

湿气养护箱的温度应为（20±1）℃，相对湿度不低于90%。养护水的温度应为（20±1）℃。

4.4.2 水泥细度测定

水泥细度测定的常用方法有：负压筛析法、水筛法和干筛法。当对结果有争议时，以负压筛析法为准。

4.4.2.1 实训目的

通过实训操作，掌握水泥细度测定的基本实验方法和技能，学会正确使用所用的仪器、设备，并能根据实验数据对水泥的细度是否满足标准规定作出正确的评定。

4.4.2.2 主要仪器、设备

水泥细度筛（见图4-4）、负压筛析仪（见图4-5）、天平（感量不大于0.01g）等。

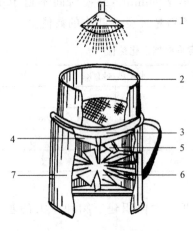

图 4-4 水泥细度筛

1—喷头；2—标准筛；3—旋转托架；
4—集水斗；5—出水口；6—叶轮；7—外筒

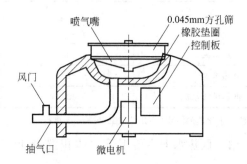

图 4-5 负压筛析仪示意图

4.4.2.3 实训步骤

（1）负压筛析法

负压筛析法测定水泥细度，采用负压筛析仪，如图4-5所示。

① 筛析试验前，应把负压筛放到筛座上，盖上筛盖，接通电源，检查控制系统，调节负压至4000～6000Pa范围内。

② 称取试样25g，置于洁净的负压筛中，盖上筛盖，放在筛座上，开动筛析仪连续筛析

2min，在此期间如有试样附着在筛盖上，可轻敲筛盖使其落下。筛毕，用天平称量筛余物的质量。

③ 当工作负压小于 4000Pa 时，应清理吸尘器内水泥，使负压恢复正常。

（2）水筛法

水筛法测定水泥细度，采用图 4-4 装置。

① 筛析试验前，检查水中应无泥沙，调节水压为（0.05±0.02）MPa，喷头底面距筛网 35～75mm，水筛能正常进行。

② 称取水泥试样 50g，置于洁净的水泥细度筛中，立即用水冲洗至大部分细粉通过后（用水喷头先从筛底下面反冲，注意水压不要太大），放到水泥细度筛架上用水压为（0.05±0.02)MPa 的喷头连续冲洗 3min。

③ 筛毕，将筛余物移到蒸发器皿中烘干，称量筛余物的质量。

（3）干筛法

在没有负压筛析仪和水泥细度筛时，允许用手工干筛法确定水泥细度。

① 称取水泥试样 50g，倒入干筛内（筛框有效直径 150mm，高 50mm，并附有筛盖）。

② 用一只手执筛往复摇动，另一只手轻轻拍打，拍打速度每分钟约 120 次，每 40 次向同一方向转动 60°，使试样均匀分布在筛网上，直至每分钟通过的试样量不超过 0.05g 为止。称量筛余物的质量。

4.4.2.4　结果计算

水泥试样筛余（%）按下式计算（精确至 0.1%）。

$$F = \frac{R_s}{m} \times 100\%$$

式中　F——水泥试样的筛余，%；

R_s——水泥筛余物的质量，g；

m——水泥试样的质量，g。

合格评定时，每个样品应称取两个试样分别筛析，取筛余平均值为筛析结果。若两次筛余结果绝对误差大于 0.5% 时（筛余值大于 5.0% 时可放宽至 1.0%），应再做一次试验，取两次相近结果的算术平均值作为最终结果。

4.4.3　水泥标准稠度用水量的测定

通过测定水泥净浆达到标准稠度时的用水量，确定水泥凝结时间和体积安定性试验的用水量。

4.4.3.1　实训目的

通过实训操作，掌握水泥标准稠度用水量测定的基本实验方法和技能，学会正确使用所用的仪器设备。

4.4.3.2　主要仪器、设备

水泥净浆搅拌机（见图 4-6）、标准稠度与凝结时间测定仪（见图 4-7）等。

4.4.3.3　实训步骤

标准稠度用水量的测定有两种方法：标准法和代用法。

① 标准稠度用水量可用调整水量法和不变水量法中的任何一种来测定，若发生矛盾时以调整水量法为准。

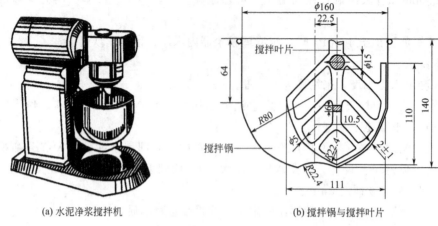

(a) 水泥净浆搅拌机　　　　　　　　　(b) 搅拌锅与搅拌叶片

图 4-6　水泥净浆搅拌机（单位：mm）

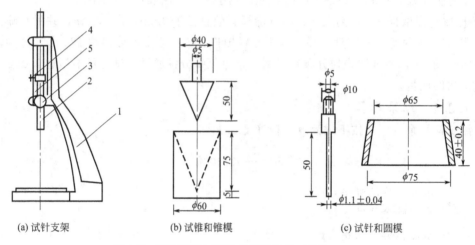

(a) 试针支架　　　　　　(b) 试锥和锥模　　　　　　(c) 试针和圆模

图 4-7　标准稠度与凝结时间测定仪（单位：mm）

1—铁座；2—金属圆棒；3—松紧螺钉；4—指针；5—标尺

② 试验前必须检查测定仪的金属棒能否自由活动，试锥降至锥模顶面位置时，指针应对准标尺零点，搅拌机应运转正常。

③ 水泥净浆用机械拌和，拌和用具应先用湿布擦抹。将称量好的 500g 水泥试样倒入搅拌锅内。采用调整水量法时，拌和用水量按经验确定，采用不变水量法时，用水量为142.5mL，准确至 0.5mL。

④ 拌和时，先将装有试样的锅放到搅拌机锅座上的搅拌位置，开动机器，同时徐徐加入拌和水，慢拌 120s，停拌 15s，接着快拌 120s 后停机。

⑤ 拌和完毕，立即将水泥净浆一次装入锥模中，用小刀插捣并振动数次，刮去多余净浆，抹平后**迅速**放到测定仪试锥下面的固定位置上。将试锥降至净浆表面，拧紧螺钉，然后**突然**放松螺钉，让试锥沉入净浆中，到停止下沉时，记录试锥下沉深度 S。

⑥ 用调整水量法测定时，以试锥下沉深度 (28 ± 2) mm 时的拌和用水量为标准稠度用水量 (P)，以占水泥质量百分率表示。

$$P=\frac{m_1}{m_2}\times100\%$$

式中 m_1——水泥净浆达到标准稠度时的拌和用水量，g；

m_2——水泥质量，g。

若超出范围，要另取试样，调整水量，重新试验，直到试锥下沉的深度为（28±2）mm 时为止。

⑦ 用不变水量法测定时，根据测得的下沉深度 S（mm），可按以下经验公式计算标准稠度用水量 P（%）。

$$P=33.4-0.185S$$

当试锥下沉深度小于 13mm 时，应用调整水量法测定。

4.4.4 水泥净浆凝结时间的测定

4.4.4.1 实训目的

通过实训操作，掌握水泥凝结时间测定的基本实验方法和技能，学会正确使用所用的仪器设备。

4.4.4.2 主要仪器、设备

水泥净浆搅拌机、标准稠度与凝结时间测定仪（将试锥换成试针，装净浆的锥模换成圆模）（见图 4-7）、湿气养护箱等。

4.4.4.3 实训步骤

① 测定前，将圆模放在玻璃板上，并调整仪器使试针接触玻璃板时，指针对准标尺的零点。

② 以标准稠度用水量，用 500g 水泥按规定方法拌制标准稠度水泥净浆，并将净浆一次装入圆模，振动数次刮平，放入湿气养护箱内，记录开始加水的时间作为凝结时间的起始时间。

③ 试件在湿气养护箱内养护至加水后 30min 时进行第一次测定。测定时，从养护箱中取出圆模放到试针下，使试针与净浆表面接触，拧紧螺钉，然后**突然**放松，使试针自由沉入净浆，观察试针停止下沉时指针的读数。临近初凝时，每隔 5min 测定一次，当试针沉至距底板（4±1）mm 时，即为水泥达到初凝状态。从水泥全部加入水中至初凝状态的时间即为水泥的初凝时间，用小时（h）和分钟（min）表示。

④ 初凝时间测出后，立即将试模连同浆体以平移的方式从玻璃板上取下，翻转 180°，直径大端向上，直径小端向下，放在玻璃板上，再放到湿气养护箱中养护。

⑤ 取下测初凝时间的试针，换上测终凝时间的试针。

⑥ 临近终凝时，每隔 15min 测定一次，当试针沉入净浆 0.5mm 时，即环形附件开始不能在净浆表面留下痕迹时，即为水泥的终凝时间（见图 4-8）。

⑦ 由开始加水至初凝、终凝状态的时间分别为该水泥的初凝时间和终凝时间，用小时

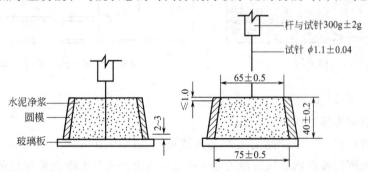

图 4-8 凝结时间测定（单位：mm）

（h）和分钟（min）来表示。

⑧ 注意事项

a. 水泥净浆搅拌时，水泥加水的过程中，应防止水和水泥溅出而影响测试精度。由于标准稠度用水量的测定直接影响凝结时间的测定结果，故标准稠度应准确。

b. 凝结时间测定时，最初测定操作应轻扶金属柱，使其徐徐下落，以防试针撞弯，但应保证其为自由下落。

c. 在整个测试过程中试针沉入净浆的位置距圆模至少大于 10mm。

d. 每次测定完毕，需将试针擦净并将圆模放入养护箱内，测定过程中要防止圆模受振。

e. 每次测定时不能让试针落入原孔，测得结果应以两次都合格为准。

4.4.4.4　确定结果

① 自加水起至试针沉入净浆中距底板（4±1）mm 时止，所需的时间为初凝时间，至试针沉入净浆中不超过 0.5mm（环形附件开始不能在净浆表面留下痕迹）时所需的时间为终凝时间。用小时（h）和分钟（min）来表示。

② 水泥净浆达到初凝或终凝状态时应立即重复测一次，当两次测定结果相同时才能定为达到初凝或终凝状态。

③ 评定方法　将测定的初凝时间、终凝时间结果与国家标准规范中的凝结时间相比较，可判断本次试验所用标准稠度水泥净浆的合格性。

4.4.5　水泥体积安定性的测定

水泥体积安定性的测定有两种方法：雷氏法和试饼法。

4.4.5.1　实训目的

通过实训操作，掌握水泥体积安定性测定的基本实验方法和技能，学会正确使用所用的仪器设备。

4.4.5.2　主要仪器、设备

沸煮箱（见图 4-9）、雷氏夹（见图 4-10）和雷氏夹膨胀测定仪（见图 4-11）、水泥净浆搅拌机等。

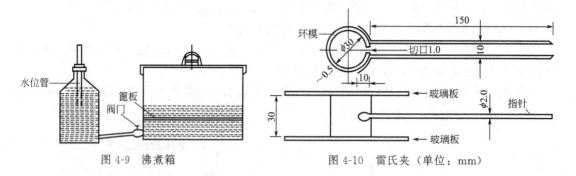

图 4-9　沸煮箱　　　　　　图 4-10　雷氏夹（单位：mm）

4.4.5.3　实训步骤

（1）测定前的准备工作

当采用试饼法时，一个样品需要准备两块玻璃板（约 100mm×100mm）；采用雷氏法时，每个雷氏夹需配备玻璃板（质量为 75～85g）两块。凡与水泥净浆接触的玻璃板和雷氏夹表面都应稍涂上一薄层机油。

（2）水泥标准稠度净浆的制备

以标准稠度用水量加水，按规定方法制成标准稠度水泥净浆。

（3）试件制作

① 试饼法：将制好的水泥净浆取出一部分分成两等份，使之成球形，放在玻璃板上轻轻地用小刀从边缘向中央抹平，做成直径 70～80mm、中心厚约 10mm、边缘渐薄、表面光滑的球冠试饼，然后将试饼立即放入标准养护箱中养护（24±2）h。

② 雷氏法：将标准稠度水泥净浆一次装满雷氏夹（预先准备好的雷氏夹放在已稍擦油的玻璃板上），装模时一只手轻轻扶持试模，另一只手用约 10mm 宽的小刀插到 15 次左右，抹平，盖上稍涂油的玻璃板，接着立即将试模放入养护箱中养护（24±2）h。

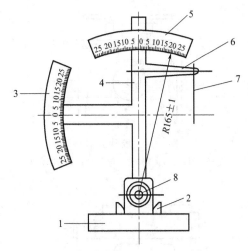

图 4-11　雷氏夹膨胀测定仪
1—底座；2—模子座；3—测弹性标尺；4—立柱；
5—测膨胀值标尺；6—悬臂；7—悬丝；
8—弹簧顶扭

（4）沸煮

① 调整沸煮箱内的水位，使试件能在整个沸煮过程中浸没在水里，这样在煮沸的中途不需填补试验用水，同时又能保证在（30±5）min 内加热至沸腾。

② 脱去玻璃板，取下试饼。当采用雷氏法时，先测量雷氏夹指针尖端间的距离 A，精确到 0.5mm，接着将试件指针朝上放入水泥沸煮箱中试件架上，试件之间互不交叉，然后在（30±5）min 内加热至沸，并恒沸（180±5）min。

当采用试饼法时，将检查无缺陷的试饼放入水泥沸煮箱的水中篦板上，在（30±5）min 内加热至沸，并恒沸（180±5）min。

沸煮结束，立即放掉箱中热水，打开箱盖，冷却至室温。

（5）结果评定

① 试饼法的评定：若目测试饼未发现裂缝、用金属直尺检查也没有弯曲，则水泥的体积安定性合格，反之为不合格。当两试饼判别有矛盾时，该水泥的体积安定性为不合格。

② 雷氏法的评定：测量试件指针尖端间的距离 C，记录至小数点后 1 位。若两个试件煮沸后增加距离（$C-A$）的平均值不大于 5.0mm 时，该水泥体积安定性合格，否则为不合格。当两试件的（$C-A$）值相差超过 4.0mm 时，应用同一样品立即重做，若仍超过 4.0mm，则该水泥的体积安定性不合格。

4.4.6　水泥胶砂强度测定（ISO 法）

4.4.6.1　实训目的

通过实训操作，掌握《水泥胶砂强度检验方法（ISO 法）》（GB/T 17671—1999）的基本实验方法和操作技能，学会正确使用所用的仪器、设备。

4.4.6.2　主要仪器、设备

胶砂搅拌机、振动台、下料漏斗、试模、抗压试验机及抗压夹具（均应符合 JC/T 683—2005 的规定）、抗折试验机等，如图 4-12～图 4-15 所示。

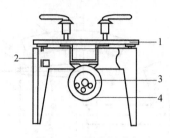

图 4-12 胶砂振动台

1—台面；2—弹簧；3—偏重轮；4—电动机

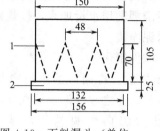

图 4-13 下料漏斗（单位：mm）

1—漏斗；2—套模

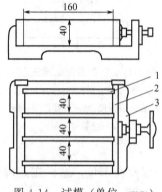

图 4-14 试模（单位：mm）

1—隔板；2—端板；3—底座

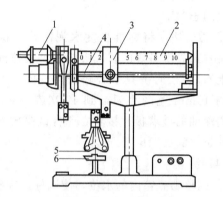

图 4-15 水泥抗折试验机

1—平衡砣；2—大杠杆；3—游动砝码；

4—丝杆；5—抗折夹具；6—手轮

4.4.6.3 实训步骤

本试验采用 ISO 法，本方法为 40mm×40mm×160mm 棱柱试件的水泥抗压强度和抗折强度测定。试件由（质量计）1 份水泥、3 份中国 ISO 标准砂，水胶比为 0.5，拌制的一组塑性胶砂制成。中国 ISO 标准砂的水泥抗压强度结果必须与 ISO 基准砂的相同。胶砂用水泥胶砂搅拌机搅拌，在振实台上成型。试体连模一起在湿气中养护 24h 后脱模，放在水中养护至龄期，然后从水中取出进行强度试验（先测定抗折强度，折断后每半截再测定抗压强度）。

（1）胶砂制备

① 试验用砂 采用中国 ISO 标准砂，其质量应符合 GB/T 17671—1999 的要求。

② 胶砂配合比 胶砂按水泥：标准砂：水＝1：3.0：0.5 进行拌制。一锅胶砂成三条试件，每锅需水泥（450±2）g，标准砂（1350±5）g，水（225±1）mL。

③ 搅拌 每锅胶砂均需用搅拌机搅拌。具体步骤如下。

a. 先把水加入锅里，再加水泥，把锅放在固定架上，上升至固定位置。

b. 立即开动机器，低速搅拌 30s 后，在第二个 30s 开始的同时均匀地将砂子加入，快速再拌 30s。

c. 停拌 90s，在第一个 15s 内用一胶皮刮具将叶片和锅壁上的胶砂刮入锅中，在高速下继续搅拌 60s，各个搅拌阶段的时间误差应在 1s 以内。

（2）试件制备

胶砂制备后应立即成型。将空试模和模套固定在振实台上，用一个适当的料勺直接从搅拌锅里将胶砂分两层装入试模,装第一层时,每个槽里约放300g胶砂,用大播料器垂直架在模套顶部,沿每一个模槽来回一次,将料播平,接着振实60次。再装第二层胶砂,用小播料器播平,再振实60次。移走模套,从振实台上取下试模,用一金属直尺以近似90°的角度架在试模模顶的一端,然后沿试模长度方向以横向锯割动作慢慢向另一端移动,一次将超过试模部分的胶砂刮去,并用同一金属直尺将试件表面水平抹平。

在试模上作标记或加字条标明试件编号。

(3)试件养护

① 脱模前的处理与养护 将试模放入雾室或湿箱的水平架上养护,湿空气应能与试模的周边接触。另外,养护时不应将试模放在其它试模上。一直养护到规定的时间取出脱模。脱模前用防水墨汁或颜料对试件进行编号或作其它标记。对于两个龄期以上的试件,在编号时应将同一试模中的三条试件分在两个以上龄期内。

② 脱模 脱模应非常小心,可用塑料锤、橡皮榔头或专门的脱模器。对于24h龄期的试件,应在破型试验前20min内脱模;对于24h以上龄期的,应在20~24h之间脱模。

③ 水中养护 将做好标记的试件水平或垂直放在(20±1)℃水中养护,水平放置时,刮平面应朝上,养护期间试件之间间隔或试件上面的水深不得小于5mm。

(4)强度测定

① 强度试验试件的龄期 试件龄期是从加水开始搅拌时算起的。各龄期的试件必须在表4-12规定的时间内进行强度测定。试件从水中取出后,在强度测定前应用湿布覆盖。

表4-12 各龄期强度测定时间规定

龄期	24h	48h	72h	7d	>28d
时间	24h±15min	48h±30min	72h±45min	7d±2h	28d±8h

② 抗折强度测定

a. 每龄期取出三条试件先测定抗折强度。测试前,必须擦去试件表面的水分和砂粒,清除夹具上圆柱表面黏着的杂物,将试件放入抗折夹具内,应使侧面与圆柱接触。

b. 采用杠杆式抗折强度试验机测定时,试件放入前,应使杠杆成平衡状态。试件放入后,调整夹具,使杠杆在试件折断时尽可能地接近平衡位置。

c. 抗折强度试验机的加荷速度为(50±10)N/s。

③ 抗压强度测定

a. 抗折强度测定后的断块应立即进行抗压强度测定。抗压强度测定时须用抗压夹具进行,试件受压面积为40mm×40mm。测试前,应清除试件受压面与压板间的砂粒或杂物。测试时,以试件的侧面作为受压面,试件的底面靠紧夹具定位销,并使夹具对准抗压试验机压板中心。

b. 抗压试验机加荷速度为(2400±200)N/s。

4.4.6.4 测试结果计算及处理

(1)抗折强度测试结果

抗折强度按下式计算(精确至0.1MPa)。

$$f=\frac{1.5FL}{b^3}$$

式中 f——水泥的抗折强度,MPa;

F——折断时施加在棱柱体中部的荷载，N；

b——棱柱体正方形截面的边长，mm，取 40mm；

L——支撑圆柱之间的距离，mm，取 100mm。

以一组三个棱柱体抗折强度的平均值作为测试结果。若三个强度值中有一个超出平均值的±10%，应剔除后再取平均值作为抗折强度测试结果。当有两个都超过平均值的±10%时，应重做试验。

（2）抗压强度测试结果

抗压强度按下式计算（精确至 0.1MPa）。

$$f_c = \frac{F_c}{A}$$

式中　f_c——水泥的抗压强度，MPa；

F_c——破坏时的最大荷载，N；

A——受压部分的面积，mm^2。

以一组三个棱柱体上得到的六个抗压强度测定值的算术平均值为测试结果。如六个测定值中有一个超出六个平均值的±10%，就应剔除这个结果，而以剩下五个的平均值为测试结果。如果五个测定值中还有超出它们平均值±10%时，则该组测试结果作废。

小　结

水泥知识是建筑材料课程的重点之一。水泥是水泥混凝土的最重要的组成材料。本章内容侧重于硅酸盐水泥（波特兰水泥），对其熟料矿物组成，水泥水化硬化过程，水泥石的结构以及水泥的技术要求等作了较深入的阐述。通过学习可以掌握硅酸盐水泥熟料的矿物组成及其水化产物对水泥石结构和性能影响；水泥石产生腐蚀的类型，引起腐蚀的内、外因及防止措施；常用水泥的主要技术性能、特性以及适用范围和不适用范围等。

水泥的技术性质主要有水泥的细度、凝结时间、体积安定性、强度及水化热等。水泥的强度等级是根据水泥的抗压强度的抗折强度评定的。

为改善水泥的某些性能，增加水泥品种，提高水泥的产量和降低成本，在硅酸盐水泥熟料中掺入适量的各种混合材料，并与适量石膏共同磨细，即制成各种掺混合材料的水泥。

在学习硅酸盐水泥的基础上，本章还介绍了混合材料知识及其与硅酸盐水泥熟料配制的通用水泥（P·O、P·S、P·P、P·F、P·C 和 P·L 水泥）的组成、特性、技术要求和应用。对一些特性水泥和专用水泥也做了简单介绍。

能力训练习题

1. 选择题（以下各题不一定只有一个正确答案，请把正确答案的题前字母填入括号内）

（1）国家标准对硅酸盐水泥的初凝时间、终凝时间是如何规定的？（　　　）

　　A. 初凝时间不早于 45min，终凝时间不迟于 10h

　　B. 初凝时间不早于 45min，终凝时间不迟于 12h

　　C. 初凝时间不早于 45min，终凝时间不迟于 6.5h

　　D. 初凝时间不早于 40min，终凝时间不迟于 10h

（2）水泥熟料中水化速度最快、28d 水化热最大的是（　　　）。

　　A. C_3S　　　　　　　B. C_2S　　　　　　　C. C_3A　　　　　　　D. C_4AF

(3) 水泥熟料矿物成分中，早期强度和后期强度均高的是（　　　）。

A. C_2S 　　　　　　B. C_3S 　　　　　　C. C_3A 　　　　　　D. C_4AF

(4) 下面的胶凝材料属于气硬性胶凝材料的是（　　　）。

A. $Ca(OH)_2$ 　　　　B. CaO 　　　　　　C. $3CaO \cdot SiO_2$ 　　　D. $CaSO_4 \cdot 0.5H_2O$

(5) 水泥胶砂强度试验成型的试件尺寸为（　　　）。

A. $200mm \times 200mm \times 200mm$ 　　　　B. $100mm \times 100mm \times 100mm$

C. $40mm \times 40mm \times 160mm$ 　　　　　D. $150mm \times 150mm \times 150mm$

(6) 矿渣水泥的代号为（　　　）。

A. $P \cdot O$ 　　　　　B. $P \cdot S$ 　　　　　C. $P \cdot C$ 　　　　　D. $P \cdot F$

(7) 国标规定通用水泥的初凝时间为（　　　）。

A. 不早于45min 　　B. 不大于45min 　　C. 等于45min 　　　D. 越迟越好

(8) 大体积混凝土工程应优先选用（　　　）。

A. 普通水泥 　　　　B. 硅酸盐水泥 $P \cdot I$ 　C. 矿渣水泥 　　　　D. 火山灰水泥

(9) 水泥的强度等级划分是依据（　　　）。

A. 抗压强度 　　　　B. 抗拉强度 　　　　C. 抗剪强度 　　　　D. 抗折强度

(10) 耐蚀性较差的水泥是（　　　）。

A. 火山灰水泥 　　　B. 硅酸盐水泥 　　　C. 矿渣水泥 　　　　D. 粉煤灰水泥

(11) 矿渣水泥耐蚀性较好的原因是（　　　）。

A. 水化慢 　　　　　　　　　　　　　　B. 水化热低

C. 后期强度高 　　　　　　　　　　　　D. 水泥石中氢氧化钙和水化铝酸钙含量少

(12) 生产硅酸盐水泥时加入适量石膏起什么作用？（　　　）

A. 促凝 　　　　　　B. 缓凝 　　　　　　C. 助磨 　　　　　　D. 膨胀

(13) 在硅酸盐水泥熟料中，哪种矿物成分含量最高？（　　　）

A. C_2S 　　　　　　B. C_3S 　　　　　　C. C_3A 　　　　　　D. C_4AF

(14) 用沸煮法检验水泥安定性只能检验出下列哪种物质的影响？（　　　）

A. 游离的氧化钙 　　B. 游离的氧化镁 　　C. 石膏 　　　　　　D. 三氧化硫

(15) 有耐磨要求的混凝土应优先选用（　　　）。

A. 矿渣水泥 　　　　B. 硅酸盐水泥 　　　C. 火山灰水泥 　　　D. 普通水泥

2. 判断题（对的打"√"，错的打"×"）

(1) 水泥体积安定性不良时不可以降级使用。　　　　　　　　　　　　（　　　）

(2) 干燥环境中的混凝土，不宜选用粉煤灰水泥。　　　　　　　　　　（　　　）

(3) 受侵蚀性介质作用的混凝土，不宜选用硅酸盐水泥。　　　　　　　（　　　）

(4) 水泥的强度等级是根据抗压强度标准值确定的。　　　　　　　　　（　　　）

(5) 硅酸盐水泥的有效存期为三个月。　　　　　　　　　　　　　　　（　　　）

(6) 水泥胶砂搅拌机可用一般砂浆搅拌机替代。　　　　　　　　　　　（　　　）

(7) 水泥胶砂抗折试件规格为 $40mm \times 40mm \times 160mm$，三块为一组。　（　　　）

(8) 水泥胶砂抗压试件规格为 $100mm \times 100mm \times 100mm$，六块为一组。（　　　）

(9) 终凝时间不合格的水泥属于废品。　　　　　　　　　　　　　　　（　　　）

(10) 冬季施工的混凝土应优先选用矿渣水泥。　　　　　　　　　　　（　　　）

3. 简答题

(1) 国家技术标准中规定通用水泥的初凝时间和终凝时间对施工有什么实际意义？

(2) 水泥遭受侵蚀的内外因是什么？采取什么措施才能防止水泥的腐蚀？

(3) 何谓水泥的体积安定性？造成体积安定性不良的原因是什么？体积安定性不良的水泥为什么不能在工程中使用？

(4) 为什么生产水泥时加入适量的石膏对水泥不起破坏作用？而硬化后的水泥石遇到硫酸盐溶液的环境，产生出石膏时就有破坏作用？

(5) 影响硅酸盐水泥强度发展的主要因素有哪些？

(6) 什么是水泥的混合材料？常用的活性混合材料有哪些？在硅酸盐水泥中掺入混合材料有哪些作用？

(7) 某住宅工程工期较短，现有强度等级为 42.5 的矿渣水泥和硅酸盐水泥，从有利于按期完工（不延误工期）的角度看，应选用哪种水泥更有利？

(8) 称取 50g 普通水泥，在 $80\mu m$ 方孔筛上进行筛析，筛余物经烘干后的质量为 4g，试判断该水泥细度是否合格？

(9) 过期、受潮的水泥应如何处理、使用？

(10) 有三种白色胶凝材料，它们是生石灰、建筑石膏和白水泥，用什么简易的方法把它们区分开？

4. 计算题

(1) 做硅酸盐水泥的强度等级测定，在抗折试验机和压力试验机上的试验结果读数如表 4-13 所示，试评定硅酸盐水泥的强度等级。

表 4-13　试验结果读数

荷载	抗折破坏荷载/kN		抗压破坏荷载/kN			
龄期	3d	28d	3d		28d	
试验结果读数	1.7	3.1	42	44	100	94
	1.9	3.3	41	41	96	92
	1.8	3.2	43	36	95	90
平均值						

(2) 某矿渣水泥，存期已超过三个月。已测得其三天的强度达到了 32.5 级的要求，现又测得 28d 的抗折、抗压破坏荷载如表 4-14 所示。

表 4-14　28d 的抗折、抗压破坏荷载

试件编号	1		2		3	
抗压破坏荷载/kN	54	58	54	50	50	53
抗折破坏荷载/kN	2.4		2.5		2.3	

计算后判断该水泥是否能按原强度等级使用。

5 混　凝　土

>>> 教学目标

　　通过本章学习，掌握普通混凝土的组成材料（砂、石、水等）的技术要求及评定方法；混凝土拌合物的和易性概念及评定方法；混凝土的抗压强度及强度等级的确定和评定方法；影响混凝土强度的主要因素；普通混凝土的配合比设计方法。了解混凝土外加剂的种类、作用原理及应用；混凝土耐久性及其影响因素等。

5.1　混凝土概述

　　由胶凝材料与粗、细骨料及水按适当比例拌制成拌合物，经过凝结、硬化得到的人造石材，称为混凝土。根据所用的胶凝材料不同分为：水泥混凝土、石膏混凝土、水玻璃混凝土、沥青混凝土、聚合物混凝土等。本章主要介绍工程中应用最广、用量最大的水泥混凝土。

5.1.1　水泥混凝土的分类

5.1.1.1　重混凝土

　　表观密度≥2800kg/m^3，采用表观密度很大的骨料（如重晶石、铁矿石、钢屑等）和钡水泥、锶水泥等重水泥配制而成。重混凝土具有防射线性能，所以又称防辐射混凝土。主要用作核能工程的屏蔽结构材料。

5.1.1.2　普通混凝土

　　表观密度2000～2800kg/m^3，采用普通的天然砂石为骨料与水泥配制而成。普通混凝土广泛应用于建筑、桥梁、道路、水利、码头、海洋等工程。本章重点介绍这种混凝土。

5.1.1.3　轻混凝土

　　表观密度＜2000kg/m^3，采用陶粒等轻质多孔骨料配制而成的混凝土或采用特殊方法在内部造成大量孔隙的混凝土。主要用作保温、隔热材料和轻质材料，强度等级高的也可用作承重结构材料。

　　混凝土还可按其强度等级分为：普通混凝土［＜C60的混凝土：可分为低强混凝土（＜C30）和中强混凝土（C30～C60）］、高强混凝土（≥C60）、超高强混凝土（≥C100）。

　　混凝土也可按其主要功能、用途及施工方法分为：结构混凝土、防水混凝土、耐热混凝土、耐酸混凝土、泵送混凝土、喷射混凝土、预拌混凝土（商品混凝土）等。

5.1.2　混凝土优缺点

5.1.2.1　优点

　　①原材料来源广，造价较低。混凝土中的砂、石骨料约占混凝土总体积的80％左右，而砂、石均可就地取材，价格便宜。

　　②易于加工成型，具有良好的塑性。新拌的混凝土可浇筑不同形状、尺寸的构件。

③ 可调配性好。通过改变组成材料的品种及配合比，可得到需要的混凝土。

④ 抗压强度高。一般为 20～40MPa，有的可高达 80～120MPa。适合作结构材料。

⑤ 与钢筋的共同工作性好。混凝土的热膨胀系数与钢筋相近，受力特点上可以互补，且与钢筋有很好的粘接，可制成钢筋混凝土。

⑥ 耐久性好。一般不需要维护、维修及保养。

⑦ 耐火性好。耐火性远比木材、钢材、塑料等好，经数小时高温仍可保持其力学性质。

⑧ 生产工艺简单，能耗低。

⑨ 可浇筑成整体建筑物以提高抗震性，也可预制成各种构件进行装配。

5.1.2.2 缺点

① 自重大，比强度小。

② 抗拉强度低，脆性大。

③ 热导率大，保温隔热差。

④ 硬化较慢，生产周期较长。

应着重指出的是，随着现代混凝土科学技术的不断发展及施工方法的不断完善，混凝土的不足之处已经得到或正在得到克服。例如：采用轻骨料可使其自重或热导率降低；掺入纤维或聚合物，可使其韧性增加；采用快硬水泥或掺入早强剂、减水剂、速凝剂等外加剂，可缩短硬化周期等。

5.2 普通混凝土的组成材料

普通混凝土的组成材料有水泥、砂子、石子和水，另外还常加少量的外加剂或掺合料。混凝土的质量主要取决于组成材料的性质与用量，同时，也受施工因素（如搅拌、运输、浇筑、振捣、养护等）的影响。只有了解混凝土的组成材料在混凝土中的作用，以及配制混凝土时对原材料的技术要求，才能合理选用材料，配制出满足工程技术要求的混凝土。

5.2.1 混凝土组成材料的作用

水泥与水形成的水泥浆在混凝土中的作用是：其一，水泥浆在凝结硬化过程中，将骨料胶结成具有一定形状和强度的整体（即胶结作用）；其二，水泥浆要包裹骨料，减少骨料颗粒间的摩擦阻力，增加混凝土拌合物的流动性（即对骨料起到润滑的作用）；其三，水泥浆还要用于填满骨料间的间隙，使混凝土密实，耐久性好（即填充空隙的作用）。另外，水泥的强度还要满足混凝土的强度要求。砂子和石子均属于骨料（砂子属于细骨料，石子属于粗骨料），骨料在混凝土中起到骨架的作用。砂子作为细骨料，还要用于填充石子的空隙，另外，砂子和水泥浆一起形成的水泥砂浆要包裹石子的表面，减少粗骨料间的摩擦阻力，增加混凝土拌合物的流动性，便于施工操作。在混凝土的组成中，骨料一般占混凝土总体积的70%～80%，水泥浆（硬化后为水泥石）约占 20%～30%，其中还含有少量的空气（见图 5-1）。

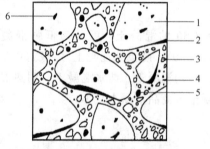

图 5-1　硬化混凝土结构

1—粗骨料；2—泌水形成的孔隙；3—细骨料；

4—水泥浆；5—水泥浆中的气孔；

6—骨料中孔隙和裂缝

5.2.2 混凝土组成材料的技术要求

5.2.2.1 水泥

配制混凝土时，水泥的品种及强度等级的正确、合理选用，对混凝土的强度及耐久性都是至关重要的。水泥品种应根据工程特点、所处环境、施工条件及水泥特性合理选择。通用水泥品种的选用见第 4 章表 4-6。

水泥强度等级的选择应根据混凝土强度的要求来确定，低强混凝土应选择低强度等级的水泥，高强混凝土应选择高强度等级的水泥。因为若采用低强度等级的水泥配制高强混凝土，不仅会使水泥的用量过大而不经济，而且由于水泥用量过多，还会引起混凝土的收缩和水化热的增大；若采用高强度等级的水泥配制低强混凝土，会因水泥用量过少而影响混凝土拌合物的和易性（不便施工操作）和密实度，导致混凝土的强度及耐久性降低。一般来讲，中、低强度的混凝土（通常指 C30 以下），水泥强度等级为混凝土强度等级的 1.5～2.0 倍；高强混凝土，水泥强度等级与混凝土强度等级之比可小于 1.5，但不能低于 0.8。现将配制混凝土所选用的水泥强度等级推荐于表 5-1 中。

表 5-1 配制混凝土所选用的水泥强度等级

混凝土强度等级	所选水泥强度等级	混凝土强度等级	所选水泥强度等级
C7.5～C25	32.5	C50～C60	52.5
C30	32.5,42.5	C65	52.5,62.5
C35～C45	42.5	C70～C80	62.5

5.2.2.2 细骨料（砂）

混凝土中大小不等的颗粒性材料称为骨料。骨料按其粒径的大小不同分为粗骨料和细骨料，粒径在 0.15～4.75mm 之间的岩石颗粒称为细骨料；粒径大于 4.75mm 的岩石颗粒称为粗骨料。由于骨料在混凝土中起到骨架的作用，在混凝土中所占比例很大（占混凝土总体积的 70%～80%），所以骨料的性能、质量的优劣，对混凝土的强度及耐久性也会有很大的影响。

混凝土的细骨料主要是天然砂，也可用人工砂。天然砂主要有：河砂、江砂、海砂及山砂。天然砂（除山砂外）表面光滑、洁净、颗粒多为球状，用其拌制的混凝土拌合物流动性好，但与水泥之间的黏结力较差；山砂则表面粗糙，颗粒多棱角，与水泥间有很好的粘接，但拌制的混凝土拌合物流动性较差。当缺乏天然砂时，也可采用人工砂，人工砂表面粗糙，颗粒多棱角，较清洁，但成本较高。

天然砂按其技术要求分为Ⅰ类、Ⅱ类、Ⅲ类三个级别，Ⅰ类宜用于高强混凝土（≥C60）；Ⅱ类宜用于中强混凝土（C30～C60）及有抗冻、抗渗或其它要求的混凝土；Ⅲ类宜用于低强混凝土（<C30）和建筑砂浆。

根据我国《建筑用砂》（GB/T 14684—2011），对所用的细骨料质量要求如下。

（1）有害杂质含量

砂中的有害杂质主要有：泥、泥块、硫化物、硫酸盐、有机物、轻物质、云母及活性二氧化硅等。

泥、泥块、云母黏附在砂的表面，使水泥石与砂的黏结力下降，降低混凝土强度、耐久性。同时，泥、泥块还会增加拌和用水量，加大混凝土的干燥收缩。硫化物、硫酸盐、氯盐、有机物等对水泥石有腐蚀作用，导致混凝土强度、耐久性下降。氯盐对钢筋会造成腐蚀。活性二氧化硅容易与水泥中的强碱（NaOH、KOH）发生碱-骨料反应，导致混凝土膨胀而开裂。由于上述原因，混凝土用砂必须严格控制有害杂质的含量，根据国家标准，砂中的有害杂质含量应符合表 5-2 的规定。

表 5-2　砂中有害杂质含量（GB/T 14684—2011）

项　　目	指　标		
	Ⅰ类	Ⅱ类	Ⅲ类
含泥量(按质量计)/%	<1.0	<3.0	<5.0
泥块含量(按质量计)/%	0	<1.0	<2.0
云母(按质量计)/%	1.0	2.0	2.0
轻物质(按质量计)/%	1.0	1.0	1.0
有机物(比色法)	合格	合格	合格
硫化物及硫酸盐(按 SO_3 质量计)/%　<	0.5	0.5	0.5
氯盐(按氯离子质量计)/%　<	0.01	0.02	0.06

注：轻物质指表观密度小于 2000kg/m³。

人工砂的石粉含量和泥块含量应符合表 5-3 的规定。

表 5-3　人工砂的石粉含量和泥块含量（GB/T 14684—2011）

项　　目		指　标		
		Ⅰ类	Ⅱ类	Ⅲ类
亚甲蓝试验	MB 值<1.40 或合格	石粉含量(按质量计)/%	<3.0	<5.0	<7.0①
		泥块含量(按质量计)/%	0	<1.0	<2.0
	MB 值≥1.40 或不合格	石粉含量(按质量计)/%	<1.0	<3.0	<5.0
		泥块含量(按质量计)/%	0	<1.0	<2.0

① 根据使用地区和用途，在试验验证的基础上，可由供需双方协商确定。

注：亚甲蓝 MB 值是用于判定人工砂中粒径小于 75μm 颗粒含量主要是泥土还是与被加工母岩化学成分相同的石粉的指标。

对重要的混凝土用砂，还应采用化学法和砂浆长度法进行碱-骨料反应活性检验，合格后方可使用。否则，应采取如下措施：使用含碱量小于 0.6% 的水泥或采用能抑制碱-骨料反应的掺和料；当使用含钾、钠离子的外加剂时，必须进行专门试验。对预应力钢筋混凝土，不宜用海砂，若必须使用海砂时，则应经淡水冲洗，其氯离子含量不得大于 0.02%（以干砂质量的百分率计）；对钢筋混凝土，海砂中氯离子含量不应大于 0.06%（以干砂质量的百分率计）。

（2）砂的粗细程度与颗粒级配

在混凝土拌合物中，水泥浆要包裹骨料的表面，并填充骨料的空隙，为了节省水泥，降低成本，并保证混凝土结构密实，则选择骨料时，应尽可能选用总表面积小，孔隙率小的骨料，这样才能既节省水泥，又能保证结构密实。

通常可采用筛分析法评定砂的总表面积和空隙率。用粗细程度表示砂总表面积的大小；颗粒级配表示砂粒间空隙率的大小。

① 砂的粗细程度　不同粒径的砂粒混合在一起的总体粗细程度，称为砂的粗细程度。

当砂的质量相同时，粗砂的总表面积小，细砂的总表面积大。粗细程度大小可用细度模数 M_x 表示。细度模数 M_x 越大，表示砂越粗，总表面积越小。

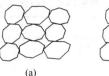

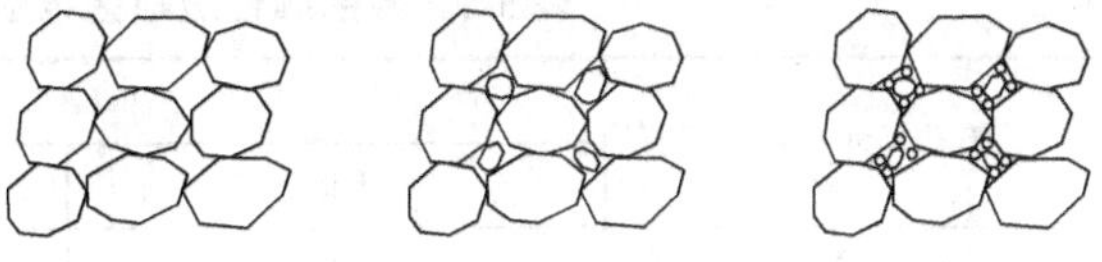

(a)　　　　(b)　　　　(c)

图 5-2　砂的颗粒级配

② 砂的颗粒级配　不同粒径的砂粒相互搭配的比例情况称为砂的颗粒级配（见图 5-2）。颗粒级配良好的砂应该是这样的：大砂粒的空隙被中等砂粒填满，中等大小砂粒的空隙被小砂粒填满。相互填充得越合理，砂堆积时密实度就越大，空隙率就越小。用颗粒级配良好的砂配制混凝土不但可以节省水泥，降低成本，而且还能提高混凝土的密实度、强度及耐久性，并减小干缩和徐变。砂的颗粒级配可用级配区表示。

在拌制混凝土时，砂的粗细程度和颗粒级配应同时考虑。

③ 砂的粗细程度和颗粒级配的评定　砂的粗细程度和颗粒级配可用筛分析法进行测定。筛分析法：用一套孔径（净尺寸）为 0.15mm、0.30mm、0.60mm、1.18mm、2.36mm、4.75mm 的六个标准方孔筛，将 500g 干砂试样从粗到细依次过筛，然后称量各筛的筛余物质量（筛余量），并计算分计筛余（％）和累计筛余（％）（精确至 0.1％）。

分计筛余（％）：各筛筛余量占干砂试样总质量的百分率，用 a_1、a_2、a_3、a_4、a_5、a_6 表示。

累计筛余（％）：该筛和比该筛粗的所有分计筛余（％）之和。用 A_1、A_2、A_3、A_4、A_5、A_6 表示。累计筛余（％）与分计筛余（％）的关系见表 5-4。

表 5-4　累计筛余（％）与分计筛余（％）的关系

筛孔尺寸/mm	分计筛余/%	累计筛余/%
4.75	a_1	$A_1 = a_1$
2.36	a_2	$A_2 = a_1 + a_2$
1.18	a_3	$A_3 = a_1 + a_2 + a_3$
0.60	a_4	$A_4 = a_1 + a_2 + a_3 + a_4$
0.30	a_5	$A_5 = a_1 + a_2 + a_3 + a_4 + a_5$
0.15	a_6	$A_6 = a_1 + a_2 + a_3 + a_4 + a_5 + a_6$

砂的细度模数（M_x）是衡量砂粗细程度的指标，按下式计算。

$$M_x = \frac{(A_2 + A_3 + A_4 + A_5 + A_6) - 5A_1}{100 - A_1}$$

式中　A_1，A_2，A_3，A_4，A_5，A_6——分别为 4.75mm、2.36mm、1.18mm、0.60mm、0.30mm、0.15mm 筛的累计筛余百分率；

M_x——砂的细度模数。

细度模数 M_x 越大，表示砂越粗，普通混凝土用砂的细度模数范围在 3.7～1.6，其中，3.7～3.1 为粗砂，3.0～2.3 为中砂，2.2～1.6 为细砂。

在实际工程中，应优先选用中砂或粗砂，采用粗砂时应适当提高砂率，粗砂适合配制流动性小的或干硬性混凝土；中砂适合配制各种混凝土；若选用细砂，应严格控制砂的用量及用水量等，还要适当降低砂率，并加强施工管理，以保证混凝土的强度。

混凝土用砂按 0.60mm 筛的累计筛余（％）分为 1 区、2 区、3 区三个级配区，见表 5-5。

表 5-5　砂的颗粒级配区范围（GB/T 14684—2011）

筛孔尺寸/mm	累计筛余/%		
	1 区	2 区	3 区
9.50	0	0	0
4.75	10～0	10～0	10～0
2.36	35～5	25～0	15～0
1.18	65～35	50～10	25～0
0.60	85～71	70～41	40～16
0.30	95～80	92～70	85～55
0.15	100～90	100～90	100～90

注：1. 砂的实际颗粒级配与表中所列数字相比，除 4.75mm 和 0.60mm 筛挡外，允许略有超出，但超出总量应小于 5%。

2. 1 区人工砂中 0.15mm 筛的累计筛余（%）可以放宽到 100%～85%，2 区人工砂中 0.15mm 筛的累计筛余（%）可以放宽到 100%～80%，3 区人工砂中 0.15mm 筛的累计筛余（%）可以放宽到 100%～75%。

　　砂的颗粒级配，以级配区或筛分曲线来判定其合格性。砂的颗粒级配应处于任何一个级配区内，除 4.75mm 和 0.60mm 筛孔外，其它筛的累计筛余（%）允许略有超出，但超出总量应小于 5%，也可判定颗粒级配合格，否则颗粒级配为不合格。为了更直观地反映砂的颗粒级配情况，也可用筛分曲线来判定颗粒级配情况，见图 5-3。

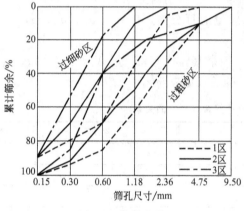

图 5-3　筛分曲线

　　以累计筛余（%）为纵坐标，筛孔尺寸为横坐标，根据表 5-5 的数值，可以画出砂的三个级配区的筛分曲线。通过观察所画的砂的筛分曲线是否完全落在三个级配区的任一区内，即可判定砂颗粒级配的合格性。同时，也可根据筛分曲线偏向情况，大致判定砂的粗细程度。当筛分曲线偏向右下方时，表示砂较粗；筛分曲线偏向左上方时，表示砂较细。

　　配制混凝土时，应优先选用 2 区砂（即中砂）。当采用 1 区砂（粗砂）时，要适当提高砂率，并保证足够的水泥用量，以满足混凝土拌合物的和易性；当采用 3 区砂（细砂）时，要适当降低砂率，以保证混凝土的强度。

　　在实际工程中，可采用人工掺配的方法来改善砂的颗粒级配，即将粗、细砂按适当的比例进行掺和，也可将砂过筛，筛除过粗或过细的颗粒，达到颗粒级配合格再使用。

　　【例 5-1】　某砂样 500g 经筛分试验，各筛上的筛余量见表 5-6，试评定砂的粗细程度和颗粒级配。

表 5-6　砂的筛分试验结果

筛孔尺寸/mm	4.75	2.36	1.18	0.60	0.30	0.15	<0.15
筛余量/g	20	80	100	100	75	85	40
分计筛余/%	4.0	16.0	20.0	20.0	15.0	17.0	8.0
累计筛余/%	4.0	20.0	40.0	60.0	75.0	92.0	100

【解】 根据表 5-6 给定的各筛上筛余量的克数，计算出各筛上的分计筛余率和累计筛余率，填入表 5-6 内。

计算细度模数

$$M_x = \frac{(A_2+A_3+A_4+A_5+A_6)-5A_1}{100-A_1}$$

$$= \frac{(20.0+40.0+60.0+75.0+92.0)-5\times4.0}{100-4.0} = 2.78$$

对照砂细度模数范围，$M_x = 2.78$，在 2.3～3.0 之间，可知该砂属于中砂。

根据表 5-5 可知，此砂在 0.60mm 筛上的累计筛余（％）（60％）落在 2 区范围，而该砂的其它各筛的累计筛余（％）均未超出 2 区砂的规定范围，因此，该砂样颗粒级配合格。

（3）砂的坚固性

砂在自然风化和其它外界物理、化学因素作用下抵抗破裂的能力称为砂的坚固性。天然砂的坚固性用硫酸钠溶液法检验，砂样经 5 次循环后其质量损失应符合表 5-7 的规定。

表 5-7　砂的坚固性指标（GB/T 14684—2011）

项　目		指　标		
		Ⅰ类	Ⅱ类	Ⅲ类
质量损失/％	＜	8	8	10

人工砂采用压碎指标法进行试验，压碎指标值应小于表 5-8 的规定。

表 5-8　砂的压碎指标（GB/T 14684—2011）

项　目		指　标		
		Ⅰ类	Ⅱ类	Ⅲ类
单级最大压碎指标/％	＜	20	25	30

（4）表观密度、堆积密度、空隙率

砂的表观密度、堆积密度、空隙率应符合如下规定：表观密度大于 $2500kg/m^3$；松散堆积密度大于 $1350kg/m^3$；空隙率小于 47％。

5.2.2.3　粗骨料（碎石、卵石）

普通混凝土常用的粗骨料为碎石、卵石。卵石是自然形成的岩石颗粒，分为河卵石、海卵石和山卵石；碎石是由天然岩石经机械破碎、筛分而得。天然的卵石表面光滑、多为球形，与水泥的黏结力较差，用卵石拌制的混凝土拌合物和易性好，但混凝土硬化后强度较低；碎石表面粗糙、多棱角，与水泥有很好的粘接，用碎石拌制的混凝土拌合物流动性较差，但混凝土硬化后强度较高。

根据《建筑用卵石、碎石》（GB/T 14685—2011），按卵石、碎石的技术要求可将其分为Ⅰ类、Ⅱ类、Ⅲ类三个级别。Ⅰ类宜用于高强混凝土（＞C60）；Ⅱ类宜用于中强混凝土（C30～C60）及有抗冻、抗渗或其它要求的混凝土；Ⅲ类宜用于低强混凝土（＜C30）。对石子的技术要求如下。

（1）有害杂质含量

石子中所含的有害杂质及其对混凝土造成的危害基本上与砂子相同。不同的是粗骨料中还可能含有针状（颗粒长度＞相应粒级平均粒径的 2.4 倍）和片状（厚度＜平均粒径的 0.4

倍）颗粒，针、片状颗粒易折断，其含量多时，可使混凝土拌合物的流动性和强度降低。粗骨料中有害杂质及针、片状颗粒允许含量应符合表 5-9 的规定。

表 5-9　粗骨料中有害杂质及针、片状颗粒限制值（GB/T 14685—2011）

项　　目	指　　标		
	Ⅰ 类	Ⅱ 类	Ⅲ 类
含泥量（按质量计）/%	<0.5	<1.0	<1.5
泥块含量（按质量计）/%	0	<0.5	<0.7
有机物（比色法）	合格	合格	合格
硫化物及硫酸盐（按 SO$_3$ 质量计）/%　<	0.5	1.0	1.0
针、片状颗粒含量/%	5	15	25

（2）强度

石子作为粗骨料，其强度高低对混凝土的强度也是至关重要的，卵石、碎石的强度可采用岩石立方体抗压强度和压碎指标两种方法进行检验。当可以找到石子的母岩时，可直接测定其立方体抗压强度；当找不到石子的母岩时，可通过测定压碎指标来间接评定石子的强度。

① 岩石立方体抗压强度　用石子的母岩制成 50mm×50mm×50mm 的立方体试件或直径与高均为 50mm 的圆柱体试件，在水中浸泡 48h，待吸水饱和后测其极限抗压强度。岩石立方体抗压强度与设计要求的混凝土强度等级之比，不应低于 1.5。同时，火成岩试件的强度不应低于 80MPa，变质岩试件强度不应低于 60MPa，水成岩试件强度不应低于 30MPa。

② 石子的压碎指标　压碎指标是将一定质量的气干状态下粒径为 10～20mm 的石子，装入一定规格的圆桶内，在压力机上均匀加荷至 200kN，卸荷后称量试样质量（G_1），再用孔径为 2.36mm 的筛筛除被压碎的碎粒，称量试样的筛余量（G_2）。则压碎指标（Q_c）可按下式计算。

$$Q_c = \frac{G_1 - G_2}{G_1} \times 100\%$$

压碎指标值越小，石子的抗压强度越高。对于不同强度等级的混凝土，所用石子的压碎指标应符合表 5-10 的规定。

表 5-10　石子的压碎指标（GB/T 14685—2011）

项　　目	指　　标		
	Ⅰ 类	Ⅱ 类	Ⅲ 类
碎石压碎指标/%　<	10	20	30
卵石压碎指标/%　<	12	16	16

（3）坚固性

石子在自然风化和其它外界物理、化学因素作用下抵抗破裂的能力称为石子的坚固性。石子的坚固性用硫酸钠溶液法检验，试样经 5 次循环后其质量损失应符合表 5-11 的规定。

表 5-11　石子的坚固性指标（GB/T 14685—2011）

项　　目	指　　标		
	Ⅰ 类	Ⅱ 类	Ⅲ 类
质量损失/%　<	5	8	12

（4）最大粒径与颗粒级配

① 最大粒径　粗骨料公称粒径的上限称为石子的最大粒径。粗骨料最大粒径较大时，骨料的总表面积较小，有利于节省水泥。但研究表明，当粗骨料的最大粒径大于 80mm 后，节约水泥的效果并不明显，且过大的最大粒径会给施工带来困难（如不利于混凝土的搅拌、运输、振捣等），所以粗骨料的最大粒径必须受到限制。

《混凝土结构工程施工及验收规范》（2010 版）（GB 50204—2002）规定：粗骨料的最大粒径不得超过结构截面最小尺寸的 1/4，同时不得超过钢筋间最小净距的 3/4；对于混凝土实心板，粗骨料最大粒径不得超过板厚的 1/3，且不得超过 40mm；对于泵送混凝土，粗骨料最大粒径与输送管内径之比要求碎石不宜大于 1∶3，卵石不宜大于 1∶2.5。

② 颗粒级配　粗骨料和细骨料一样，也要求具有良好的颗粒级配，这样才能降低混凝土的空隙率，增加密实度，从而提高混凝土的强度和耐久性。特别是高强混凝土，粗骨料的颗粒级配更为重要。

粗骨料的颗粒级配也是通过筛分试验测定，用一套孔径为 2.36mm、4.75mm、9.50mm、16.0mm、19.0mm、26.5mm、31.5mm、37.5mm、53.0mm、63.0mm、75.0mm 和 90.0mm 的筛进行筛分，称量各筛的筛余量，计算出分计筛余（％）和累计筛余（％），分计筛余（％）和累计筛余（％）的计算与细骨料相同。根据国家标准，普通混凝土用碎石、卵石的颗粒级配应符合表 5-12 的规定。

表 5-12　普通混凝土用碎石、卵石的颗粒级配（GB/T 14685—2011）

公称粒径/mm		2.36	4.75	9.50	16.0	19.0	26.5	31.5	37.5	53.0	63.0	75.0	90.0
连续粒级	5~10	95~100	80~100	0~15	0								
	5~16	95~100	85~100	30~60	0~10	0							
	5~20	95~100	90~100	40~80	—	0~10							
	5~25	95~100	90~100	—	30~70		0~5	0					
	5~31.5	95~100	90~100	70~90	—	15~45	—	0~5	0				
	5~40		95~100	70~90	—	30~65	—	—	0~5	0			
单粒粒级	10~20		95~100	85~100	—	0~15	0						
	16~31.5		95~100		85~100			0~10	0				
	20~40			95~100	—	80~100			0~10	0			
	31.5~63					95~100		75~100	45~75	—	0~10	0	
	40~80						95~100			70~100	—	30~60	0~10	0

粗骨料的颗粒级配有连续级配和单粒级配，连续级配是石子粒级呈连续性，即颗粒由小到大，每级石子占一定的比例。连续级配适合配制各种混凝土，尤其适合配制流动性大的混凝土，连续级配在工程中应用得最多。单粒级配（间断级配）是人为剔除中间粒级，从而使粗骨料的粒级不连续，这样可使空隙率最小，有利于节省水泥，但混凝土拌合物易产生离析现象，导致施工困难，一般工程中用的很少，可在预制厂使用。

粗骨料的最大粒径或颗粒级配不符合要求时，也应进行调整，方法是将两种或两种以上最大粒径与颗粒级配不同的粗骨料按适当比例试配，直至符合要求为止。

（5）表观密度、堆积密度、空隙率

石子的表观密度、堆积密度、空隙率应符合如下规定：表观密度大于 2500kg/m³；松散堆积密度大于 1350kg/m³；空隙率小于 47%。

5.2.2.4　混凝土拌和及养护用水

《混凝土结构工程施工及验收规范》(2010 版)(GB 50204—2002) 规定，混凝土用水应优先采用符合国家标准的饮用水。在节约用水，保护环境的原则下，鼓励采用检验合格的中水（净化水）拌制混凝土。混凝土用水的水质要求应符合《混凝土用水标准》(JGJ 63—2006) 的规定，水中各杂质的含量应符合表 5-13 的规定。

表 5-13　混凝土用水中的物质限制值（JGJ 63—2006）

项　　目		预应力混凝土	钢筋混凝土	素混凝土
pH 值>		5	4.5	4.5
不溶物/(mg/L)	<	2000	2000	5000
可溶物/(mg/L)	<	2000	5000	10000
氯化物(以 Cl^- 计)/(mg/L)	<	500	1200	3500
硫酸盐(以 SO_4^- 计)/(mg/L)	<	600	2700	2700
硫化物(以 S^{2-} 计)/(mg/L)	<	100	—	—

5.3　混凝土拌合物的和易性

混凝土中的各种组成材料按比例配合经搅拌形成的混合物称为混凝土拌合物，又称新拌混凝土。混凝土拌合物的主要性能应该是能够满足施工的要求，即拌合物要有良好的和易性。

5.3.1　混凝土拌合物的和易性概念

混凝土拌合物易于各工序施工操作（搅拌、运输、浇注、振捣、成型等），并能获得质量稳定、整体均匀、成型密实的混凝土的性能，称为混凝土拌合物的和易性。和易性是满足施工工艺要求的综合性质，包括流动性、黏聚性和保水性。

流动性是指混凝土拌合物在自重或机械振动时能够产生流动的性质。流动性的大小反映了混凝土拌合物的稀稠程度，流动性良好的拌合物，易于浇注、振捣和成型。

黏聚性是指混凝土组成材料间具有一定的黏聚力，在施工过程中混凝土能保持整体均匀的性能。黏聚性反映了混凝土拌合物的均匀性，黏聚性良好的拌合物易于施工操作，不会产生分层和离析的现象。黏聚性差时，会造成混凝土质地不均，振捣后易出现蜂窝、空洞等现象，影响混凝土的强度及耐久性。

保水性是指混凝土拌合物在施工过程中具有一定的保持内部水分而抵抗泌水的能力。保水性反映了混凝土拌合物的稳定性。保水性差的混凝土拌合物会在混凝土内部形成透水通道，影响混凝土的密实性，并降低混凝土的强度及耐久性。

混凝土拌合物和易性良好（即流动性、黏聚性和保水性均好）是保证混凝土施工质量的技术基础，也是混凝土适合泵送施工等现代化施工工艺的技术保证。在保证施工质量的前提下，具有良好的和易性，才能形成均匀、密实的硬化混凝土结构。

5.3.2 混凝土拌合物和易性的评定

因为混凝土拌合物的和易性是一项满足施工工艺要求的综合性质，包括流动性、黏聚性和保水性三个方面，所以目前还很难用单一的指标来评定。通常测定和易性是以测流动性为主，兼顾黏聚性和保水性。流动性常用坍落度法和维勃稠度法进行测定。对于流动性较大（靠自重就能产生流动的混凝土拌合物）的混凝土拌合物，其流动性可用坍落度法测定；而流动性较小（靠机械振动才能产生流动的混凝土拌合物）的混凝土拌合物则用维勃稠度法测定。

5.3.2.1 坍落度法

在平整、洁净且不吸水（可先用湿布擦拭，以防吸水）的操作面上放置坍落度筒，将混凝土拌合物分三次装入坍落度筒，每层各插倒 25 次，然后刮平，垂直提起坍落度筒，混凝土拌合物靠自重作用而坍落，量出筒高与坍落后混凝土试体最高点之间的高度差（mm）即为混凝土拌合物的坍落度，如图 5-4 所示。

用捣棒在已坍落的混凝土拌合物锥体侧面轻轻敲打，若拌合物整体下落，说明黏聚性良好，若部分迸裂，则黏聚性差，再观察拌合物四周是否有液态水流出，若没有，则保水性良好，反之，保水性差。在整个测定过程中，流动性若满足设计要求，且黏聚性、保水性均好，则可确定混凝土拌合物的和易性良好，若三项中有一项不好，则和易性就差。

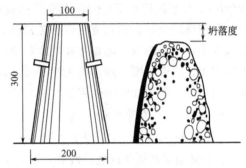

图 5-4 坍落度试验（单位：mm）

坍落度数值越大，表明混凝土拌合物流动性大，根据坍落度值的大小，可将混凝土分为四级：大流动性混凝土（坍落度大于160mm）、流动性混凝土（坍落度 100～150mm）、塑性混凝土（坍落度 10～90mm）和干硬性混凝土（坍落度小于 10mm）。

施工中可依据构件截面尺寸的大小、钢筋的疏密程度和施工方法等选择坍落度。对无筋厚大的混凝土结构、钢筋配置稀疏易于施工的结构，为了节约水泥，尽量选择较小的坍落度。对于构件尺寸较小、钢筋配置较密，施工条件（如人工捣实）较差时，可选择较大的坍落度。混凝土浇注时的坍落度可参考表 5-14。

表 5-14 混凝土浇注时的坍落度（GB 50204—2002）

项　　目	结　构　种　类	坍落度/mm
1	基础或地面等的垫层、无筋厚大结构及配筋稀疏结构	10～30
2	板、梁和大型及中型截面的柱子等	30～50
3	配筋较密结构（如薄壁、筒仓、细柱等）	50～70
4	配筋特密的结构	70～90

表 5-14 系采用机械振捣的坍落度，若采用人工振捣可适当增大。若采用泵送混凝土拌合物时，则要求混凝土拌合物具有高流动性，可通过掺入高效减水剂等方法，使坍落度提高到 80～180mm。

5.3.2.2 维勃稠度法

对于坍落度小于 10mm 的混凝土拌合物的流动性，需用维勃稠度法测定，以维勃稠度值（时间：s）表示。此法适用于骨料最大粒径不超过 40mm，维勃稠度值在 5～30s 之间的混凝土拌合物。干硬性混凝土拌合物按维勃稠度值可分为半干硬（5～10s）混凝土、干硬性（11～20s）混凝土、特干硬性（21～30s）混凝土、超干硬性（≥31s）混凝土四个等级。

维勃稠度法是将坍落度筒置于维勃稠度仪上的容器内，并固定在规定的振动台上。把拌制好的混凝土拌合物装满坍落度筒，提起坍落度筒，将维勃稠度仪上的透明圆盘转至试体顶面，与试体轻轻接触。开动振动台，同时用秒表计时，当振动至透明圆盘底面被水泥浆布满的瞬间关闭振动台，停止秒表，在秒表上读出的时间即是该拌合物的维勃稠度值（单位：s）。维勃稠度值越小，表明拌合物的流动性越大。

5.3.3　影响混凝土拌合物和易性的主要因素

5.3.3.1　水泥浆的稠度（水胶比）

水泥浆的稀稠是由水胶比的大小来决定的，水的质量与胶凝材料的质量之比称为水胶比（W/B）。在水泥用量不变时，水泥浆的稠度由拌和用水量来定，当混凝土的组成材料确定时，为使混凝土拌合物具有一定的流动性，所需的拌和用水量就是一个定值。但应注意在施工过程中，不能单独地增加拌和用水量来提高流动性，因为水泥用量没有增加，会导致水胶比的增大，造成强度下降，耐久性变差。所以，应该在保持水胶比不变的情况下，用增加水和水泥用量（即增加水泥浆用量）的方法来增加混凝土拌合物的流动性。

5.3.3.2　水泥浆的用量

当水胶比不变时，水泥浆数量越多，拌合物的流动性越大，但水泥浆过多，不仅浪费水泥，而且还会导致流浆现象，造成混凝土拌合物的和易性变差，并且对混凝土的强度及耐久性还会造成不利影响；若水泥浆过少，水泥浆的作用不能充分发挥（如骨料的包裹层变薄、润滑作用变差、不能填满空隙等），黏聚性变差。所以，要保证混凝土拌合物具有良好的和易性，混凝土拌合物中的水泥浆数量不宜过多，也不能过少，应以满足施工时和易性要求为准。

5.3.3.3　砂率

在混凝土中砂的质量占砂、石总质量的百分率称为砂率。改变砂率时，会引起骨料间空隙率和骨料总表面积的改变，所以，当水泥浆用量一定时，改变砂率，对混凝土拌合物的和易性也会产生显著影响。在水泥浆用量一定时，砂率过大，骨料总表面积增大，导致水泥浆量不足，降低了混凝土拌合物的流动性；若砂率过小，则水泥砂浆量不足，包裹粗骨料表面的水泥砂浆层变薄，造成粗骨料间摩擦力增大，使混凝土拌合物的流动性变差。因此，砂率过大或过小，对和易性来说都是不利的，所以应该选择合理的砂率，只有这样，才能既满足混凝土拌合物的和易性要求，又不浪费水泥。如图 5-5、图 5-6 所示。合理砂率是指在水泥浆量一定的条件下，能满足混凝土拌合物和易性的砂率。

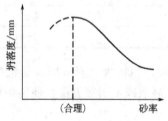

图 5-5　砂率与坍落度的关系
（水与水泥用量一定）

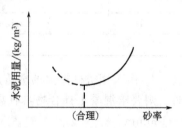

图 5-6　砂率与水泥用量的关系
（达到相同的坍落度）

5.3.3.4 组成材料性质的影响

水泥对和易性的影响主要是不同品种的水泥其吸水性不同。例如吸水性大的水泥，要达到相同的坍落度，则需水量较多。通用水泥中，普通水泥所配制的混凝土拌合物的流动性和保水性较好。矿渣水泥、火山灰质混合材料对水泥的需水量都有影响，矿渣水泥配制的混凝土拌合物的流动性较大，但黏聚性较差，易泌水。火山灰水泥则需水量大，在拌合用水量相同时，用火山灰水泥配制的混凝土拌合物的流动性明显降低，但黏聚性和保水性较好。

骨料的性质对混凝土拌合物和易性影响更大。级配良好的砂、石骨料配制的混凝土拌合物，和易性就好，主要是空隙率低，当水泥浆量一定时，富余的水泥浆使骨料的包裹层变厚，减小了骨料间的摩擦力，增大混凝土拌合物的流动性。另外，水泥浆量一定，骨料的品种、砂的粗细等对和易性也有影响，如碎石拌制的混凝土的和易性略差于卵石拌制的混凝土，细砂配制的混凝土比中、粗砂配制的混凝土拌合物的流动性略差。

5.3.3.5 外加剂和掺合料

在拌制混凝土时，在不增加水泥浆用量的条件下，掺入少量的外加剂（如减水剂、引气剂等），也可明显的改善混凝土拌合物的和易性（不仅增大了流动性，也改善了混凝土拌合物的黏聚性和保水性）。而且，在混凝土配合比不变的情况下，还能提高其强度和耐久性。

5.3.3.6 环境的温度和湿度

环境的温度升高，导致水泥水化速度加快，从而加快了混凝土的凝结硬化速度，使混凝土拌合物的流动性降低，尤其在夏季高温季节施工，上述现象更为明显。

空气中的湿度对于拌合物和易性影响也不能低估，由于湿度小，拌合物中的水分蒸发较快，也降低了拌合物的流动性。

5.3.3.7 时间（龄期）

混凝土拌和后，水泥接触到水即开始水化，随着时间的延长（水化产物数量逐渐增加），水泥浆变得干稠，混凝土拌合物的流动性变差（即坍落度损失），导致和易性变差。所以，混凝土拌合物搅拌均匀后，应尽快完成施工操作。

5.3.4 提高混凝土拌合物和易性的措施

① 采用合理砂率。

② 改善砂石的级配。

③ 掺外加剂或掺和料。

④ 根据环境条件，注意坍落度的现场控制，当混凝土拌合物坍落度太小时，保持水胶比不变，适量增加水泥浆用量；当坍落度太大时，保持砂率不变，适量增加砂、石用量。

5.4 混凝土的强度

5.4.1 混凝土立方体抗压强度和强度等级

5.4.1.1 混凝土立方体抗压强度

混凝土的抗压强度是混凝土结构设计的主要技术参数，也是混凝土质量评定的重要技术指标。工程中提到的混凝土强度，一般指的是混凝土的立方体抗压强度。

按照标准制作方法制成边长为150mm的标准立方体试件，在标准条件（温度为20℃±3℃，相对湿度为90%以上）下养护至龄期（28d），然后采用标准试验方法测得的抗压强度值，称为混凝土的立方体抗压强度，用 f_{cu} 表示。测定混凝土立方体抗压强度时，也可采用非标准试件，然后将测定结果换算成相当于标准试件的强度值。若非标准试件边长为100mm时，换算系数0.95；边长为200mm时，换算系数1.05。

5.4.1.2 混凝土的强度等级

混凝土的强度等级是混凝土工程结构设计、混凝土的配合比设计、混凝土施工质量检验与验收的重要依据。《普通混凝土力学性能试验方法标准》（GB/T 50081—2002）规定，混凝土的强度等级按照混凝土立方体抗压强度标准值（按标准方法制作，边长为150mm的标准立方体试件，在标准条件下养护28d龄期，采用标准试验方法测得的具有95％强度保证率的抗压强度值）确定，共划分为C7.5，C10，C15，C20，C25，C30，C35，C40，C45，C50，C55，C60，C65，C70，C75，C80十六个强度等级。其中"C"表示混凝土，C后面的数字表示混凝土立方体抗压强度标准值（$f_{cu,k}$）。如C30表示混凝土立方体抗压强度标准值 $f_{cu,k}=30MPa$。

5.4.2 混凝土轴心抗压强度

混凝土的强度等级是采用立方体试件确定的，但在实际工程中，混凝土结构构件极少是立方体，大部分是棱柱体或圆柱体。为了能更好地反映混凝土的实际抗压性能，在计算钢筋混凝土构件承载力时，常采用混凝土的轴心抗压强度作为设计依据。

混凝土的轴心抗压强度是采用150mm×150mm×300mm的棱柱体作为标准试件。在标准条件（温度为20℃±3℃，相对湿度为90％以上）下养护至龄期（28d），然后采用标准试验方法测得的抗压强度值，称为混凝土的棱柱体抗压强度，用 f_{cp} 表示。在立方体抗压强度为10~55MPa范围内 $f_{cp}=(0.7\sim0.8)f_{cu}$。

非标准尺寸的棱柱体试件的截面尺寸为100mm×100mm和200mm×200mm时，测得的抗压强度值应分别乘以换算系数0.95和1.05。

5.4.3 混凝土的抗拉强度

混凝土的抗拉强度很低，只有抗压强度的1/20~1/10，并且这个比值随着混凝土强度等级的提高而降低。所以，混凝土在工作时一般不依靠其抗拉强度。但抗拉强度对评定混凝土的抗裂性很重要，是结构设计中确定混凝土抗裂度的重要技术指标，也用来衡量混凝土与钢筋的粘接强度。可用直接轴心受拉试验和劈裂试验来测得混凝土的抗拉强度。直接轴心受拉试验时，荷载不易对准轴线，夹具处常发生局部破坏，导致测值不准，因此，我国目前常采用劈裂试验方法测定。劈裂试验方法是采用边长为150mm的立方体标准试件，按规定的劈裂拉伸试验方法测定混凝土的劈裂抗拉强度。其劈裂抗拉强度计算公式如下。

$$f_{ts}=\frac{2F}{\pi A}=0.637\frac{F}{A}$$

式中　f_{ts}——混凝土的劈裂抗拉强度，MPa；

　　　F——破坏荷载，N；

　　　A——试件劈裂面积，mm^2。

5.4.4 影响混凝土强度的主要因素

5.4.4.1 水泥强度等级和水灰比

当混凝土配合比相同时，水泥强度等级越高，所配制的混凝土强度也就越高，当水泥强度等级相同时，混凝土的强度主要取决于水胶比。从理论上讲，水泥水化的需水量，一般只占水泥质量的 23% 左右，但拌制混凝土拌合物时，为了满足拌合物的流动性，常需多加一些水（例如塑性混凝土的水胶比一般在 0.40～0.80 之间）。这样，在混凝土硬化时多余的水分蒸发后就会留下气孔或通道，造成混凝土密实度降低，强度下降，耐久性变差。所以，水胶比越小，混凝土的强度越高。但水胶比不能太小，如果水胶比过小，拌合物过于干硬，造成施工困难（混凝土不易被振捣密实，出现较多蜂窝、空洞），反而导致混凝土强度下降，耐久性变差（见图 5-7）。

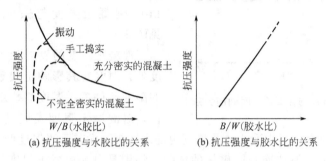

图 5-7 混凝土抗压强度与水胶比、胶水比的关系

瑞士学者保罗米通过大量试验研究，并应用数学统计的方法得出混凝土强度与水泥强度及水胶比之间有如下关系。

$$f_{cu} = \alpha_a \cdot f_b \left(\frac{B}{W} - \alpha_b \right)$$

式中　f_{cu}——混凝土 28d 龄期的抗压强度值，MPa；

　　　f_b——胶凝材料（水泥与矿物掺合料按使用比例混合）28d 胶砂强度，MPa；

　　　$\dfrac{B}{W}$——胶水比，即水胶比的倒数；

　　α_a，α_b——回归系数，与骨料的品种有关。该值可通过试验确定，若无试验资料可根据《普通混凝土配合比设计规程》（JGJ 55—2011）选取。当采用碎石时，$\alpha_a=0.53$、$\alpha_b=0.20$；采用卵石时，$\alpha_a=0.49$、$\alpha_b=0.13$。

上述混凝土强度公式可解决如下两个问题。

① 当水泥强度等级确定，配制某种强度的混凝土时，可以估算应采用的水灰比值。

② 当已知所用水泥强度等级和水灰比时，可估计混凝土 28d 可能达到的抗压强度值。

5.4.4.2　骨料的影响

选用强度高、级配良好、砂率合理的骨料对保证混凝土的强度也是不容忽视的重要因素。对于粗骨料来说，级配良好的碎石拌制的混凝土强度略高于用卵石拌制的混凝土，因为碎石表面粗糙，与水泥砂浆之间有很好的黏结力；对于细骨料来说，砂率合理、级配良好的中砂拌制混凝土，密实度大，强度高。

5.4.4.3　养护的温度和湿度

混凝土强度增长的过程是水泥凝结硬化的过程，而水泥的凝结硬化是水泥水化的必然结果，要使混凝土强度不断增长直至形成坚硬的人造石材，就应满足水泥的水化要求，而水泥的水化与温度、湿度有着密切的关系。混凝土若在干燥环境中养护，混凝土会失水干燥，影响水泥的水化。这不仅会严重降低混凝土强度，而且还会导致干缩裂缝的产生，使混凝土结构疏松，影响强度和耐久性。为了提高混凝土的强度，施工中一定要注意湿润养护，在混凝

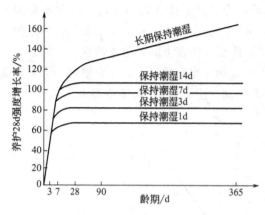

图 5-8　混凝土强度与保湿养护时间的关系

土浇筑完毕后，应在 12h 内进行覆盖，防止水分的蒸发。在夏季施工的混凝土，要特别注意浇水保湿。使用硅酸盐水泥、普通水泥和矿渣水泥时，浇水保湿应不少于 7d；火山灰水泥、粉煤灰水泥或在施工中掺入缓凝剂及混凝土有抗渗要求时，保湿养护应不少于 14d。混凝土强度与保湿养护时间的关系见图 5-8。

混凝土强度的发展除了要保证充足的湿度外，温度对其影响也很重要，因为在充足的湿度条件下，温度高，水泥凝结硬化速度快，对混凝土强度发展是有益的。低温时，由于水泥的水化速度减慢，混凝土硬化速度也随之变缓，尤其是当温度低于冰点以下时，硬化不但停止，而且还有被冰冻膨胀破坏的危险，特别是早期混凝土强度较低，更容易被冻坏。所以，充足的环境温度和适宜的温度，都是保证混凝土强度发展的重要因素。混凝土强度与养护温度的关系见图 5-9。

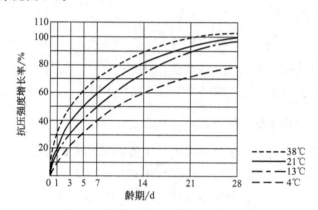

图 5-9　混凝土强度与养护温度的关系

5.4.4.4　养护的时间（龄期）

混凝土在适宜的温度，充足的湿度条件下，强度将随时间（龄期）的延长而提高。混凝土的强度在最初的 7～14d 增长较快，以后逐渐减慢，28d 达到设计要求的强度。28d 后强度仍在发展。混凝土强度与龄期的关系从图 5-8、图 5-9 也可看出。

普通水泥配制的混凝土，在标准养护条件下，强度发展大致与其龄期的常用对数成正比关系（龄期≥3d）。

$$\frac{f_n}{f_{28}}=\frac{\lg n}{\lg 28}$$

式中　f_n——n 天龄期混凝土的立方体抗压强度，MPa；

　　　f_{28}——28d 龄期混凝土的立方体抗压强度，MPa；

　　　n——养护的龄期，d。

若测出混凝土的早期强度，由上式可估算出混凝土 28d 龄期的抗压强度；也可根据 28d 混凝土的抗压强度，估算出 28d 前混凝土达到某一强度所需养护的天数，以便确定混凝土拆模、构件起吊、放松预应力钢筋、制品养护、出厂等日期。但由于影响混凝土强度的因素很多，所以此公式估算的结果仅供参考。

5.4.4.5 试验条件对混凝土强度测定值的影响

试验条件主要是指：试件尺寸、形状、表面状态及加荷速度等。

（1）试件尺寸

对同种混凝土来说，试件尺寸越小，测得的强度越高。原因是试件尺寸较大时，试件内部存在孔隙等缺陷的几率就高，这就造成有效受力面积的减小和应力集中，从而引起混凝土强度的测定值偏低。所以，在用非标准试件测定混凝土抗压强度时，所测得的抗压强度应乘以表 5-15 列出的换算系数。

表 5-15　混凝土试件不同尺寸的强度换算系数

骨料最大粒径/mm	试件尺寸/mm³	换算系数
≤31.5	100×100×100	0.95
≤40	150×150×150	1
≤63	200×200×200	1.05

（2）试件形状

试件受压面积（$a \times a$）相同，高度（h）不同时，高宽比（h/a）越大，抗压强度越小。原因是当试件受压时，试件受压面与试件承压板之间的摩擦力，对试件相对于承压板的横向膨胀起着约束作用，该约束有利于强度的提高（见图 5-10）。越接近试件的端面，这种约束作用就越大，在离端面大约 $\dfrac{\sqrt{3}}{2}a$ 的范围以外，约束作用才消失，通常称这种约束作用为"环箍效应"（见图 5-11）。

（3）表面状态

混凝土试件承压面的状态，也是影响混凝土强度的重要因素。若试件承压面有油脂类润滑剂时，试件受压时的环箍效应大大减小，试件将出现直裂破坏（见图 5-12），测出的强度值也较低。

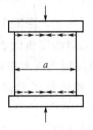

图 5-10　压力机压板对
试件的约束作用

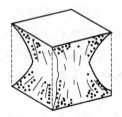

图 5-11　试件破坏后
残存的棱锥体

图 5-12　不受压板约束时
试件的破坏情况

（4）加荷速度

加荷速度越快，测得的混凝土强度就越大，当加荷速度超过 1.0MPa/s 时，这种趋势更明显。所以，国家标准规定，测定混凝土抗压强度的加荷速度为 0.3～0.8MPa/s，且应连续均匀地进行加荷。

5.4.5 提高混凝土强度的措施

① 采用高强度等级的水泥配制混凝土。

② 合理选用满足技术要求、级配良好的骨料。

③ 有条件时可掺入外加剂（如减水剂、早强剂等）。

④ 采用较小的水胶比。

⑤ 采用湿热处理养护混凝土。

⑥ 采用机械搅拌和振捣。

5.5 混凝土的变形性能

混凝土在凝结硬化或使用过程中，受各种因素作用会产生各种变形，混凝土的变形直接影响混凝土的强度及耐久性，特别是对裂缝的产生有直接影响。引起混凝土变形的因素很多，主要分为荷载作用下的变形（弹塑性变形和徐变）和非荷载作用下的变形（主要有化学收缩、干湿变形、温度变形等）。

5.5.1 非荷载作用下的变形

5.5.1.1 化学收缩

混凝土在硬化过程中，水泥水化产物的体积小于水化前反应物的体积，所以混凝土会发生体积收缩，这种由于水化反应产生的体积收缩称为化学收缩（也称自身收缩）。化学收缩是不可恢复的，而且收缩值随着龄期的延长而增加，一般在混凝土成型后 40d 内增长较快，以后渐趋稳定。温度的升高、水泥用量的增加、水泥细度的提高，也会增大化学收缩值。化学收缩对混凝土结构基本没有破坏作用，但在混凝土内部可能产生微裂缝，从而影响承载状态（产生应力集中）和耐久性。

5.5.1.2 干湿变形

由于混凝土周围环境湿度的变化引起混凝土中水分的变化，导致混凝土的湿胀干缩，这种变形称为干湿变形。

混凝土在干燥过程中，毛细孔中的自由水分首先蒸发，使混凝土体积收缩；当毛细孔中的自由水蒸发完毕，凝胶中的吸附水开始蒸发，凝胶体因失水而收缩。可见，混凝土的体积干缩是由毛细孔中的自由水和凝胶中的吸附水相继蒸发引起的。空气相对湿度越低，干缩发展越快。混凝土的这种体积收缩，在重新吸水后大部分可以恢复。当混凝土在水中硬化时，体积产生轻微膨胀，这是由于凝胶体中胶体粒子的吸附水膜增厚，胶体粒子的间距增大所致。

混凝土的干缩对混凝土有较大危害，因为干缩使混凝土表面产生较大拉应力，导致混凝土表面干裂，使混凝土强度降低，耐久性变差。混凝土干缩值的大小主要取决于水泥石及水泥石中毛细孔的多少。因此，减小干缩就要合理选择水泥品种，减少水泥用量，降低水灰比，选用质量好、级配好、砂率合理、弹性模量大的骨料，加强养护，特别是早期的湿润养护。

结构设计中，混凝土的干缩率取值为 $1.5 \times 10^{-4} \sim 2.0 \times 10^{-4}$，即每米收缩 $0.15 \sim 0.20$mm。湿胀导致的变形很小，对混凝土性能影响不大。

5.5.1.3 温度变形

混凝土和其它材料相同，具有热胀冷缩的性能。混凝土的温度膨胀系数约为 $(1\sim1.5)\times10^{-5}/℃$（即温度升降 $1℃$，每米胀缩 $0.01\sim0.015mm$）。

温度变形对于大体积混凝土工程、纵向很长的混凝土结构及大面积混凝土工程极为不利，容易引起混凝土的温度裂缝。为了避免这种危害，对于上述类型的混凝土工程，应尽量降低其内部热量，如选用低热水泥，减少水泥用量，掺加缓凝剂及采用人工降温等。对纵向长或面积大的混凝土结构，应设置伸缩缝。

5.5.2 荷载作用下的变形

5.5.2.1 短期荷载作用下的变形

（1）混凝土的弹塑性变形

混凝土是由水泥石、砂、石、水、气泡等组分组成的一种非均质人造石材，属于弹塑性材料。荷载对其作用时，既产生弹性变形，又产生塑性变形。因此，混凝土在静力受压时，其全部变形（ε）是由弹性变形（$\varepsilon_{弹}$）和塑性变形（$\varepsilon_{塑}$）组成，应力（σ）与应变（ε）的关系为一曲线，如图 5-13 所示。

在静力试验的加荷过程中，若加荷至应力为 σ，应变为 ε 的 A 点，然后逐渐卸去荷载，则卸荷时的应力-应变曲线如 AC 所示（微向上弯曲）。卸荷后能恢复的应变 $\varepsilon_{弹}$，是由混凝土的弹性性质引起的，称为弹性应变；剩余的不能恢复的应变 $\varepsilon_{塑}$，是由混凝土的塑性性质引起的，称为塑性应变。

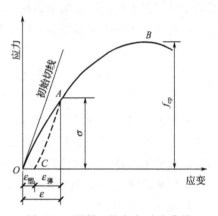

图 5-13　混凝土的应力-应变曲线

（2）混凝土的弹性模量

在应力-应变曲线上任一点的应力 σ 与其应变 ε 的比值，称为混凝土在该应力下的变形模量。它反映混凝土所受应力与所产生应变之间的关系。计算钢筋混凝土结构的变形、裂缝开展及大体积混凝土的温度应力时，均需用到混凝土的弹性模量。

当应力 σ 小于 $(0.3\sim0.5)f_{cp}$ 时，在反复荷载作用下，每次卸荷都在应力-应变曲线中残留一部分塑性变形，但随着重复次数的增加，塑性变形的增量减小，最后曲线稳定于 $A'C'$ 线，它与初始切线大致平行，如图 5-14 所示。

根据《普通混凝土力学性能试验方法标准》（GB/T 50081—2002）中的规定，采用 $150mm\times150mm\times300mm$ 的棱柱体试件作为标准试件，取测定点的应力为试件轴心抗压强度的 40%（即 $\sigma=0.4f_{cp}$），经四次以上反复加荷与卸荷后，所得的应力-应变曲线与初始切线大致平行时测得的弹性模量值，即为该混凝土的弹性模量 E_c，在数值上与 $\tan\alpha$ 相近。

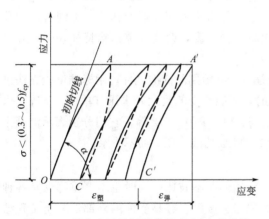

图 5-14　低应力下重复荷载的应力-应变曲线

影响混凝土弹性模量的因素主要有：混凝土的强度、骨料的含量及其弹性模量和养护条件等。混凝土的强度越高，其弹性模量越大，当混凝土的强度等级由 C10 增加至 C60 时，其弹性模量大致由 1.75×10^4 MPa 增加至 3.60×10^4 MPa；骨料的含量越多，其弹性模量越大，混凝土的弹性模量越高；混凝土的水灰比较小，养护得较好，龄期较长，混凝土的弹性模量就较大。

5.5.2.2 长期荷载作用下的变形

混凝土在恒定荷载的长期作用下，沿作用力方向，随着时间的延长而不断增加的塑性变形，称为混凝土的徐变。

徐变产生的原因，一般认为是由于水泥石中凝胶体在长期荷载作用下产生黏性流动，使凝胶孔中的水向毛细孔迁移的结果。徐变对结构物的影响既有利又有弊，有利的是，它可以减弱钢筋混凝土内的应力集中，使应力重新分布，并能减小大体积混凝土的温度应力；不利的是，它会使预应力钢筋混凝土的预加应力值受到损失。

5.6 混凝土的耐久性

混凝土抵抗其自身因素和环境因素的长期破坏，保持其原有性能的能力，称为耐久性。在建筑工程中，不仅要求混凝土要有足够的强度来安全地承受荷载，还要求混凝土具有与环境相适应的耐久性来延长建筑物的使用寿命。混凝土的耐久性主要包括抗渗性、抗冻性、耐蚀性、抗碳化性、抗碱-骨料反应等方面。

5.6.1 抗渗性

混凝土抵抗压力液体（水或油等）渗透本体的能力称为抗渗性。抗渗性是混凝土耐久性的一项重要指标，抗渗性的好坏，直接影响着混凝土的抗冻性和耐蚀性。当混凝土的抗渗性较差时，不但容易透水，而且在冰点以下温度时，由于水的渗入而结冰，导致混凝土结构膨胀破坏，当水中溶有侵蚀性介质时，还会对混凝土有腐蚀作用，使混凝土强度降低，耐久性变差。如果是钢筋混凝土，腐蚀介质引起钢筋的锈蚀，导致混凝土保护层的开裂和剥落，造成钢筋混凝土耐久性的下降。混凝土渗水的主要原因是由于内部连通的孔隙、毛细管道和混凝土浇筑时形成的孔洞及蜂窝等。所以，提高混凝土密实度，改变孔隙结构特征，降低开口孔隙率是提高混凝土抗渗性的重要措施。

混凝土的抗渗性用抗渗等级表示。抗渗等级是以 28d 龄期的标准试件，用标准试验方法进行试验，以每组六个试件，四个试件未出现渗水时，所能承受的最大静水压（单位：MPa）来确定。混凝土的抗渗等级用代号 P 表示，如 P4、P6、P8、P10、P12 等，它们分别表示混凝土能抵抗 0.4MPa、0.6MPa、0.8MPa、1.0MPa 和 1.2MPa 的液体压力而不渗水。

5.6.2 抗冻性

混凝土在吸水饱和状态下，抵抗多次反复冻融循环而不破坏，同时也不严重降低其各种性能的能力，称为抗冻性。寒冷地区，尤其是经常与水接触、容易受冻的外部混凝土工程结构，要求应具有较好的抗冻性。一般来说，结构密实、具有闭口孔隙的混凝土，抗冻性较好。如采用较小的水灰比，提高施工质量，在混凝土中加入减水剂等，都能提高混凝土的密实度，从而提高其抗冻性。

混凝土的抗冻性用抗冻等级表示。抗冻等级是以 28d 龄期的混凝土标准试件，在浸水饱和状态下，进行冻融循环试验，以抗压强度损失不超过 25%，同时质量损失不超过 5% 时，所能承受的最大的冻融循环次数来确定。混凝土抗冻等级用 F 表示，如 F10、F15、F25、F50、F100、F150、F200、F250 和 F300。它们分别表示混凝土在强度损失不超过 25%，质量损失不超过 5% 时，所能承受的最大冻融循环次数为：10 次、15 次、25 次、50 次、100次、150 次、200 次、250 次和 300 次。

5.6.3　耐蚀性

混凝土在外界各种侵蚀介质作用下，抵抗破坏的能力，称为混凝土的耐蚀性。混凝土的耐蚀性主要与水泥石的耐蚀性有关，当工程所处环境存在侵蚀性介质时，对混凝土必须提出耐蚀性要求。合理选择水泥品种，提高混凝土的密实度，改善孔隙特征（具有闭口孔隙）等都可提高混凝土的耐蚀性。

5.6.4　抗碳化性

混凝土中的氢氧化钙与空气中的二氧化碳反应生成碳酸钙和水，这个化学变化过程称为碳化。这种碳化过程是由表及里逐渐向混凝土内部扩散的。碳化会引起水泥石化学组成及组织结构发生变化，对混凝土的碱度、强度和收缩均产生影响。

混凝土的碱度降低，减弱了混凝土对钢筋的保护作用，因为钢筋在碱性环境中其表面会生成一层钝化膜，这层膜保护钢筋不易腐蚀。当碳化深度穿透混凝土保护层到达钢筋时，钢筋钝化膜被破坏而引起锈蚀，并导致体积膨胀，使混凝土保护层开裂，开裂后的混凝土碳化更加严重。另外，碳化还会增加混凝土的体积收缩，导致混凝土表面产生应力而出现微裂缝，从而降低混凝土的抗拉、抗折强度及抗渗能力。

5.6.5　抗碱-骨料反应

水泥中的强碱（Na_2O、K_2O 的水化物）与骨料中的活性二氧化硅（SiO_2）发生化学反应，在骨料表面生成复杂的碱-硅酸凝胶（即碱-骨料反应），这种凝胶吸水后，体积膨胀（体积可增加 3 倍以上），从而导致混凝土膨胀开裂而破坏（见图 5-15）。

混凝土发生碱-骨料反应要满足三个条件

① 水泥中碱含量高。水泥中（Na_2O+ $0.658K_2O$）>0.6%。

② 砂、石骨料中含有活性二氧化硅成分。含活性二氧化硅成分的矿物有蛋白石、玉髓、鳞石英等。

③ 有水存在。在无水条件下碱-骨料反应不会发生。

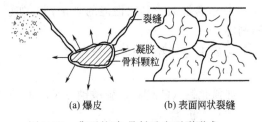

图 5-15　典型的碱-骨料反应开裂形式

（a）爆皮　　（b）表面网状裂缝

若这三个条件中去掉任何一个，都不会发生碱-骨料反应。

碱-骨料反应较缓慢，有一定的潜伏期，可经过几年或十几年才会出现，但一旦发生，则无法阻止破坏的发展，所以危害是比较严重的。近年来，国内外均发现在桥梁工程中出现碱-骨料反应的破坏现象。在实际工程中，为了抑制碱-骨料反应造成的危害，可以采取如下措施：控制水泥中总碱含量不大于 0.6%；选用不含活性二氧化硅的骨料；降低混凝土的单位体积水泥用量（以降低单位体积含碱量）；掺加火山灰质混合材料；防止水分侵入等。

5.6.6　提高混凝土耐久性的措施

（1）合理选择水泥品种

根据混凝土工程特点、所处环境、施工条件和水泥特性，参照第 4 章表 4-5 选用。

（2）选用质量好、级配合格、砂率合理的骨料

用满足各项技术要求的粗、细骨料配制混凝土，可减小空隙率和总表面积，既可节省水泥，又能提高混凝土的耐久性。

（3）控制混凝土的最大水胶比和最小胶凝材料用量

水胶比和胶凝材料用量控制得是否合理，是保证混凝土密实度并提高耐久性的关键。《普通混凝土配合比设计规程》（JGJ 55—2011）规定了工业与民用建筑所用混凝土的最大水胶比和最小胶凝材料用量的限值。

（4）掺入减水剂或引气剂

（5）改变施工条件，提高施工质量

如机械搅拌、机械振捣、加强养护等。

5.7 混凝土的外加剂

在拌制混凝土的过程中掺入的能显著改善混凝土性能的物质，称为混凝土的外加剂。外加剂掺量一般不大于水泥质量的 5%（特殊情况下除外）。

外加剂的掺量虽然很小，但对混凝土性能的改善效果却十分明显。目前在混凝土中掺入外加剂是改善混凝土各种性能（如和易性的改善，提高强度和耐久性，节约水泥等）最有效、最简便的方法，外加剂已成为除水泥、砂、石和水以外的混凝土的第五种组成成分。

5.7.1 外加剂的分类

5.7.1.1 按外加剂的使用功能分类

① 改善混凝土拌合物流变性能的外加剂，如各种减水剂、引气剂等。

② 调节混凝土凝结硬化性能的外加剂，如早强剂、速凝剂、缓凝剂等。

③ 改善混凝土耐久性能的外加剂，如引气剂、阻锈剂、抗冻剂、减水剂等。

④ 改善混凝土其它性能的外加剂，如引气剂、膨胀剂、发泡剂、防水剂、着色剂、脱模剂等。

5.7.1.2 按化学成分分类

（1）无机类

如氯化钙（$CaCl_2$）、硫酸钠（Na_2SO_4）等早强剂，还有某些金属单质如铝粉等加气剂。

（2）有机类

有机类的外加剂大部分是表面活性剂，应用最多的是阴离子型表面活性剂。表面活性剂是可溶于水并定向排列于液体表面或两相界面上，从而显著降低表面张力或界面张力的物质；或能起到润滑、分散、乳化、湿润、气泡等作用的物质。

（3）复合类

将有机和无机或有机与有机等多种外加剂复合使用，使其具有多种功能。

5.7.2 常用的混凝土外加剂

5.7.2.1 减水剂

在保证混凝土拌合物流动性基本不变的条件下，能显著减少拌和用水量的外加剂称为减水剂。

（1）减水剂的作用机理

水泥加水拌和后，由于水泥颗粒及水化产物之间分子引力的作用，会形成许多絮凝［见

图 5-16(a)]，部分拌合水被絮凝结构所包裹，没能起到提高混凝土拌合物流动性的作用，导致混凝土拌合物流动性较低。掺入减水剂后［见图 5-16(b)]，减水剂使水泥颗粒表面带上电性相同的电荷，水泥颗粒之间产生静电排斥（同性相斥），将水泥颗粒分开［见图 5-16(c)]，使絮凝结构解体而释放出游离水，所以增加了混凝土拌合物的流动性。当水泥颗粒表面吸附足够的减水剂时，水泥颗粒表面就形成一层稳定的溶剂化水膜［见图 5-16(c)]，使水泥颗粒间更易滑动，混凝土拌合物的流动性得到进一步提高。

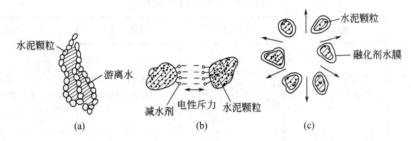

图 5-16 水泥浆絮凝结构和减水剂作用简图

（2）减水剂对混凝土性能的影响

① 不需改变水胶比和单位体积水泥用量，就可提高混凝土拌合物的流动性。

② 在保证混凝土强度和流动性不变情况下，可节约水泥用量。

③ 在混凝土拌合物和易性和水泥用量不变的情况下，可减少水泥用量，降低水灰比，提高混凝土强度和耐久性。

④ 可减少混凝土拌合物的泌水离析现象，延缓拌合物的凝结时间，降低水泥水化放热速度，提高混凝土的抗渗、抗冻及耐久性。

（3）常用减水剂品种

减水剂按使用功能分为普通减水剂和高效减水剂。在保证混凝土拌合物坍落度不变的情况下，能减少拌合水质量分数不大于 10％的减水剂，称为普通减水剂，而高效减水剂的减水率可达 15％～30％。常用减水剂的品种及减水效果见表 5-16。

表 5-16 常用减水剂品种及减水效果

类 别		普通减水剂		高效减水剂	
		木质素系	糖蜜系	多环芳香族磺酸盐系（萘系）	水溶性树脂系
主要品种		木质素磺酸钙（木钙） 木质素磺酸钠（木钠） 木质素磺酸镁（木镁）	3FG、TF、ST	NNO、NF、FDN、UNF、JN、MF、SN-2、NHJ、SP-1、DH 和 JW-1 等	SM 和 CRS 等
主要成分		木质素磺酸钙 木质素磺酸钠 木质素磺酸镁	矿渣、废蜜经石灰中和处理而成	芳香族磺酸盐甲醛缩合物	三聚氢胺树脂磺酸（SM），古马隆-茚树脂磺酸钠（CRS）
适宜掺量（占水泥质量）/％		0.2～0.3	0.2～0.3	0.2～1.0	0.5～2.0
减水效果	减水率/％	10 左右	6～10	15～25	18～30
	早强			明显	显著
	缓凝时间/h	1～3	>3		
	引气/％	1～2		<2	<2

5.7.2.2 早强剂

能提高混凝土早期强度并对后期强度无显著影响的外加剂称为早强剂。早强剂可在常温或负温条件下，加快混凝土的硬化过程，适用于常温、低温施工的混凝土，有早强要求的混凝土，蒸汽养护混凝土，冬季施工及抢修工程。常用的早强剂品种有氯盐系、硫酸盐系、有机氨系及以它们为基础组成的复合早强剂。见表 5-17。

表 5-17　常用早强剂品种

类　别	氯盐系	硫酸盐系	有机氨系	复合系
常用品种	氯化钙、氯化铁、氯化铝等	硫酸钠、硫代硫酸钠、硫酸钙、硫酸钾、硫酸铝等	三乙醇胺、三异丙醇胺、乙酸钠、甲酸钙等	三乙醇胺(A)＋氯化钠(B)三乙醇胺(A)＋亚硝酸钠(B)＋二水石膏(C)；硫酸盐复合早强剂(NC)
掺量(占水泥质量)/%	0.5～1.0	0.5～2.0	0.02～0.05	(A)0.05＋(B)0.5；(A)0.05＋(B)1.0＋(C)2.0(NC)2.0～4.0
早强效果	显著(3d强度可提高50%～100%,7d强度可提高 20% ～40%)	显著(掺入的质量分数为 1.5%时达到混凝土设计强度70%的时间可缩短一半)	显著(早期强度可提高50%左右,28d强度不变或稍有提高)	显著(2d强度可提高70%,28d强度可提高20%)

注：有机系的早强剂一般不单独使用，常与其它早强剂复合使用。

5.7.2.3 引气剂

在混凝土搅拌过程中，能引入大量均匀分布、稳定而封闭的微小气泡的外加剂称为引气剂。引气剂属憎水性表面活性剂。

引气剂掺量非常少，仅为水泥质量的 0.005%～0.012%。引气剂能有效减少混凝土拌合物的泌水离析，明显改善混凝土拌合物的和易性，提高混凝土的抗渗性和抗冻性，但加入引气剂后，可使混凝土的含气量增加到 3%～6%。含气量每增加 1%，抗压强度损失 4%～6%，抗折强度损失 2%～3%，故应严格控制引气剂的掺量，以防强度下降过多。引气剂主要用于抗冻混凝土、防渗混凝土、泌水严重的混凝土、抗硫酸盐混凝土及对饰面有要求的混凝土等。不宜用于蒸汽养护的混凝土及预应力混凝土。

引气剂主要有松香树脂类、烷基苯磺酸类及脂肪醇类，应用最多的是松香树脂类的松香热聚物和松香皂，而松香热聚物效果最好。

5.7.2.4 缓凝剂

能延缓混凝土凝结时间并对后期强度无明显影响的外加剂称为缓凝剂。缓凝剂能使混凝土拌合物在较长时间内保持塑性状态，以利于浇灌成型，提高施工质量，而且还可延缓水化放热时间，降低水化热，对大体积混凝土或分层浇筑的混凝土十分有利。

缓凝剂适用于夏季和高温施工的混凝土、大体积混凝土、滑模施工混凝土、泵送混凝土、长距离运输或长时间运输的混凝土，不适用于 5℃以下的混凝土及有早强要求的混凝土和蒸汽养护混凝土。缓凝剂的品种、掺量及缓凝效果见表 5-18。

表 5-18　常用缓凝剂

类　　别	品种	掺量(占水泥质量)/%	缓凝效果/h
糖类	糖蜜等	0.2～0.5(水剂) 0.1～0.3(粉剂)	2～4
木质素磺酸盐类	木质素磺酸钙(钠)等	0.2～0.3	2～3
羟基羧酸盐类	酒石酸、酒石酸钾钠、柠檬酸、水杨酸等	0.03～0.10	8～19

5.7.2.5　速凝剂

能使混凝土在几分钟之内凝结的外加剂称为速凝剂。速凝剂与水泥加水拌和立即反应，使石膏丧失缓凝作用，C_3A 迅速水化而产生快凝。速凝剂主要用于喷射混凝土工程，抢修、堵漏工程及矿山井巷、铁路隧道、引水涵洞、地下工程的岩壁衬砌及喷锚支护工程。常用速凝剂见表 5-19。

表 5-19　常用速凝剂

种　　类	主要成分	掺量(占水泥质量)/%	初凝时间/min	终凝时间/min	强度
红星 1 型	铝酸钠＋碳酸钠＋生石灰	2.5～4.0			
711 型	铝氧熟料＋无水石膏	3.0～5.0	≤5	≤10	1d 产生强度,1d 强度可提高 2～3 倍,28d 强度为不掺速凝剂的 80%～90%
782 型	矾泥＋铝氧熟料＋生石灰	5.0～7.0			

5.7.3　外加剂的选用及储存

为了保证混凝土的质量，选用外加剂时，应根据混凝土的性能要求、施工工艺及气候条件，结合混凝土原材料性能、配合比以及对水泥的适应性等因素，通过试验确定其品种和掺量。一般不能直接把混凝土外加剂加入搅拌机内，对于可溶于水的外加剂，应先将其配成合适浓度的溶液，使用时按所需掺量加入拌和水中，连同拌合水一起加入搅拌机内，对于不溶于水的外加剂，可先与适量的水泥、砂子混合均匀后再加入搅拌机中。

不同品种的外加剂应分别存储，做好标记，在运输与存储时避免混入杂物和遭受污染。

5.8　混凝土的质量控制与强度评定

为了保证混凝土技术性能满足设计要求，应从设计、生产、施工及验收检验等方面加强其质量控制。首先应该控制、检验混凝土组成材料的质量、配合比的设计与调整情况（混凝土拌合物和易性的测定，强度的检验等）。然后，再对整个施工过程的各个工序，如计量、搅拌、浇筑、振捣、成型、养护及施工人员、机器设备、用具等都应进行检验或控制。

5.8.1　混凝土质量波动的因素

应通过混凝土性能检验的结果对混凝土的质量进行评定。施工时要做到既保证混凝土所要求的性能，又要保证其质量的稳定性。但是，由于原材料、施工条件和试验条件等影响，常会导致混凝土的质量波动，归纳起来主要有两种因素。

5.8.1.1　正常因素（又称偶然因素，随机因素）

正常因素是指施工中不可避免的正常变化因素，如砂、石质量的波动，称量时造成的质量误差，施工操作人员技术素质的差异等，这些因素是无法避免、难以控制的因素。施工中，只是由于正常因素影响而导致的质量波动，是正常波动，也是允许的。

5.8.1.2 异常因素（系统因素）

异常因素是指施工中出现的不正常情况，如搅拌混凝土时，不控制水灰比随意加水，混凝土组成材料称量不准确等。这些因素对混凝土质量影响很大，而且也是可以避免和控制的因素。受异常因素影响引起的质量波动，属于异常波动，是不允许的。

混凝土质量控制的目的就是及时发现有无异常因素的影响，以便及时采取措施预防和纠正，保证混凝土质量处于控制状态。

5.8.2 混凝土强度的质量控制

混凝土的质量波动最终会影响混凝土的强度，混凝土的抗压强度与其它性能有较好的相关性，所以，在混凝土施工质量管理中，通常以混凝土的抗压强度作为评定和控制混凝土质量的主要指标。必要时，也需进行其它性能的检验（如其它力学性能、抗渗、抗冻等）。

5.8.2.1 混凝土强度的波动规律

实践证明，同一强度等级的混凝土，在施工条件基本一致情况下，其强度波动服从正态分布规律（见图 5-17）。

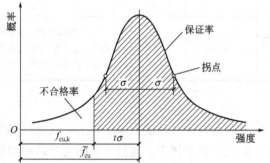

图 5-17 混凝土强度正态分布曲线及保证率

正态分布曲线是形状如钟的曲线，以平均强度为对称轴，距离对称轴越远，强度概率值越小。对称轴两侧曲线上各有一个拐点，拐点距对称轴的水平距离等于强度标准差（σ），曲线与横坐标之间的面积为概率的总和，等于 100%。在数理统计方法中，常用强度平均值、强度标准差、变异系数和强度保证率等统计参数来评定混凝土质量。

（1）强度平均值（$\overline{f}_{cu}$）

强度平均值（$\overline{f}_{cu}$）代表混凝土强度总体的平均水平，其值按下式计算。

$$\overline{f}_{cu} = \frac{1}{n} \sum_{i=1}^{n} f_{cu,i}$$

式中　n——试件组数；

$f_{cu,i}$——第 i 组试验值。

平均强度反映混凝土总体强度平均值，但并不反映混凝土强度的波动情况。

（2）强度标准差（σ）

强度标准差也称均方差，反映混凝土强度的离散程度，σ 值越大，强度分布曲线就越宽而矮，离散程度就越大，则表示混凝土质量越不稳定。σ 是评定混凝土质量均匀性的重要指标，可按下式计算。

$$\sigma = \sqrt{\frac{\sum\limits_{i=1}^{n} f_{cu,i}^2 - n\overline{f}_{cu}^2}{n-1}}$$

式中　n——同一强度等级的混凝土试件组数，（$n \geqslant 25$）；

$f_{cu,i}$——第 i 组试件的抗压强度，MPa；

σ——n 组试件抗压强度的标准差，MPa。

（3）变异系数（C_v）

变异系数又称离散系数，也是评定混凝土质量均匀性的指标。对平均强度水平不同的混凝土之间质量稳定性的比较，可考虑相对波动的大小，用变异系数（C_v）表示，C_v 值越小，表明该混凝土强度质量越稳定。C_v 可按下式计算。

$$C_v = \frac{\sigma}{\overline{f}_{cu}}$$

5.8.2.2　混凝土强度保证率（P）

混凝土强度保证率，是指混凝土强度总体分布中，大于设计要求的强度等级值的概率 P（%）。以正态分布曲线的阴影部分来表示（见图 5-17）。强度正态分布曲线下的面积为概率的总和，等于 100%。强度保证率可按如下方法计算。

首先计算概率度 t，即

$$t = \frac{\overline{f}_{cu} - f_{cu,k}}{\sigma}$$

或

$$t = \frac{\overline{f}_{cu} - f_{cu,k}}{C_v \overline{f}_{cu}}$$

根据标准正态分布曲线方程，可得到概率度 t 与强度保证率 P（%）的关系，见表 5-20。

表 5-20　不同 t 值的保证率 P

t	0.00	0.50	0.84	1.00	1.20	1.28	1.40	1.60
P/%	50.0	69.2	80.0	84.1	88.5	90.0	91.9	94.5
t	1.645	1.70	1.81	1.88	2.00	2.05	2.33	3.00
P/%	95.0	95.5	96.5	97.0	97.7	99.0	99.4	99.87

工程中 P（%）值可根据统计周期内，混凝土试件强度不低于要求强度等级标准值的组数与试件总组数之比求得，即

$$P = \frac{N_0}{N} \times 100\%$$

式中　N_0——统计周期内同批混凝土试件强度大于或等于规定强度等级标准值的组数；

　　　N——统计周期内同批混凝土试件总组数，$N \geqslant 25$。

根据以上数值，按表 5-21 可确定混凝土生产质量水平。

表 5-21　混凝土强度标准差（GB 50164—2011）

生产场所	强度标准差 σ/MPa		
	<C20	C20~C40	≥C45
预拌混凝土搅拌站、预制混凝土构件厂	≤3.0	≤3.5	≤4.0
施工现场搅拌站	≤3.5	≤4.0	≤4.5

5.8.2.3　混凝土配制强度

在混凝土施工过程中，由于原材料性能及生产因素的差异，会导致混凝土质量的不稳定，若按设计的强度等级（$f_{cu,k}$）配制混凝土，则在施工中将有一半的混凝土达不到设计

强度等级要求，即强度保证率仅为 50%。为了使混凝土强度保证率满足规定的要求，在设计混凝土配合比时，必须使混凝土的配制强度高于混凝土的强度等级值（即 $f_{cu} = f_{cu,k} + t\sigma$）。根据强度保证率的要求和施工控制水平，可确定 t 值。若施工水平越差，设计要求的强度保证率越大，则混凝土的配制强度就越高。施工控制水平越差，σ 值越大，混凝土的配制强度也越高。根据《普通混凝土配合比设计规程》(JGJ 55—2011) 规定，工业与民用建筑及一般构筑物所采用的普通混凝土配制强度可按下式计算（强度保证率为 95%）。

$$f_{cu,o} \geqslant f_{cu,k} + 1.645\sigma$$

式中　$f_{cu,o}$——混凝土配制强度，MPa；

$\quad\quad f_{cu,k}$——混凝土立方体抗压强度标准值，MPa；

$\quad\quad \sigma$——混凝土强度标准差，MPa。

5.8.3　混凝土强度的评定

根据《混凝土强度检验评定标准》(GB 50107—2010) 规定，混凝土强度评定方法可分为统计法和非统计法。

5.8.3.1　统计法

由于混凝土生产条件不同，混凝土强度稳定性也不同，所以统计法评定可分为下列两种。

（1）标准差已知法

若混凝土的生产条件较长时间保持一致，同一品种混凝土的强度变异性能保持稳定时，强度评定应由连续三组试件组成一个验收批。

其强度应同时满足下列要求

$$\overline{f}_{cu} \geqslant f_{cu,k} + 0.7\sigma_0$$

$$f_{cu,min} \geqslant f_{cu,k} - 0.7\sigma_0$$

当混凝土强度等级不大于 C20 时，其强度的最小值应满足下式要求

$$f_{cu,min} \geqslant 0.85 f_{cu,k}$$

当混凝土强度等级 > C20 时，其强度的最小值应满足下式要求

$$f_{cu,min} \geqslant 0.90 f_{cu,k}$$

式中　$\overline{f}_{cu}$——同一验收批混凝土立方体抗压强度的平均值，MPa；

$\quad\quad f_{cu,k}$——混凝土抗压强度标准值，MPa；

$\quad\quad f_{cu,min}$——同一验收批混凝土立方体抗压强度的最小值，MPa；

$\quad\quad \sigma_0$——验收批混凝土立方体抗压强度标准差，MPa。

验收批混凝土立方体抗压强度的标准差 σ，应根据前一个检验期内（不超过 3 个月）同一品种混凝土试件的强度数据，按下式计算。

$$\sigma_0 = \frac{0.59}{m} \sum_{i=1}^{m} \Delta f_{cu,i}$$

式中　$\Delta f_{cu,i}$——第 i 批试件立方体抗压强度最大值与最小值之差，MPa；

$\quad\quad m$——用以确定验收批混凝土立方体抗压强度标准差的数据总组数（$m \geqslant 15$）。

（2）标准差未知法

若混凝土的生产连续性差，生产条件长时间内不能保持一致，强度的变异性不能保持稳定时，这时检验评定只能根据每一验收批抽样的强度数据来确定。

强度评定时，应由不少于 10 组的试件组成一个验收批，其强度应同时满足下列要求

$$\overline{f}_{cu} - \lambda_1 s_{f_{cu}} \geqslant 0.9 f_{cu,k}$$

$$f_{cu,min} \geqslant \lambda_2 f_{cu,k}$$

式中　$s_{f_{cu}}$——同一验收批混凝土立方体抗压强度的标准差，MPa，当计算值小于 $0.06 f_{cu,k}$ 时，取 $s_{f_{cu}} = 0.06 f_{cu,k}$；

　　λ_1，λ_2——合格判定系数，按表 5-22 取用。

表 5-22　混凝土强度合格判定系数

试件组数	10～14	15～24	≥25
λ_1	1.70	1.65	1.60
λ_2	0.90	0.85	

验收批混凝土强度标准差 $s_{f_{cu}}$ 按下式计算

$$s_{f_{cu}} = \sqrt{\sum_{i=1}^{n} \frac{f_{cu,i}^2 - n\overline{f}_{cu}^2}{n-1}}$$

式中　$f_{cu,i}$——第 i 组混凝土试件立方体抗压强度值，MPa；

　　n——一个验收批混凝土试件的组数（$n \geqslant 10$）。

统计法进行混凝土强度评定，适用于预制混凝土构件厂和采用现场集中搅拌混凝土的施工单位。

5.8.3.2　非统计法

对于小批量零星混凝土的生产，其试件数量有限（试件组数＜10），不具备按统计方法评定混凝土强度的条件，这时可采用非统计法评定混凝土的强度。

按非统计法评定混凝土强度时，试件组类一般为 2～9 组，其强度应同时满足下列要求

$$\overline{f}_{cu} \geqslant 1.15 f_{cu,k}$$

$$f_{cu,min} \geqslant 0.95 f_{cu,k}$$

非统计法评定混凝土强度，适用于小批量生产的预制构件厂的混凝土或现场搅拌量不大的混凝土。

5.8.3.3　混凝土强度合格性判定

当混凝土强度要分批进行检验评定时，若检验结果能满足以上规定要求，则混凝土质量判为合格，否则，为不合格。对于评定为不合格的混凝土结构或构件，应进行实体鉴定。对仍未达到设计要求的结构和构件，必须及时处理。当对混凝土试件强度的代表性有怀疑时，可对结构或构件进行无破损或半破损检验，并按有关规定对结构或构件中的混凝土强度进行评定。

5.9　普通混凝土的配合比设计

混凝土中各组成材料数量之间的比例关系称为混凝土的配合比，合理确定单位体积混凝土中各组成材料的用量过程叫做混凝土的配合比设计。混凝土配合比有两种表示方法：

①用 1m³ 混凝土中各材料用量来表示。

例如：水泥 240kg、粉煤灰 60kg、砂 720kg、碎石 1200kg、水 180kg。

②用各材料相互间的质量比来表示（以水泥为 1）。

例如：水泥∶粉煤灰∶砂∶碎石∶水＝1∶0.25∶3.0∶5.0∶0.75。

确定出的混凝土配合比见表 5-23。

表 5-23 混凝土配合比

1m³ 混凝土用料量 /kg	水泥	粉煤灰	砂子	碎石	水
	240	60	720	1200	180
质量比（以水泥为 1）	1 : 0.25 : 3.0 : 5.0 : 0.75				

混凝土配合比设计应满足混凝土配制强度及其它力学性能、拌合物性能、长期性能和耐久性能的设计要求。根据《普通混凝土配合比设计规程》(JGJ 55—2011) 规定，混凝土配合比设计所采用的细骨料含水率应小于 0.5%，粗骨料含水率应小于 0.2%。

5.9.1 混凝土配合比设计的基本要求

① 满足混凝土结构设计的强度等级要求。
② 满足施工的混凝土和易性要求。
③ 满足工程所处环境的混凝土耐久性要求。
④ 满足节省水泥、降低造价的经济性要求。

5.9.2 混凝土配合比设计的三个重要参数

（1）水胶比（W/B）

水胶比即水与胶凝材料的质量之比，水胶比是影响混凝土强度和耐久性的重要参数。在满足混凝土强度、耐久性前提下，采用较大的水胶比，以便节省胶凝材料（如水泥）。

（2）单位体积用水量（m_{w0}）

在满足施工要求的流动性前提下，单位体积用水量取较小值，以便用较少的水泥浆满足和易性和经济性要求。

（3）砂率（β_s）

在满足混凝土拌合物和易性前提下，尽量选用较小的砂率，以满足经济性的要求。

5.9.3 混凝土配合比设计的资料准备

在进行混凝土配合比设计之前，要通过调查研究，充分做好资料准备工作，主要包括两方面的资料。

（1）工程要求和施工条件

了解工程设计要求的混凝土强度等级，工程所处环境条件或耐久性（如抗渗、抗冻等级等），混凝土拌合物流动性，施工的条件，施工质量的控制水平，构件的形状、尺寸及钢筋的疏密情况等。以便确定混凝土的配制强度、最大水胶比和最小胶凝材料用量。

（2）原材料

掌握原材料的性能指标，如水泥品种、强度等级、密度；掺合料的技术指标；砂、石骨料的种类、表观密度、颗粒级配情况、砂的粗细程度、石子的最大粒径；拌合用水的水质情况；外加剂的品种、性能、适宜掺量等。

5.9.4 混凝土配合比设计的步骤

首先根据已选好的原材料性能和混凝土的技术要求，进行"初步配合比（理论配合比）"的计算。然后用初步配合比进行试验室试拌、调整，以满足混凝土拌合物和易性，得出"基准配合比（试拌配合比）"。在基准配合比的基础上，再进行强度检验（如有抗渗、抗冻等其它要求，应进行相应的试验），得出满足和易性和强度要求的"试验配合比"。最后，再根据施工现场的砂、石含水率，对试验配合比进行调整，得出"施工配合比"。

5.9.4.1 初步配合比（理论配合比）的计算

（1）确定混凝土的配制强度

实际施工时，由于各种因素的影响，混凝土的强度值是会有波动的。为了保证混凝土的强度达到设计等级的要求，在配制混凝土时，混凝土配制强度要求高于其强度等级值 $f_{cu,k}$。当混凝土的设计强度等级小于 C60 时，配制强度应按下式确定：

$$f_{cu,0} \geqslant f_{cu,k} + 1.645\sigma$$

式中　$f_{cu,0}$——混凝土的试配强度，MPa；

　　　$f_{cu,k}$——混凝土立方体抗压强度标准值，MPa；

　　　　σ——混凝土强度标准差，MPa。

混凝土强度标准差 σ 的确定方法：

① 当施工单位具有近期同一品种混凝土强度资料时，σ 可按下式计算：

$$\sigma = \sqrt{\frac{\sum_{i=1}^{n} f_{cu,i}^2 - n\overline{f}_{cu}^2}{n-1}}$$

式中　n——同一强度等级的混凝土试件组数（$n \geqslant 25$）；

　　　$f_{cu,i}$——第 i 组试件的抗压强度，MPa；

　　　$\overline{f}_{cu}$——同一验收批混凝土立方体抗压强度的平均值，MPa；

　　　　σ——n 组混凝土试件强度标准差，MPa。

② 当混凝土强度等级不大于 C30 的混凝土，其 σ 计算值不小于 3.0MPa 时，应取计算值；当 σ 计算值小于 3.0MPa 时，应取 3.0MPa。当混凝土强度等级大于 C30 且小于 C60 的混凝土，其 σ 计算值不小于 4.0MPa 时，应取计算值；当 σ 计算值小于 4.0MPa 时，应取 4.0MPa。

当施工单位无历史统计资料时，σ 值可查表 5-24。

表 5-24　标准差 σ 值

混凝土强度等级	≤C20	C25～C45	C50～C55
σ/MPa	4.0	5.0	6.0

（2）确定水胶比（W/B）

根据保罗米公式进行计算：

$$\frac{W}{B} = \frac{\alpha_a f_b}{f_{cu,0} + \alpha_a \alpha_b f_b}$$

$$f_b = \gamma_s \gamma_f f_{ce}$$

$$f_{ce} = \gamma_c f_{ce,k}$$

式中　α_a，α_b——粗骨料的回归系数，查表 5-25；

　　　　f_b——胶凝材料（水泥与矿物掺合料按使用比例混合）28d 胶砂强度，MPa；

　　　　f_{ce}——胶凝材料 28d 抗压强度实测值，MPa；

　　　　$f_{cu,0}$——混凝土的试配强度，MPa；

　　　γ_s、γ_f——粒化高炉矿渣粉和粉煤灰的影响系数，查表 5-26；

$f_{ce,k}$——水泥的强度等级，MPa；

γ_c——水泥强度等级值的富余系数，查表 5-27。

表 5-25 混凝土粗骨料回归系数

系数	碎石混凝土	卵石混凝土
α_a	0.53	0.49
α_b	0.20	0.13

表 5-26 粒化高炉矿渣粉和粉煤灰的影响系数

掺量/%	粉煤灰的影响系数 γ_f	粒化高炉矿渣粉影响系数 γ_s
0	1.00	1.00
10	0.85~0.95	1.00
20	0.75~0.85	0.95~1.00
30	0.65~0.75	0.90~1.00
40	0.55~0.65	0.80~0.90
50	—	0.70~0.85

表 5-27 水泥强度等级值的富余系数

水泥强度等级/MPa	32.5	42.5	52.5
富余系数 γ_c	1.12	1.16	1.10

求得 W/B 后，要进行耐久性的复核，查表 5-28。当水胶比的计算值大于表中的最大水胶比值时，应取表中最大水胶比值；当水胶比的计算值小于表中最大水胶比值时，应取水胶比的计算值，这样才能满足混凝土的耐久性要求。表中括号为当混凝土使用引气剂时应该选取的数据。

表 5-28 满足耐久性要求的混凝土最大水胶比

环境条件	最大水胶比	最低强度等级
室内干燥环境；无侵蚀性静水浸没环境	0.60	C20
室内潮湿环境；非严寒和非严寒地区的露天环境；非严寒和非严寒地区无侵蚀性水或土壤直接接触的环境；严寒和非严寒地区的冰冻线以下无侵蚀性水或土壤直接接触的环境	0.55	C25
干湿交替环境；水位频繁变动环境；严寒和非严寒地区的露天环境；严寒和非严寒地区的冰冻线以下无侵蚀性水或土壤直接接触的环境	0.50(0.55)	C30(C25)
严寒和非严寒地区冬季水位变动区环境；受除冰盐影响环境；海风环境	0.45(0.50)	C35(C30)
盐渍土环境；受除冰盐作用环境；海岸环境	0.40	C40

（3）确定混凝土的单位体积用水量

① 水胶比在 0.40~0.80 范围时，可根据粗骨料品种、最大粒径及施工要求的混凝土拌合物的稠度，按表 5-29 和表 5-30 选取。水胶比小于 0.40 的混凝土用水量，应通过试验确定。

表 5-29 干硬性混凝土的用水量   kg/m³

拌合物稠度		卵石最大公称粒径/mm			碎石最大公称粒径/mm		
项目	指标	10.0	20.0	40.0	16.0	20.0	40.0
维勃稠度/s	16～20	175	160	145	180	170	155
	11～15	180	165	150	185	175	160
	5～10	185	170	155	190	180	165

表 5-30　塑性混凝土的用水量   kg/m³

拌合物稠度		卵石最大粒径/mm				碎石最大粒径/mm			
项目	指标	10.0	20.0	31.5	40.0	16.0	20.0	31.5	40.0
坍落度/mm	10～30	190	170	160	150	200	185	175	165
	35～50	200	180	170	160	210	195	185	175
	55～70	210	190	180	170	220	205	195	185
	75～90	215	195	185	175	230	215	205	195

注:1. 本表用水量系采用中砂时的取值。采用细砂时,每立方米混凝土用水量可增加5～10kg,采用粗砂时,可减少5～10kg。

2. 混凝土水胶比小于0.40时,可通过试验确定。

② 掺外加剂时混凝土的用水量可按下式计算:

$$m_{wa} = m_{w0}(1 - \beta)$$

式中　m_{wa}——掺外加剂时混凝土的单位体积用水量,kg/m³;

　　　m_{w0}——未掺外加剂时混凝土的单位体积用水量,kg/m³,以表5-30中90mm坍落度的用水量为基础,按每增大20mm坍落度相应增加5kg/m³用水量来计算,当坍落度增大到180mm以上时,随坍落度相应增加的用水量可减少;

　　　β——外加剂的减水率,%,由试验确定。

(4) 胶凝材料、粉煤灰用量和水泥用量

① 每立方米混凝土的胶凝材料用量(m_{b0})应按下式计算,并应进行试拌调整,在拌合物性能满足的情况下,取经济合理的胶凝材料用量。

$$m_{b0} = \frac{m_{w0}}{W/B}$$

式中　m_{b0}——每立方米中胶凝材料用量,kg/m³;

　　　m_{w0}——每立方米混凝土的用水量,kg/m³;

　　　W/B——水胶比。

为满足耐久性要求,计算出来的胶凝材料用量必须大于表5-31中的量。如胶凝材料用量的计算值小于表中的最小胶凝材料用量,应取表中的最小胶凝材料用量。

表 5-31　混凝土满足耐久性要求的最小胶凝材料用量

最大水胶比	最小胶凝材料用量/(kg/m³)		
	素混凝土	钢筋混凝土	预应力混凝土
0.60	250	280	300
0.55	280	300	300
0.50	320		
≤0.45	330		

② 每立方米混凝土的矿物掺合料用量（m_{f0}）应按下式计算：

$$m_{f0} = m_{b0} \times \beta_f$$

式中　m_{f0}——每立方米混凝土的矿物掺合料用量，kg/m^3；

　　　β_f——矿物掺合料掺量，%。

③ 每立方米混凝土的水泥用量（m_{c0}）应按下式计算：

$$m_{c0} = m_{b0} - m_{f0}$$

式中　m_{c0}——每立方米混凝土的水泥用量，kg/m^3。

④ 每立方米混凝土中外加剂用量可按下式计算：

$$m_{a0} = m_{b0} \beta_a$$

式中　m_{a0}——每立方米混凝土中外加剂用量，kg/m^3；

　　　m_{b0}——每立方米中胶凝材料用量，kg/m^3；

　　　β_a——外加剂的掺量，%，由试验确定。

（5）确定合理砂率（β_s）

缺乏砂率的历史资料可参考时，混凝土砂率的确定应符合下列规定：

① 坍落度小于 10mm 的混凝土，其砂率应经试验确定（干硬性混凝土）。

② 坍落度为 10～60mm 的混凝土，其砂率可根据粗骨料品种、最大公称粒径及水胶比按表 5-32 选取。

③ 坍落度大于 60mm 的混凝土，其砂率可经试验确定，也可在表 5-32 的基础上，按坍落度每增大 20mm，砂率增大 1% 的幅度予以调整。

表 5-32　混凝土砂率　　　　　　　　　　　　　　　　　%

水胶比（W/B）	卵石最大公称粒径/mm			碎石最大公称粒径/mm		
	10.0	20.0	40.0	16.0	20.0	40.0
0.40	26～32	25～31	24～30	30～35	29～34	27～32
0.50	30～35	29～34	28～33	33～38	32～37	30～35
0.60	33～38	32～37	31～36	36～41	35～40	33～38
0.70	36～41	35～40	34～39	39～44	38～43	36～41

注：1. 本表数值系中砂的选用砂率，对细砂或粗砂，可相应地减少或增大砂率；

2. 采用人工砂配制混凝土时，砂率可适当增大；

3. 只用一个单粒级粗骨料配制混凝土时，砂率应适当增大。

（6）确定砂（m_{s0}）、石（m_{g0}）用量

① 质量法（假定表观密度法）　根据经验，如果原材料比较稳定，则所配制的混凝土拌合物的表观密度将接近一个固定值，大概在 2350～2450kg/m^3。这样就可先假定每立方米混凝土拌合物的质量 m_{cp}（kg），由以下两式联立求出 m_{s0}、m_{g0}。

$$m_{f0} + m_{c0} + m_{w0} + m_{s0} + m_{g0} = m_{cp}$$

$$\frac{m_{s0}}{m_{s0} + m_{g0}} \times 100\% = \beta_s$$

式中　m_{g0}——计算配合比每立方米混凝土的粗骨料用量，kg；

　　　m_{s0}——计算配合比每立方米混凝土的细骨料用量，kg；

　　　β_s——砂率，%；

　　　m_{cp}——每立方米混凝土拌合物的假定质量，kg，可取 2350～2450kg。

② 体积法（又称绝对体积法）　这种方法是假定 $1m^3$ 混凝土拌合物的体积等于各组成材料的体积和拌合物所含空气体积之和。

$$\frac{m_{c0}}{\rho_c}+\frac{m_{f0}}{\rho_f}+\frac{m_{w0}}{\rho_w}+\frac{m_{s0}}{\rho_s}+\frac{m_{g0}}{\rho_g}+0.01\alpha=1$$

$$\frac{m_{s0}}{m_{s0}+m_{g0}}\times100\%=\beta_s$$

式中　ρ_c，ρ_f，ρ_w，ρ_s，ρ_g——水泥、矿物掺合料、水、砂、石子的表观密度，kg/m^3；

α——混凝土含气量的百分数，在未使用引气型外加剂时，$\alpha=1$。

（7）通过上述步骤，可计算出 $1m^3$ 混凝土中水泥、矿物掺合料、水、砂、石的用量，即混凝土的初步配合比（理论配合比），结果填入下表 5-33。

表 5-33　混凝土的初步配合比

$1m^3$混凝土的用料/kg	水泥	掺合料	砂子	石子	水
质量比					

5.9.4.2　配合比的试配与调整

混凝土的初步配合比是借助经验公式算得的，或是利用经验资料查得的，许多影响混凝土技术性质的因素并未考虑进去。因而不一定符合实际情况，不一定能满足配合比设计的基本要求，因此必须进行试配与调整。

（1）和易性的调整

混凝土试配时，当粗骨料最大粒径 $D_{max}\leqslant31.5mm$ 时，拌和 20L，$D_{max}=40mm$ 时，拌和 25L；采用机械搅拌时，拌合量不小于搅拌机额定搅拌量的 1/4，且不应大于搅拌机的公称容量。

和易性调整的基本原则是：当流动性小于设计要求时，保持 W/B 不变，适量增加浆体量；当流动性大于设计要求时，可保持砂率不变，适量增加砂、石用量；当拌合物砂浆量不足，出现黏聚性、保水性不良时，可适当增加砂率，反之应减少砂率，每次调整后，再试拌测试，直至符合要求为止。和易性合格后，测出该拌合物的实际表观密度（$\rho_{c,t}$），并计算出各组成材料的拌和用量。

假设调整后拌合物中各材料的用量为：水泥 m_{cb}、掺合料 m_{fb}、水 m_{wb}、砂子 m_{sb}、石子 m_{gb}，则拌合物的总质量为 $m_{总b}=m_{cb}+m_{fb}+m_{wb}+m_{sb}+m_{gb}$，可计算出 $1m^3$ 混凝土中各材料的用量——基准配合比（试拌配合比）：

$$m_{c1}=m_{cb}/m_{总b}\times\rho_{ct}$$
$$m_{f1}=m_{fb}/m_{总b}\times\rho_{ct}$$
$$m_{w1}=m_{wb}/m_{总b}\times\rho_{ct}$$
$$m_{s1}=m_{sb}/m_{总b}\times\rho_{ct}$$
$$m_{g1}=m_{gb}/m_{总b}\times\rho_{ct}$$

（2）强度校验

上述得出的满足和易性的配合比，其水胶比是根据经验公式得出的，不一定满足强度的设计要求，故应检验其强度。

检验方法：一般采用三个不同的配合比，其一为基准配合比（试拌配合比），另外两个配合比的水胶比值分别较基准配合比增、减 0.05，而用水量与基准配合比相同，以保证另外两组配合比的和易性满足要求（必要时可适当调整砂率）。另外两组配合比也要试拌、检验和调整和易性，使其符合设计和施工要求。混凝土强度检验时，每个配合比应至少制作一组（三块）试件，测标准养护 28d 的抗压强度。

根据强度试验结果，由各胶水比与其相应强度的关系，用作图法（图 5-18）求出满足配制强度（$f_{cu,0}$）对应的胶水比（B/W），该胶水比既满足了强度要求，又满足了胶凝材料用量最少的要求。

在基准配合比用水量的基础上，胶凝材料和外加剂用量应根据确定的水胶比作调整，

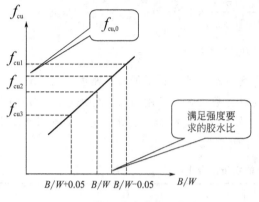

图 5-18　作图法确定合理水胶比

胶凝材料用量应以用水量乘以选定出的胶水比计算确定；砂、石用量应根据用水量和胶凝材料用量进行调整。调整后的配合比需根据实测表观密度（$\rho_{c,t}$）和计算表观密度（$\rho_{c,c}$）进行校正。

计算表观密度（$\rho_{c,c}$）应按下式计算：

$$\rho_{c,c} = m_c + m_f + m_w + m_s + m_g$$

式中　$\rho_{c,c}$——混凝土拌合物的表观密度计算值，kg/m^3；

　　　m_c——调整后每立方米混凝土的水泥用量，kg/m^3；

　　　m_f——调整后每立方米混凝土的矿物掺合料用量，kg/m^3；

　　　m_g——调整后每立方米混凝土的粗骨料用量，kg/m^3；

　　　m_s——调整后每立方米混凝土的细骨料用量，kg/m^3；

　　　m_w——调整后每立方米混凝土的用水量，kg/m^3。

混凝土配合比的校正系数按下式计算：

$$\delta = \frac{\rho_{c,t}}{\rho_{c,c}}$$

当 $\rho_{c,t}$ 与 $\rho_{c,c}$ 之差的绝对值不超过 $\rho_{c,c}$ 的 2% 时，调整后的配合比不需校正；当 $\rho_{c,t}$ 与 $\rho_{c,c}$ 之差的绝对值超过 $\rho_{c,c}$ 的 2% 时，应将调整后配合比中每项材料用量均乘以校正系数 δ。

经过调整得出满足和易性和强度要求的配合比称为试验配合比，结果填入表 5-34 中。

表 5-34　混凝土的试验配合比

$1m^3$混凝土的用料/kg	水泥	掺合料	砂子	石子	水
质量比					

5.9.4.3　施工配合比的确定

根据现场砂、石含水率再进行调整得出施工配合比。假设工地砂、石含水率分别为 $a\%$ 和 $b\%$，则施工配合比按下式确定：

$$m_c' = m_c$$
$$m_f' = m_f$$

$$m'_w = m_w - m_s \times a\% - m_g \times b\%$$
$$m'_s = m_s \times (1 + a\%)$$
$$m'_g = m_g \times (1 + b\%)$$

混凝土的施工配合比填入表 5-35。

表 5-35　混凝土的施工配合比

1m³混凝土的用料/kg	粗骨料含水率/%		细骨料含水率/%		
	水泥	掺合料	砂子	石子	水
质量比					

5.9.5　普通混凝土配合比设计实例

【例 5-2】 处于干燥环境室内使用的钢筋混凝土，混凝土的设计强度等级为 C25，施工要求的坍落度为 30～50mm，混凝土采用机械搅拌、机械振捣。施工单位无历史统计资料。原材料为：42.5 等级的普通水泥，水泥密度 3100kg/m³；级配合格，细度模数 2.3 的中砂，砂的表观密度为 2650kg/m³，砂的含水率 3%；级配合格，最大粒径为 20mm 的碎石，表观密度为 2700kg/m³，含水率为 1%；拌和用水为自来水；混凝土不掺用外加剂和掺合料。根据以上资料，试设计混凝土的配合比。

【解】（1）计算初步配合比

① 确定混凝土的配制强度

查表 5-24，取强度标准差 $\sigma = 5.0$MPa，则
$$f_{cu,0} = f_{cu,k} + 1.645\sigma = 25 + 1.645 \times 5.0 = 33.2(MPa)$$

② 确定水胶比

根据保罗米公式：分别查表 5-25～表 5-27，碎石 α_a、α_b 分别为 0.53 和 0.20，不掺用掺合料，γ_s、γ_f 分别取 1，γ_c 取 1.16。

$$f_b = 1 \times 1 \times f_{ce} = 1 \times 1 \times 1.16 \times 42.5$$
$$\frac{W}{B} = \frac{\alpha_a f_b}{f_{cu,0} + \alpha_a \alpha_b f_b} = \frac{0.53 \times 1 \times 1 \times 1.16 \times 42.5}{33.2 + 0.53 \times 0.20 \times 1 \times 1 \times 1.16 \times 42.5} = 0.68$$

查表 5-28，最大水胶比为 0.60，计算的水胶比（0.68）大于表中规定的最大水胶比，为了满足耐久性要求，取 0.60。

③ 确定混凝土的单位体积用水量

根据坍落度 30～50mm，碎石，最大粒径 20mm，中砂，查表 5-30，并考虑中砂偏细，选用水量 $m_{w0} = 196$kg。

④ 确定单位体积水泥用量

因为不掺用掺合料，所以 $m_{c0} = m_{b0}$

$$m_{c0} = \frac{m_{w0}}{W/B} = \frac{196}{0.60} = 327(kg)$$

查表 5-31，满足耐久性要求的最小胶凝材料用量为 280kg，所以水泥用量取 327kg 满足耐久性要求。

⑤ 确定合理砂率

根据碎石最大粒径 20mm，水胶比 0.60，中砂，查表 5-32，并考虑中砂偏细，砂率 β_s 取 36%。

⑥ 确定砂（m_{s0}）、石（m_{g0}）用量

已知各材料的密度可用体积法计算：

$$\frac{m_{c0}}{\rho_c}+\frac{m_{f0}}{\rho_f}+\frac{m_{w0}}{\rho_w}+\frac{m_{s0}}{\rho_s}+\frac{m_{g0}}{\rho_g}+0.01\alpha=1$$

$$\frac{m_{s0}}{m_{s0}+m_{g0}}\times100\%=\beta_s$$

因不掺用掺合料，

$$\frac{327}{3100}+0+\frac{196}{1000}+\frac{m_{s0}}{2650}+\frac{m_{s0}}{2700}+0.01\times1=1$$

$$\frac{m_{s0}}{m_{s0}+m_{g0}}\times100\%=36\%$$

解得：$m_{s0}=665kg$，$m_{g0}=1188kg$。

初步配合比见表 5-36。

表 5-36　混凝土的初步配合比

1m³混凝土的用料/kg	水泥(m_{c0})	掺合料(m_{f0})	砂(m_{s0})	碎石(m_{g0})	水(m_{w0})
	327	0	665	1188	196
质量比	1：0：2.03：3.63：0.60				

（2）配合比的试配与调整

① 和易性的调整

按初步配合比试拌 20L 混凝土拌合物，其各材料用量为：水泥 6.54kg，水 3.92kg，砂子 13.3kg，碎石 23.76kg。搅拌均匀后检验和易性，测得坍落度为 20mm，黏聚性、保水性均良好。因流动性小于设计要求（坍落度要求 30～50mm），故应增加水和水泥用量（可取各自的 5%，W/B 不变），测得坍落度为 35mm，且黏聚性、保水性良好。调整后各材料的拌和用量为：$m_{cb}=6.83kg$，$m_{wb}=4.12kg$，$m_{sb}=13.3kg$，$m_{gb}=23.76kg$。测得混凝土拌合物的表观密度为 2410kg/m³，则基准配合比为：

$$m_{总b}=m_{cb}+m_{wb}+m_{sb}+m_{gb}=6.83+4.12+13.3+23.76=48.01(kg)$$

$$m_{c1}=m_{cb}/m_{总b}\times\rho_{ct}=6.83/48.01\times2410=343(kg)$$

$$m_{w1}=m_{wb}/m_{总b}\times\rho_{ct}=4.12/48.01\times2410=207(kg)$$

$$m_{s1}=m_{sb}/m_{总b}\times\rho_{ct}=13.3/48.01\times2410=668(kg)$$

$$m_{g1}=m_{gb}/m_{总b}\times\rho_{ct}=23.76/48.01\times2410=1193(kg)$$

② 强度检验

采用三个不同的配合比，其一为基准配合比（试拌配合比），另外两个配合比的水胶比值分别较基准配合比增、减 0.05，而用水量与基准配合比相同，以保证另外两组配合比的和易性满足要求（必要时可适当调整砂率）。另外两组配合比也要试拌、检验和调整和易性，使其符合设计和施工要求。混凝土强度检验时，每个配合比应至少制作一组（三块）试件，测标准养护 28d 的抗压强度分别为：

$$W/B=0.65，f_{cu,1}=32.4MPa$$

$$W/B=0.60，f_{cu,2}=34.0MPa$$

$$W/B=0.55，f_{cu,3}=36.3MPa$$

试验结果说明，选用基准配合比（$W/B=0.60$，$f_{cu,2}=34.0MPa$），满足配制强度要求（$f_{cu,0}=33.2MPa$），所以基准配合比可作为试验配合比。即：

$$m_c=343kg, m_s=668kg, m_g=1193kg, m_w=207kg$$

混凝土表观密度计算值 $\rho_{c,c}=343+668+1193+207=2411(kg/m^3)$，已知混凝土的实测表观密度 $\rho_{c,t}=2410kg/m^3$。因 $\rho_{c,t}$ 与 $\rho_{c,c}$ 之差的绝对值不超过 $\rho_{c,c}$ 的 2%，调整后的配合比不需校正。

（3）确定施工配合比

$$m_c'=m_c=343kg$$

$$m_w'=m_w-m_s\times a\%-m_g\times b\%=207-668\times3\%-1193\times1\%=175(kg)$$

$$m_s'=m_s\times(1+a\%)=668\times(1+3\%)=688(kg)$$

$$m_g'=m_g\times(1+b\%)=1193\times(1+1\%)=1205(kg)$$

【例 5-3】例 5-2 中掺入 0.25% 的木钙（减水剂），其它条件不变，试计算初步配合比。

【解】木钙减水率取 10%，掺入木钙后混凝土拌合物的含气量会增加 1%～2%，可取 1.5%，则混凝土含气量为 $\alpha=1.5$。设计初步配合比的过程、方法步骤与例 5-2 基本相同。

（1）确定水胶比（W/B）

方法与例 5-2 相同，则 $W/B=0.60$

（2）确定单位体积用水量（m_{wa}）

由于掺入减水剂，用水量应在查表取值的基础上适当减少，查表得 $m_{w0}=196kg$，则

$$m_{wa}=m_{w0}(1-\beta)=196\times(1-10\%)=176(kg)$$

（3）确定单位体积水泥用量（m_{c0}）

$$m_{c0}=\frac{m_{wa}}{W/B}=\frac{176}{0.60}=293(kg)$$

查表 5-31 进行耐久性复核，水泥用量为 293kg，大于表中的最小胶凝材料用量值（280kg），所以满足耐久性要求。

（4）确定减水剂掺量（m_{a0}）

$$m_{a0}=0.25\%\times m_{c0}=0.25\%\times293=0.73(kg)$$

（5）确定合理砂率（β_s）

方法与例 5-2 相同，$\beta_s=36\%$

（6）确定砂用量（m_{s0}）、石用量（m_{g0}）

因外加剂的掺量很少，其体积可忽略不计。所以砂、石用量可按下式计算：

$$\frac{293}{3100}+\frac{176}{1000}+\frac{m_{s0}}{2650}+\frac{m_{g0}}{2700}+0.01\times1.5=1$$

$$\frac{m_{s0}}{m_{s0}+m_{g0}}\times100\%=36\%$$

解得：$m_{s0}=690kg$，$m_{g0}=1232kg$

初步配合比如表 5-37 所示。

表 5-37　混凝土的初步配合比

1m³混凝土的用料量/kg	水泥（m_{c0}）	砂（m_{s0}）	碎石（m_{g0}）	水（m_{w0}）
	293	690	1232	176
质量比	1：2.35：4.20：0.60			

5.10 混凝土掺合料

混凝土掺合料与生产水泥时跟熟料一起掺加并磨细的混合材料不同，它是在混凝土搅拌前或搅拌过程中，与混凝土其它组分一样直接加入的一种外掺料。通常使用的是具有活性的掺合料，如粉煤灰、硅灰、磨细矿渣、磨细沸石粉、磨细煤矿石及凝灰岩、硅藻土等，其中以粉煤灰用量最大，应用范围最广。

掺合料的作用：①可充分利用天然资源、处理废料和节约水泥、降低混凝土成本；②可改善混凝土拌合物的和易性，降低水化热，提高密实度，提高强度、抗冻性、抗渗性、耐蚀性等，其技术、经济和社会效益十分显著。

5.10.1 粉煤灰

5.10.1.1 粉煤灰的种类和技术要求

粉煤灰是从锅炉烟气中收集到的细粉末，颗粒多呈球形，表面光滑，呈灰色或暗灰色。按氧化钙含量分为低钙灰（$CaO < 15\%$）和高钙灰（$CaO > 15\%$）两种，高钙灰的活性高于低钙灰，我国电厂排放的锅炉烟气多为低钙灰。粉煤灰的质量应满足表 5-38 的规定。

表 5-38 粉煤灰质量指标及适用范围

粉煤灰等级	质量指标/%				适用范围
	细度（45μm 方孔筛筛余）	烧失量	需水量比	三氧化硫含量	
I	≤12	≤5	≤95	≤3	钢筋混凝土、跨度小于 6m 预应力混凝土、≥C60 的素混凝土
II	≤20	≤8	≤105	≤3	钢筋混凝土、≥C30 的素混凝土
III	≤45	≤15	≤115	≤3	≤C30 的素混凝土

注：1. 需水量比指 30% 粉煤灰取代量的硅酸盐水泥与未取代的硅酸盐水泥，二者拌制的胶砂达到相同流动性时的加水量之比。

2. 经试验论证，粉煤灰的等级可较适用范围要求的等级降低一级。

3. 主要用于改善混凝土拌合物和易性所用的粉煤灰，可不受上表限制。

5.10.1.2 粉煤灰效应及对混凝土性能的影响

（1）粉煤灰效应

① 活性效应　粉煤灰中含有的活性二氧化硅（SiO_2）和三氧化二铝（Al_2O_3），可与水泥水化产物中的氢氧化钙 [$Ca(OH)_2$] 反应，生成水硬性胶凝物质，可促进强度增长。

② 形态效应　粉煤灰颗粒多为玻璃微珠，表面光滑，掺入混凝土中可减小内摩擦阻力，减少用水量（即需水比减小），起到减水作用。

③ 微骨料效应　粉煤灰中的微细颗粒均匀分布在水泥浆中，可填充孔隙和毛细孔，改善孔隙结构，提高密实度。

（2）粉煤灰对混凝土性能的影响

① 可以改善混凝土拌合物的和易性。

② 可以改善孔隙结构，提高混凝土密实度，从而提高混凝土的强度及耐久性。

③ 可以抑制混凝土的碱-骨料反应。

④ 可以降低水化热，防止大体积混凝土产生温度裂缝。

⑤ 早期强度有所降低，掺量越大，早强损失越大，但后期强度有所增长。

⑥ 对钢筋的保护能力有所降低。

（3）掺加方法

① 等量取代法　以等质量的粉煤灰代替水泥。适用于掺加Ⅰ级粉煤灰、配制超强混凝土及大体积混凝土。

② 超量取代法　粉煤灰的掺加量超出其取代水泥的质量，超量的粉煤灰代替部分细骨料，其目的是为了增加混凝土中胶凝材料的数量，以补偿由于粉煤灰取代水泥而造成的强度降低。超量取代法可使粉煤灰混凝土的强度达到不掺粉煤灰混凝土的强度。粉煤灰的超量系数（粉煤灰掺量与取代水泥量之比）应满足表 5-39 的要求。

表 5-39　粉煤灰超量系数

粉煤灰等级	Ⅰ	Ⅱ	Ⅲ
超量系数	1.1~1.4	1.3~1.7	1.5~2.0

③ 外加法　在水泥用量不变的情况下，掺入一定量的粉煤灰，其目的是为了改善混凝土拌合物的和易性。

（4）应用技术

粉煤灰掺合料适用于一般工业与民用建筑结构及构筑物混凝土，尤其适用于泵送混凝土、大体积混凝土、抗渗混凝土、抗硫酸盐混凝土、抗软水腐蚀混凝土、蒸养混凝土、轻骨料混凝土、地下与水工混凝土、泥浆混凝土及碾压混凝土。粉煤灰用于抗冻要求高的混凝土时，要掺加引气剂。

粉煤灰掺量过多时，对混凝土的性能带来不利影响，如早强损失大，抗碳化能力降低，对钢筋保护能力变差等，所以粉煤灰用于不同混凝土时，有最大掺量的限制，可参见表 5-40。

表 5-40　粉煤灰取代水泥的最大限量

混凝土种类	粉煤灰取代水泥最大限量/%			
	硅酸盐水泥	普通硅酸盐水泥	矿渣硅酸盐水泥	火山灰硅酸盐水泥
预应力混凝土	25	15	10	—
钢筋混凝土 高强混凝土 高抗冻混凝土 蒸养混凝土	30	25	20	15
中、低强混凝土 泵送混凝土 大体积混凝土 水下混凝土 地下混凝土 压浆混凝土	50	40	30	20
碾压混凝土	65	55	45	35

注：1. 当钢筋保护层小于 5cm 时，粉煤灰取代水泥的最大限量应在表中规定量的基础上减少 5%。

2. 表中的高强混凝土是指≥C40 的混凝土，中、低强度混凝土是指≤C30 的混凝土。

5.10.2 硅灰

硅灰又称硅粉，是电弧炉冶炼硅金属或硅铁合金时产生的烟尘。主要化学成分为二氧化硅，其含量绝大多数在85%以上，属非晶质，具有化学活性。硅灰颗粒极细，平均粒径为0.1～0.2μm，比表面积为20000～25000mm²/kg（水泥的比表面积一般为250～300mm²/kg），是一种高活性的火山灰质材料。

5.10.2.1 硅灰对混凝土性能影响

在混凝土中掺入硅灰，能起到活性效应和微骨料效应的双重作用，对混凝土性能的影响与粉煤灰相似，能够改善混凝土拌合物的和易性（由于其颗粒极细，可明显增加混凝土拌合物的黏聚性，减少离析、泌水现象，但掺入硅灰的同时，必须掺入高效减水剂，否则，就会导致用水量的增大，影响混凝土的物理、力学性质），降低水化热，提高密实度，从而提高强度（能配制出100MPa以上的混凝土）及耐久性，抑制碱-骨料反应的发生，且效果很好。因为硅灰的活性极高，早期与氢氧化钙[Ca(OH)₂]反应，所以，硅灰代替水泥后，早强并不降低，反而会提高。但是应注意，掺硅灰后会使混凝土的干缩、徐变增大。

5.10.2.2 硅灰的应用技术

（1）适用范围

主要用于配制高强、超高强混凝土、高抗渗混凝土及有其它要求的高性能混凝土，也可与粉煤灰复合使用，提高粉煤灰混凝土的早期强度。

（2）应用技术要点

① 由于硅灰颗粒极细，掺入硅灰后会导致混凝土拌合物用水量的增加，所以，混凝土中掺入硅灰时必须掺入高效减水剂，且随着硅灰量的增加，减水剂的掺量也要增加。

② 硅灰的掺量不宜过多，一般为5%～10%。因为硅灰极细，水泥浆会变得很黏稠，若掺量过多会增加高效减水剂的用量，导致混凝土的成本增加。

5.10.3 磨细沸石粉

磨细沸石粉是以天然沸石为原料，经破碎、磨细而成。

沸石粉主要成分有二氧化硅（SiO₂）（占65%以上）和三氧化二铝（Al₂O₃）（占12%以上），是一种具有较高活性的火山灰质材料。其内部结构含有很多空腔和孔道，内表面积大，吸附性很强，能更好地避免发生分层、离析及泌水现象。沸石粉较粉煤灰对混凝土性能的影响效果更好。

沸石粉适用于泵送混凝土、大体积混凝土、抗渗混凝土、抗硫酸盐混凝土、抗软水侵蚀混凝土及高强混凝土，也适用于蒸养混凝土、地下和水下工程混凝土。

因为沸石粉颗粒的内表面积大，吸水性很强，在用水量不变的情况下，掺沸石粉的混凝土比不掺的混凝土黏聚性大、流动性小，所以在使用时，应掺入高效减水剂。沸石粉的适宜掺量为10%～20%。

5.10.4 磨细矿渣粉

磨细矿渣粉是将粒化高炉矿渣磨细而成。对混凝土性能的影响与粉煤灰相似，但对混凝土拌合物和易性的改善略差，早期强度高于粉煤灰，掺量大于粉煤灰。

5.10.5 其它掺合料

磨细自然煤矿石，由自然煤矿石磨细而成。其活性和使用效果低于粉煤灰。

磨细硅质页岩，由天然硅质页岩磨细而成。其活性和使用效果优于粉煤灰，掺量一般为

10%～20%，掺量大时，将显著降低流动性。

5.11 轻混凝土

轻混凝土是指表观密度小于1950kg/m³的混凝土。可分为轻骨料混凝土、多孔混凝土和大孔混凝土。

5.11.1 轻骨料混凝土

凡是由轻质粗、细骨料、水泥和水配制而成的轻混凝土称为轻骨料混凝土。用轻质粗、细骨料配制的混凝土为全轻混凝土；用轻质粗骨料和普通砂配制的混凝土称砂轻混凝土。由于轻骨料种类较多，所以轻骨料混凝土常以轻粗骨料的种类命名，如粉煤灰陶粒混凝土、自然煤矸石混凝土、浮石混凝土、黏土陶粒混凝土等。按其用途分为结构轻骨料混凝土、结构保温轻骨料混凝土和保温轻骨料混凝土。

5.11.1.1 轻骨料

（1）轻骨料的分类

轻骨料可分为轻粗骨料和轻细骨料。粒径大于5mm，堆积密度小于1000kg/m³的轻质骨料称为轻粗骨料；粒径小于5mm，堆积密度大于1000kg/m³的轻质骨料，称为轻细骨料（或轻砂）。

轻骨料按其来源分为工业废料轻骨料（如粉煤灰陶粒、自燃煤矸石、膨胀矿渣珠、煤渣及其轻砂等）、人造轻骨料（如黏土陶粒、页岩陶粒、沸石岩轻骨料、膨胀珍珠岩及其轻砂等）。按其粒型分为圆球型、普通型和碎石型三种。

轻骨料与普通砂、石的区别在于骨料中存在大量孔隙，质轻、吸水率大、强度低、表面粗糙等，轻骨料的技术性质直接影响到所配制的混凝土的性质。

（2）轻骨料的技术要求

轻骨料的技术要求主要包括：堆积密度、强度、颗粒级配、最大粒径和吸水率等。

① 堆积密度　轻骨料堆积密度的大小，可直接影响轻骨料混凝土的表观密度及性质。堆积密度越大，则混凝土的表观密度越大，强度也越高，轻粗骨料按其堆积密度分为8个等级：300、400、500、600、700、800、900、1000；轻细骨料按其堆积密度也分为8个等级：500、600、700、800、900、1000、1100、1200。

② 最大粒径及颗粒级配　保温及结构保温轻骨料混凝土用的轻粗骨料，最大粒径不宜大于40mm。结构轻骨料混凝土用的轻粗骨料，其最大粒径不宜大于20mm。对于轻砂，比普通粗砂略粗也可以，但细度模数不宜超过4.0，其大于5mm的累计筛余不宜超过10%。

颗粒级配对于混凝土拌合物的和易性、强度、耐久性等影响较大，所以，我国标准对轻粗骨料也有颗粒级配要求，应符合表5-41规定，其自然级配空隙率不应大于50%。

表 5-41　轻粗骨料的颗粒级配 （JGJ 51—2002）

筛孔尺寸		最小粒径 (D_{min})	1/2 最大粒径 ($1/2D_{max}$)	最大粒径 (D_{max})	2 倍最大粒径 ($2D_{max}$)
圆球型的及单一级配	累计筛余（按质量计）/%	≥90	不规定	≤10	0
普通型的混合级配		≥90	30～70	≤10	0
碎石型的混合级配		≥90	40～60	≤10	0

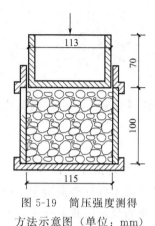

图 5-19 筒压强度测得
方法示意图（单位：mm）

③ 强度 轻粗骨料的强度对于轻骨料混凝土来说至关重要，因为轻骨料混凝土的破坏与普通混凝土不同，它不是沿骨料与水泥石的界面破坏，而是穿过骨料破坏，所以轻粗骨料必须有足够的强度。

轻粗骨料的强度通常用筒压强度和强度等级两种方法表示。

筒压强度是将 10～20mm 粒级的轻骨料按要求装入承压筒中，通过冲压模压入 20mm 深，以此时的压力值除以承压面积而得（即为轻粗骨料的筒压强度值）。对于不同密度等级的轻粗骨料，其筒压强度应不小于表 5-42 的规定（见图 5-19）。

筒压强度不能直接反映轻骨料在混凝土中的真实强度，只能间接反映轻粗骨料的相对强度大小，真实承压强度比筒压强度高得多（约为筒压强度的 4～5 倍），所以，技术规程中还规定采用强度等级来评定粗骨料的强度。

表 5-42 轻粗骨料的筒压强度及强度等级

密度等级	筒压强度/MPa		强度等级/MPa	
	碎石型	普通和圆球型	普通型	圆球型
300	0.2/0.3	0.3	3.5	3.5
400	0.4/0.5	0.5	5.0	5.0
500	0.6/1.0	1.0	7.5	7.5
600	0.8/1.5	2.0	10	15
700	1.0/2.0	3.0	15	20
800	1.2/2.5	4.0	20	25
900	1.5/3.0	5.0	25	30
1000	1.8/4.0	6.5	30	40

注：碎石型天然轻骨料取斜线以左值；其它碎石型轻骨料取斜线以右值。

轻骨料的强度越高，其强度等级也越高，所谓强度等级，即某种轻粗骨料配制混凝土的合理强度值。例如：强度等级为 30MPa 的轻粗骨料，最适合配制 CL30 的轻骨料混凝土。

④ 吸水率 由于轻骨料孔隙较多，所以其吸水率比普通砂、石要大，而且它显著影响混凝土拌合物的和易性、水灰比、强度及耐久性。在设计配合比时，若采用干燥骨料，则必须根据骨料吸水率的大小，再多加一部分被骨料吸收的附加水量。规程规定，轻砂和天然轻粗骨料的吸水率不作规定，其它轻粗骨料的吸水率不应大于 22%。

5.11.1.2 轻骨料混凝土的技术性质

（1）和易性

轻骨料混凝土的和易性及其评定方法与普通混凝土的相同，影响其和易性的因素也基本与普通混凝土的相似，但是，轻骨料对混凝土拌合物和易性的影响比普通骨料更大（轻骨料吸水性很强）。与普通混凝土拌合物相比，轻骨料混凝土拌合物的黏聚性、保水性好，但流动性较差。轻骨料混凝土自重轻，其自重坍落趋势轻于普通混凝土，但施工时受振动后表现出的流动性基本接近普通混凝土。由于轻骨料吸水性强，在设计配合比时，必须考虑轻骨料的吸水问题，轻骨料混凝土拌合物的用水量为净用水量（即提供水泥水化、润滑和提高流动性的用水量）和附加用水量之和。拌制时轻骨料要事先预湿，拌制后应尽早使用，测得混凝土拌合物和易性的时间也应严格控制，一般在拌和后 15～30min 内进行。

（2）表观密度

轻骨料混凝土的表观密度对其强度、保温性能和自重等性质都起着至关重要的作用，所以在工程中可通过选择轻骨料混凝土的表观密度来满足工程要求。轻骨料混凝土按其干表观密度分为十二个密度等级，每一个密度等级有一定的变化范围，某一密度等级的轻骨料混凝土的密度标准值，择取该密度等级变化范围的上限，即取其密度等级值加 $50kg/m^3$。如 1800 的密度等级，其密度标准值为 $1850kg/m^3$。见表 5-43。

表 5-43　轻骨料混凝土的密度等级及密度变化范围

密度等级	800	900	1000	1100	1200	1300
密度变化范围/(kg/m^3)	760～850	860～950	960～1050	1060～1150	1160～1250	1260～1350
密度等级	1400	1500	1600	1700	1800	1900
密度变化范围/(kg/m^3)	1360～1450	1460～1550	1560～1650	1660～1750	1760～1850	1860～1950

（3）强度

轻骨料混凝土按其立方体抗压强度标准值划分为 11 个强度等级：CL5.0、CL7.5、CL10、CL15、CL20、CL25、CL30、CL35、CL40、CL45、CL50。

轻骨料混凝土按用途分为三类，见表 5-44。

表 5-44　轻骨料混凝土的分类

类　别	保温轻骨料混凝土	结构保温轻骨料混凝土	结构轻骨料混凝土
混凝土强度等级的合理范围	CL5.0	CL5.0、CL7.5、CL10、CL15	CL15、CL20、CL25、CL30、CL35、CL40、CL45、CL50
混凝土密度等级的合理范围	800	800～1400	1400～1900
用途	主要用于保温围护结构或热工构筑物	主要用于既承重又保温的围护结构	主要用于承重构件或构筑物

轻骨料混凝土的筒压强度较低，但却能配制出强度比筒压强度高几倍的轻骨料混凝土，原因是轻骨料表面粗糙又多孔，其吸水作用使其表面局部呈低水灰比，从而提高了骨料表面附近水泥石的密实度及骨料与水泥石界面的粘接强度，使骨料界面不再是受力时的薄弱环节。混凝土受力破坏时，裂纹不是发生在轻骨料与水泥石的界面，而是水泥石或轻骨料本身先遭破坏，或水泥石和骨料同时破坏。所以，决定轻骨料混凝土强度的因素是水泥石强度和轻骨料的强度。当采用一定品种、数量、强度的多孔骨料配制混凝土时，只能配制出一定强度范围的混凝土，若用该骨料配制更高强度的混凝土，即使再提高砂浆强度，耗费大量的水泥，也难以实现。

（4）变形

因为轻骨料的刚性较普通骨料的小，阻止水泥石收缩的作用小，所以轻骨料混凝土的应变能力较普通混凝土的要强些。轻骨料混凝土的干缩和徐变较普通混凝土分别大 20%～

50％和30％～60％，弹性模量较普通混凝土的低25％～50％，热膨胀系数较普通混凝土要小20％左右。因为轻骨料混凝土的弹性模量较低，所以其抗震性较好。

（5）抗冻性

轻骨料混凝土的抗冻性较普通混凝土的要好些，因为轻骨料内部孔隙较多，通常吸水达不到饱和状态，当孔隙内水分结冰时，有足够的空间供缓冲之用。所以抗冻性较好。影响轻骨料混凝土抗冻性的主要因素与普通混凝土相似，也取决于水泥砂浆的强度和密实度，所以对有抗冻要求的轻骨料混凝土，也应限制其最大水灰比和最小水泥用量。

（6）热工性

轻骨料混凝土具有良好的保温、隔热性能，并随着表观密度的增大，其保温、隔热性能降低。当表观密度为1000kg/m³时，热导率为0.28W/(m·K)；当表观密度为1400kg/m³和1800kg/m³时，热导率为0.49W/(m·K)和0.87W/(m·K)。当含水率增大时，热导率也随之增大。

5.11.1.3　轻骨料混凝土配合比设计、施工要点

① 轻骨料混凝土配合比设计基本要求与普通混凝土相似，除满足强度、和易性、耐久性、经济性外，还应满足表观密度的要求。

② 砂轻混凝土应采用绝对体积法（与普通混凝土基本相同）；全轻混凝土应采用松散体积法。

③ 轻骨料混凝土的拌和用水量为净用水量与附加用水量之和。

④ 由于轻骨料易上浮，不易搅拌，所以应采用强制式搅拌机，且搅拌时间较普通混凝土要略长一些。

⑤ 配制轻骨料混凝土的水泥强度等级应与混凝土强度等级相适应。

⑥ 为减少混凝土拌合物坍落度损失和离析，应尽量缩短运输距离，拌合物从搅拌机卸料到浇筑入模的时间，不宜超过45min。

⑦ 为减少轻骨料上浮，施工中最好采用加压振捣，且振捣时间以捣实为准，不宜过长。

⑧ 浇筑成型后，要及时覆盖并洒水养护，以防表面失水太快产生网状裂缝。养护时间应不少于7～14d。

5.11.1.4　应用

轻骨料混凝土主要用于高层和多层建筑、软土地基、大跨度结构、抗震结构、要求节能的建筑及旧建筑的加层等。

5.11.2　大孔混凝土

以粒径相近的粗骨料、水泥和水配制而成的混凝土称为大孔混凝土（也称无砂混凝土）。大孔混凝土的特点是水泥浆用量少，水泥浆只起包裹粗骨料表面和粘接粗骨料的作用，而不填充粗骨料的孔隙。粗骨料可采用普通粗骨料和轻粗骨料。大孔混凝土的强度及表观密度与骨料的品种、颗粒级配有关。采用轻粗骨料配制的混凝土，表观密度一般为500～1500kg/m³，抗压强度为2.5～7.5MPa；采用普通粗骨料配制的混凝土，表观密度一般为1500～1900kg/m³，抗压强度为3.5～10MPa；采用单一粒级配制的大孔混凝土较混合粒级的混凝土表观密度小，强度低，但均质性好，保温性好，吸湿性较小，收缩性较小。

大孔混凝土可用于制作墙体材料的小型空心砌块及板材，也可用于现浇墙体、滤水管、滤水板等用于市政工程。

5.11.3 多孔混凝土

不含骨料、内部含有大量细小封闭气孔的轻质混凝土称为多孔混凝土。多孔混凝土的空隙率大，一般可达 50%～85%，表观密度一般在 300～1200kg/m³ 之间，热导率为 0.08～0.29W/(m·K)，强度为 0.5～1.5MPa，所以多孔混凝土是一种轻质多孔材料。按气孔产生的方法不同，多孔混凝土分为加气混凝土和泡沫混凝土。加气混凝土的生产较稳定，其气孔大小、分布更均匀，所以它的生产、发展较快，应用较广。

5.11.3.1 加气混凝土

加气混凝土是用含钙材料（水泥、石灰等）、含硅材料（石英砂、粉煤灰、粒化高炉矿渣等）和发气剂为原料，经过磨细、配料、搅拌、浇注、成型、切割和蒸汽养护（0.8～1.5MPa 下养护 6～8h）等工序而得的多孔混凝土。

在干燥状态下，其物理、力学性能见表 5-45。

表 5-45 压蒸加气混凝土的物理、力学性能

表观密度/(kg/m³)	抗压强度/MPa	抗拉强度/MPa	弹性模量/MPa	热导率/[W/(m·K)]
500	3.0～4.0	0.3～0.4	1.4×10^3	0.12
600	4.0～5.0	0.4～0.5	2.0×10^3	0.13
700	5.0～6.0	0.5～0.6	2.2×10^3	0.16

加气混凝土除具有一定的强度外，其保温隔热、防火性较好，容易加工，施工方便，耗能少。但干缩较大，吸湿性强，吸水率大，耐久性较差。在我国，加气混凝土可制成砌块和条板，条板中配有经防腐处理过的钢筋或钢丝网，主要用于承重或非承重的内、外墙或保温屋面等，也可与普通混凝土制成复合墙板，还可做成各种保温制品。

5.11.3.2 泡沫混凝土

将水泥浆和泡沫拌和后，经浇注、成型、养护硬化而得的多孔混凝土称为泡沫混凝土。泡沫由泡沫剂经过搅拌（或喷吹）而得。

泡沫混凝土可采用自然养护、蒸汽养护和蒸压养护。采用自然养护时，水泥强度等级应不小于 32.5，否则强度太低；采用蒸汽养护或蒸压养护时，不仅可缩短养护时间，而且能提高强度，还可采用部分硅质材料和钙质材料代替水泥，降低成本。

泡沫混凝土的技术性能和应用，与相同表观密度的加气混凝土相似。泡沫混凝土可在现场直接浇筑，用作屋面保温层。

5.12 其它品种混凝土

5.12.1 抗渗混凝土

抗渗等级≥P6 级的混凝土称为抗渗混凝土。主要用于水工工程、地下基础工程、屋面防水工程等。

配制抗渗混凝土应尽量减少混凝土的孔隙率，特别是开口孔隙率，改善孔隙结构，堵塞、切断连通的毛细孔。常用的配制抗渗混凝土方法如下。

5.12.1.1 骨料级配法

通过改善骨料级配，使骨料本身达到最大密实度的堆积状态。为了进一步降低空隙率，

可加入占骨料量5%~8%的粒径小于0.16mm的粉料，严格控制水灰比、用水量及拌合物的和易性，使混凝土的结构密实。

5.12.1.2 富水泥浆法

采用较高的水泥用量和砂率及较小的水灰比，提高水泥浆的质量和数量，从而降低混凝土的空隙率，增加密实性。

5.12.1.3 掺外加剂法

掺入适当的外加剂，如减水剂、引气剂、防水剂等，可显著降低孔隙率，改善孔隙结构，提高密实度。掺外加剂的方法，施工简单，质量可靠，造价低，是目前主要使用的配制抗渗混凝土的方法。

5.12.1.4 特殊水泥法

用无收缩、不透水的水泥、膨胀水泥等特殊水泥配制抗渗混凝土，以减少裂缝，提高密实度，从而提高混凝土的抗渗性。

5.12.2 高强混凝土

强度等级≥C60的混凝土称为高强混凝土。高强混凝土具有强度高、耐久性好、变形小等特点。高强混凝土能适应现代大跨度、重载、高耸及恶劣环境条件的需要。

高强混凝土的配制宜选用质量稳定、高强度等级（≥42.5级）的硅酸盐水泥或普通硅酸盐水泥。宜掺入活性较好的矿物掺合料，并应复合使用掺和料。水泥用量不应大于550kg/m³，水泥和矿物掺合料的总量不应大于600kg/m³。配制混凝土时，可掺入高效减水剂或缓凝高效减水剂。

强度等级为C60的混凝土，粗骨料最大粒径不大于31.5mm，强度等级大于C60的混凝土，粗骨料最大粒径不大于25mm。针、片状颗粒含量不大于5%，含泥量不大于0.5%，泥块含量不大于0.2%，其它技术指标应符合现行《建筑用碎石、卵石》（GB/T 14685—2011）的规定。

高强混凝土应选用细度模数大于2.6，含泥量不大于2.0%，泥块含量不大于0.5%的细骨料。其它指标应符合有关规定。

高强混凝土配合比的设计方法、步骤与普通混凝土配合比相似，可参照《普通混凝土配合比设计规程》（JGJ 55—2011）中的有关规定。

5.12.3 大体积混凝土

混凝土结构物的最小尺寸≥1m，或预计会因水泥水化导致混凝土内外温差过大出现裂缝的混凝土称为大体积混凝土。如大型水坝、桥墩、高层建筑的基础等所用混凝土，要按大体积混凝土进行设计和施工。

大体积混凝土应选用低热、凝结时间长的水泥。如低热矿渣硅酸盐水泥、中热硅酸盐水泥、矿渣硅酸盐水泥、粉煤灰硅酸盐水泥、火山灰硅酸盐水泥等。若采用普通硅酸盐水泥或硅酸盐水泥时，要采取延缓水化热释放的措施，可掺用缓凝剂、减水剂和能减少水泥水化热的掺和料。

大体积配合比的设计和试配可参照《普通混凝土配合比设计规程》（JGJ 55—2011）中的有关规定，并应验算和测定水化热。

5.12.4 泵送混凝土

坍落度一般在80~220mm，可用混凝土泵输送的混凝土称为泵送混凝土。泵送混凝土应具有顺利通过管道、摩擦阻力小（即可泵性）及黏聚性和保水性良好等特点。

泵送混凝土要掺入泵送剂，有时也要掺入粉煤灰或其它活性掺合料。

泵送混凝土适用于狭窄的施工场地、大体积混凝土结构物和高层建筑施工，它可一次连续完成水平运输和垂直运输，节省劳动力，工作效率高。

5.12.5 纤维混凝土

以混凝土为基体，外掺各种纤维材料制成的混凝土称为纤维混凝土。混凝土中掺入纤维后可提高混凝土的力学性能，如提高抗压、抗拉、抗弯及冲击韧性等。还能有效改善混凝土的脆性。纤维混凝土的冲击韧性为普通混凝土的5～10倍，初裂抗弯强度提高2.5倍，劈裂抗拉强度提高1.4倍。

纤维混凝土主要用于非承重结构，薄壁、薄板结构及抗冲击性要求高的工程，如飞机跑道、高速公路、桥面、管道等。

5.12.6 防辐射混凝土

能屏蔽X射线、γ射线或中子辐射的混凝土称为防辐射混凝土。因为材料对射线的吸收能力与其表观密度成正比，所以防辐射混凝土应采用重骨料配制，常用的重骨料有：重晶石（表观密度4000～4500kg/m³）、赤铁矿、磁铁矿、钢铁碎块等。在混凝土中掺入硼化物和锂盐等物质可提高防御中子辐射的性能。胶凝材料采用硅酸盐水泥或铝酸盐水泥，最好采用硅酸钡、硅酸锶等重水泥。

防辐射混凝土适用于原子能工业及使用放射性同位素的装置，如反应堆、加速器、放射化学装置等的防护结构。

5.13 混凝土实训项目

通过实训操作，掌握混凝土用砂、石的筛分试验基本方法和技能，学会正确使用所用的仪器设备。并掌握应用砂、石的筛分试验来评定砂的粗细程度、砂、石颗粒级配的方法。通过普通混凝土试验，掌握混凝土拌合物和易性的评定及混凝土抗压强度的测定方法。

5.13.1 混凝土用骨料试验

5.13.1.1 试验依据

《建筑用砂》（GB/T 14684—2011）及《建筑用卵石、碎石》（GB/T 14685—2011）。

5.13.1.2 取样方法及数量

砂、石的验收要按同产地、同规格、同类别分批进行，每批总量不大于400m³或600t。

在均匀分布的砂料堆上的8个不同部位，抽取大致相等的砂共8份，倒在平整、洁净的拌板上，拌和均匀。用四分法缩取各试验用试样数量。四分法的基本步骤是：将拌匀试样摊成20mm厚的圆饼，在饼上划十字线，将其分成大致相等的四份，除去其中对角线的两份，将其余两份再按上述四分法缩取，直到缩分后的试样质量略大于该项试验所需数量为止。

每组样品的取样数量，对每一单项试验，要不小于表5-46规定的最少取样量。做几项试验时，如确能保证试样经一项试验后不致影响另一项试验的结果，可用同一试样进行几项不同的试验。

表 5-46　单项试验的最少取样量

骨料种类＼试验项目	砂/kg	碎石或卵石/kg							
		骨料最大粒径/mm							
		9.5	16.0	19.0	26.5	31.5	37.5	63.0	75.0
颗粒级配	4.4	9.5	16.0	19.0	25.0	31.5	37.5	63.0	80.0
体积密度	2.6	8.0	8.0	8.0	8.0	12.0	16.0	24.0	24.0
堆积密度	5.0	40.0	40.0	40.0	40.0	80.0	80.0	120.0	120.0

在石料堆上，自料堆的顶、中、底三个不同高度处，在各个均匀分布的 5 个不同部位取大致相等试样各一份，共取 15 份（取样时，要先将取样部位的表层铲除，于较深处铲取），并将其倒在平整、洁净的拌板上，拌和均匀，堆成锥体，用四分法缩取各项试验所需的试样数量。

5.13.1.3　砂的筛分试验（实训）

（1）主要仪器设备

① 标准筛　孔径为 9.50mm、4.75mm、2.36mm、1.18mm、0.60mm、0.30mm、0.15mm 的方孔筛，并附有筛底和筛盖。

② 天平　称量 1kg，感量 1g。

③ 电动摇筛机。

④ 烘箱　温度可控制在（105±5）℃。

（2）实训步骤

① 按规定方法取样约 1100g，放在烘箱中于（105±5）℃下烘干至恒重，冷却至室温后，筛除大于 9.50mm 的颗粒（并算出其筛余百分率），分为大致相等的两份备用。

② 称取试样 500g，准确至 1g。将筛按孔径从大到小组合并附上筛底，将 500g 试样倒入最上层筛中，然后进行筛分。

③ 将套筛置于摇筛机上，摇筛 10min 左右，取下套筛，按筛孔大小顺序在逐个用手筛至每分钟通过量小于试样总量的 0.1% 为止，通过的砂并入下一号筛中，并和下一号筛中的试样一起过筛，这样按顺序进行，直至各号筛全部筛完为止。

④ 称取各筛的筛余量（准确至 1g），试样在各筛上的筛余量不得超过按下式计算出的量。

$$G = \frac{Ad^{1/2}}{200}$$

式中　G——在一个筛上的筛余量，g；

　　　A——筛的面积，mm^2；

　　　d——筛孔尺寸，mm。

若超过时应将该筛上试样分成两份，再进行筛分，以两次筛余量之和作为该筛的筛余量。

⑤ 各筛的筛余量和底盘中剩余量的总和与筛分前试样总量相比，其相差不得超过 1%。若超过 1%，须重做试验。

（3）结果计算与评定

① 计算分计筛余百分率　各筛的筛余量除以试样总质量的百分率，计算精确至 0.1%。

② 计算累计筛余百分率 该筛的分计筛余百分率与大于该筛的各筛上分计筛余百分率之和，精确至 0.1%。

③ 根据累计筛余百分率，绘制筛分曲线，评定砂的颗粒级配是否合格。

④ 按下式计算砂的细度模数（精确至 0.01）。

砂的细度模数 $M_x = \dfrac{(A_2 + A_3 + A_4 + A_5 + A_6) - 5A_1}{100 - A_1}$

⑤ 累计筛余百分率取两次试样结果的算术平均值，精确至 1%。细度模数取两次试样结果的算数平均值，精确至 0.1；若两次试样的细度模数之差超过 0.20 时，须重做试验。

5.13.1.4 石子颗粒级配（筛分析）试验（实训）

（1）主要仪器设备

① 标准筛 孔径为 90mm、75.0mm、63.0mm、53.0mm、37.5mm、31.5mm、26.5mm、19.0mm、16.0mm、9.50mm、4.75mm、2.36mm 的方孔筛各一只，并附有筛底和筛盖（筛框内径为 300mm）。

② 天平或案秤 称量不小于 5kg，感量 1g。

③ 电动摇筛机。

④ 烘箱 温度可控制在（105±5）℃。

（2）实训步骤

① 按规定方法取样，并将试样缩分至略大于表 5-47 规定的数量，烘干或风干后备用。

表 5-47 筛分析所需试样的最小试验用量

石子最大粒径/mm	9.5	16.0	19.0	26.5	31.5	37.5	63.0	75.0
最小试样用量/kg	1.9	3.2	3.8	5.0	6.3	7.5	12.6	16.0

② 称取按表规定数量的试样一份，准确至 1g。将筛按孔径从大到小组合并附上筛底，将试样倒入最上层筛中，然后进行筛分。

③ 将套筛置于摇筛机上，摇筛 10min 左右，取下套筛，按筛孔大小顺序在逐个用手筛至每分钟通过量小于试样总量的 0.1% 为止，通过的石子并入下一号筛中，并和下一号筛中的试样一起过筛，这样按顺序进行，直至各号筛全部筛完为止。在筛余颗粒的粒径大于 19.0mm 时，在筛分过程中，允许用手指拨动颗粒。当每号筛上筛余层的厚度大于试样的最大粒径时，应将该筛上试样分成两份，再进行筛分，以两次筛余量之和作为该筛的筛余量。

④ 称取各筛的筛余量（准确至 1g）。

（3）结果计算与评定

① 计算分计筛余百分率 各筛的筛余量除以试样总质量的百分率，精确至 0.1%。

② 计算累计筛余百分率 该筛的分计筛余百分率与大于该筛的各筛上分计筛余百分率之和，精确至 1%。筛分后，若每号筛的筛余量与筛底的筛余量之和同原试样质量之差超过 1% 时，须重做试验。

③ 根据各号筛的筛余百分率，对照颗粒级配表，评定该试样的颗粒级配。

5.13.2 普通混凝土试验（实训）

5.13.2.1 一般规定

混凝土工程施工中，取样进行混凝土试验时，取样方法和原则要根据现行《混凝土结构工程施工质量验收规范》(2010 版)(GB 50204—2002) 及《混凝土强度检验评定标准》（GB/T 50107—2010）有关规定进行。

拌制混凝土的原材料要符合技术要求，并与施工实际用料相同。在拌和前，材料的温度要与室温（应保持 20℃±5℃）相同。水泥若有结块现象，要用 64 孔/cm² 筛过筛，筛余团块不得使用。

拌制混凝土的材料用量以质量计。称量的精确度为 ±1%，水、水泥及混合材料为 ±0.5%。

5.13.2.2　主要仪器设备

① 混凝土搅拌机　容量 75～100L，转速 18～22r/min。

② 磅秤　称量 50kg，感量 50g。

③ 天平　称量 5kg，感量 1g。

④ 量筒　500mL、1000mL。

⑤ 拌板　1.5m×2m 左右。

⑥ 拌铲、盛器、抹布等。

5.13.2.3　拌和步骤

（1）人工拌和

① 按所定配合比称取各材料用量。

② 将拌板和拌铲用湿布润湿后，把称好的砂倒在铁拌板上，然后加水泥，用铲自拌板一端翻拌至另一端，如此反复，拌至颜色均匀，再加入石子翻拌混合均匀。

③ 将干混合料堆成堆，在中间做一凹槽，将已称量好的水倒一半在凹槽中，仔细翻拌，注意不要使水流出。然后再加入剩余的水，继续翻拌，直至拌和均匀为止。

④ 要尽快拌和均匀，拌和时间自加水算起，应符合标准规定。

拌合物体积为 30L 以下时，拌和时间 4～5min；

拌合物体积为 30～50L 时，拌和时间 5～9min；

拌合物体积为 51～75L 时，拌和时间 9～12min。

拌好后，按照试验要求，立即做坍落度测定或试件成型。从开始加水到全部操作结束，必须在 30min 内完成。

（2）机械搅拌

① 按给定的配合比称取各材料用量。

② 用按配合比称量的水泥、水、砂及少量石子在搅拌机中预拌一次，使水泥砂浆部分黏附在搅拌机的内壁及叶片上，并刮去多余砂浆，以避免影响正式搅拌时的配合比。

③ 依次向搅拌机内加入石子、砂和水泥，开动搅拌机干拌均匀后，再将水徐徐加入，全部加料时间不超过 2min，加完水后再继续搅拌 2min。

④ 将拌合物从搅拌机卸出，倾倒在铁板上，再经人工拌和 2～3 次，即可做拌合物的各项性能试验或成型试件。从开始加水到全部操作结束，必须在 30min 内完成。

5.13.2.4　普通混凝土拌合物和易性的测定

测定混凝土拌合物的和易性应以测流动性为主，兼顾黏聚性和保水性。流动性的测定有坍落度和维勃稠度两种方法，坍落度法适用于坍落度值不小于 10mm，骨料最大粒径不大于 40mm 的混凝土拌合物的稠度测定；维勃稠度法适用于骨料最大粒径不超过 40mm，维勃稠度在 5～30s 之间的混凝土拌合物的稠度测定。

（1）坍落度法

① 主要仪器设备

a. 标准坍落度筒　坍落度筒（形状、尺寸大小如图 5-20 所示）为金属制截头圆锥形，上下截面必须平行并与锥体轴心垂直，筒外两侧焊有把手两只，近下端两侧焊有脚踏板，圆锥筒内表面必须光滑。

b. 其它用具　捣棒（断部要磨圆）、装料漏斗、小铁铲、钢直尺、镘刀、拌板等。

② 实训步骤

a. 首先用湿布擦拭坍落度筒及其它用具，将坍落度筒置于铁板上，漏斗置于坍落度筒顶部并用双脚踩紧踏板（使其位置固定）。

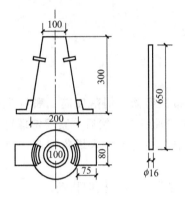

图 5-20　标准坍落度筒（单位：mm）

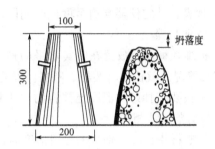

图 5-21　坍落度试验（单位：mm）

b. 用小铲将拌好的拌合物分三层装入筒内，每层装入高度约为筒高的 1/3，每层要用捣棒沿螺旋方向由边缘向中心插捣 25 次。插捣底层时应贯穿整个深度，插捣其它层时，要插至下一层的表面。

c. 插捣完毕，除去漏斗，用镘刀刮去多余拌合物并抹平。清除筒四周拌合物，在 5～10s 内垂直平稳的提起坍落度筒，将筒放在拌合物试体一旁，量出坍落后试体最高点与筒高之间的距离（以 mm 计，读数精确至 5mm），即为混凝土拌合物的坍落度（见图 5-21）。

d. 混凝土拌合物黏聚性、保水性评定。

若坍落度筒提起后，混凝土发生崩坍或一边剪坏现象，则要重新取样另行测定。若第二次试验仍出现上述现象，则表示该混凝土和易性不好，应预记录备查。

黏聚性的检查方法是用捣棒在已坍落的混凝土锥体侧面轻轻敲打，若锥体整体慢慢下沉，则表示黏聚性良好，若锥体倒塌、部分崩裂或出现离析现象，则表示黏聚性不好。

保水性以拌合物中稀浆析出的程度来评定，坍落筒提起后，若有较多的稀浆从底部析出，锥体部分的混凝土也因失浆而骨料外露，则说明混凝土拌合物保水性差，若坍落筒提起后，无稀浆或仅有少量稀浆从底部析出，则说明混凝土拌合物保水性良好。

（2）维勃稠度法

① 主要仪器设备

a. 维勃稠度仪　由振动台、坍落度筒、容器、旋转架（测杆、圆盘和荷重块）组成。其振动频率为（50±3）Hz，装有空容器时台面振幅应为（0.5±0.1）mm。维勃稠度仪见图 5-22。

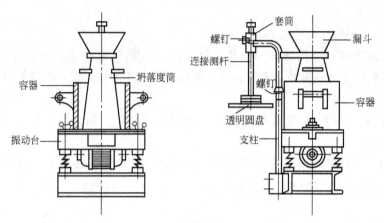

图 5-22 维勃稠度仪

b. 秒表。其它仪器与坍落度试验相同。

② 实训步骤

a. 把维勃稠度仪放置在坚实水平的地面上,用湿布把容器、坍落度筒、喂料斗内壁及其它用具擦湿。就位后将测杆、喂料斗及容器调整在同一轴线上,然后拧紧固定螺钉。

b. 把按要求拌好的混凝土拌合物用小铲分三层经喂料斗均匀装入坍落度筒,装料与捣实方法与坍落度法相同。

c. 将喂料斗转移,垂直提起坍落度筒,应注意不使混凝土试体横向扭动。

d. 将透明圆盘转到混凝土试体顶面,放松测杆螺钉,降下圆盘,使其轻轻接触到混凝土顶面,拧紧定位螺钉,并检查测杆螺丝是否已经完全放松。

e. 开启振动台,同时用秒表计时,当振动到透明圆盘的底面被水泥浆布满的瞬间停表计时,并关闭振动台。

③ 试验结果确定　由秒表读出的时间(s)即为该混凝土拌合物的维勃稠度值,精确至 1s。

5.13.2.5　普通混凝土抗压强度试验(实训)

(1)主要仪器设备

① 压力试验机　精度不低于±2%,试验时应以试件最大荷载选择压力机量程,使试件破坏时的荷载位于全量程的 20%～80%范围内。

② 振动台　振动频率为(50±3)Hz,空载振幅约为 0.5mm。

③ 其它用具　搅拌机、试模、捣棒、镘刀等。

(2)试件的制作

① 抗压强度试验一般采用立方体试件,以龄期分组,每组 3 个试件,混凝土试件尺寸大小按骨料最大粒径选定(见表 5-48)。

表 5-48　混凝土试件尺寸及强度值换算系数

骨料最大粒径/mm	试件尺寸/mm³	每层插捣次数	每组需混凝土量/kg	强度值换算系数
31.5	100×100×100	12	9	0.95
40	150×150×150	25	30	1.00
60	200×200×200	50	65	1.05

② 制作前应将试模擦拭干净，内壁涂一层矿物油脂。

③ 试件成型方法应视混凝土稠度而定，一般坍落度小于 70mm 的混凝土，用振动台振实，大于 70mm 的混凝土用捣棒人工捣实。

当用振动台捣实时，将拌合物一次装入试模，并稍有富余，然后将试模放在振动台上并加以固定。开动振动台，振至拌合物表面呈现水泥浆时为止，记录振动时间。振动结束后，用镘刀沿试模边缘将多余的拌合物刮去，并将表面抹平。

当用人工捣实时，拌合物分两层装入试模，每层厚度大致相等。插捣按螺旋方向从边缘向中心均匀进行。插捣底层时，捣棒应达到试模底面，插捣上层时，捣棒应穿入下层深度 20～30mm。插捣时，捣棒应保持垂直，并用镘刀沿内壁插入数次。每层插捣次数见表 5-48（一般 100cm^2 面积不少于 12 次），然后刮除多余的混凝土，并用镘刀抹平。

（3）试件的养护

① 试件成型后应覆盖，防止水分蒸发，并在室温为（20±5）℃情况下至少静置 1d（但不得超过 2d），然后编号拆模。

② 拆模后的试件应立即放在温度为（20±3）℃、相对湿度为 90% 以上的标准养护室中养护。在标准养护室内，试件应放在架上，彼此间隔为 10～20mm，应避免直接冲淋试件。无标准养护室时，混凝土试件可放在（20±3）℃的不流动水中养护。水的 pH 值不应大于 7。

③ 试件成型后，需与构件同条件养护时，应覆盖其表面，试件拆模时间可与实际构件的拆模时间相同。拆模后的试件仍应保持与构件相同的养护条件。

（4）抗压强度测定

① 试件从养护地点取出后应及时进行试验，以免试件内部的温度、湿度发生显著变化。

② 试件在试压前要擦拭干净，测量尺寸，并检查其外观，试件尺寸测量应精确至 1mm，并据此计算试件的承压面积值（A）。试件不得有明显缺损，其承压面的不平度要求不超过 0.05%，承压面与相临面的不垂直偏差不超过 ±1°。

③ 将试件放在试验机承压板中心，试件的承压面与成型面垂直。开动试验机，当上压板与试件接近时，调整球座，使其接触均衡。

④ 加荷时要连续、均匀，加荷速度为：混凝土强度等级 <C30 时，取 0.3～0.5MPa/s；≥C30 时，取 0.5～0.8MPa/s。当试件接近破坏而开始迅速变形时，停止调整试验机油门，直至试件破坏。记录破坏荷载（F）。

（5）结果计算

① 混凝土立方体抗压强度按下式计算。

$$f_{cu} = \frac{F}{A}$$

式中　F——试件破坏荷载，N；

　　　A——试件承压面积，mm^2；

　　　f_{cu}——混凝土立方体抗压强度，MPa。

② 以三个试件测定值的算术平均值作为该组试件的抗压强度值（精确至 0.1MPa）；若三个测定值中的最大值或最小值中有一个与中间值的差超过中间值的 15%，则把最大值和最小值一并舍去，直接取中间值作为该组试件的抗压强度值；若最大值和最小值与中间值的差均超过中间值的 15%，则该组试件的试验结果无效。

③ 取 150mm×150mm×150mm 试件的抗压强度值为标准值，其它尺寸试件测得的抗压强度值均应乘以换算系数，换算成标准值（见表 5-38）。当混凝土强度等级≥C60 时，宜采用标准试件（150mm×150mm×150mm），使用非标准试件时，换算系数应由试验确定。

※5.13.2.6　混凝土非破损试验

用回弹法检测混凝土抗压强度。

混凝土的强度可根据《回弹法检测混凝土抗压强度技术规程》（JGJ/T 23—2011）规定，用回弹仪测定，回弹法作为无损检测方法之一，主要用于检测混凝土的抗压强度，其检测结果只能作为评价现场混凝土强度或处理混凝土质量问题的依据之一，不能用作评定混凝土抗压强度。

回弹法不适用于：表层与内部质量有明显差异或内部存在缺陷的混凝土结构或构件的检测，掺有引气型外加剂的混凝土，特殊成型工艺或表面曲率半径小于 250mm 的混凝土，混凝土龄期超过 1000d，混凝土抗压强度超过 60MPa，表面潮湿或浸水的混凝土及粗骨料最大粒径大于 60mm 的混凝土。

① 主要仪器设备

a. 回弹仪　中型回弹仪主要由弹击系统、示值系统和仪壳部件等组成，冲击功能为 2.207J。

b. 钢砧　要求洛氏硬度 RHC 为 60±2。

② 实训步骤

a. 回弹仪率定　将回弹仪垂直向下在钢砧上弹击，取三次的稳定回弹值进行平均，弹击杆应分四次旋转，每次旋转约 90°，弹击杆每旋转一次的率定平均值均应符合 80±2 的要求，否则不能使用。

b. 混凝土构件测区与测面布置　每一构件至少应选取 10 个测区，相邻两测区间距不超过 2m，测区应均匀分布，并且具有代表性（测区宜选在测面为好）。每个测区宜有两个相对的测面，每个测面约为 20cm×20cm。

c. 检测面的处理　测面应平整光滑，必要时可用砂轮做表面加工，测面要自然干燥。每个测面上布置 8 个测点，若一个测区只有一个测面，应选 16 个测点，测点要均匀分布。

d. 回弹值测定　将回弹仪垂直对准混凝土表面并轻压回弹仪，使弹击杆伸出，挂钩挂上冲锤，将回弹仪弹击杆垂直对准测试点，缓慢均匀地施压，待冲锤脱钩冲击弹击杆后，冲锤即带动指针向后移动直至到达一定位置时，即读出回弹值（精确至 1）。

③ 试验结果处理

a. 回弹值计算　从测区的 16 个回弹值中分别剔除 3 个最大值和 3 个最小值，取其余 10 个回弹值的算术平均值，计算至 0.1，作为该测区水平方向测试的混凝土平均回弹值（N）。

b. 回弹值测试角度及浇筑面修正　若为非水平方向和浇筑面或底面时，按有关规定先进行角度修正，然后再进行浇筑修正。

c. 混凝土表面碳化后其硬度会提高，测出的回弹值将增大，故当碳化深度大于或等于 0.5mm 时，其回弹值应按有关规定进行修正。

d. 根据室内试验建立的强度（f_{cu}）与回弹值（N）关系曲线，查得构件测区混凝土强度值。

e. 计算混凝土构件强度平均值（精确至 0.1MPa）和强度标准差（精确至 0.01MPa），最后计算出混凝土构件强度推定值（精确至 0.1MPa）。

小 结

混凝土的知识是建筑材料课程的重点之一。本章以普通混凝土为学习重点，较为详尽地讲述了有关混凝土的品种，组成材料的技术要求，混凝土技术性能和影响性能的因素，新拌混凝土的和易性，硬化混凝土的力学性能及耐久性，混凝土的外加剂，普通混凝土的配合比设计等内容。

在混凝土组成材料中，水泥作为胶凝材料，是关键的、最重要的成分，应将已学过的水泥知识运用到混凝土中来。作为粗、细骨料的石子和砂子，应掌握它们在配制混凝土时的技术要求。

混凝土配合比设计，要求掌握水灰比、砂率、用水量及其它一些因素对混凝土全历程性能的影响。正确处理三者之间的关系及其定量的原则，熟练地掌握配合比计算及调整方法。应当明确，配合比设计正确与否必须通过试验的检验确定。

外加剂是改善混凝土性能的有效措施之一，已得到广泛的应用，被视为组成混凝土的第五种原材料。所以对它们的类别、性质和使用条件及作用机理都应有所了解。

在学习普通混凝土知识的基础上，还应了解道路水泥混凝土及其它品种混凝土的知识。可通过对比普通混凝土与其它混凝土的异同点，掌握其它混凝土所独具的特性及配制、施工特点和方法。

能力训练习题

1. 单项选择题

(1) 试拌混凝土时，若混凝土拌合物的流动性小于设计要求时，应增大（　　）。

　　A. 用水量　　　　　B. 水胶比　　　　　C. 水泥用量　　　　　D. 水泥浆量

(2) 设计混凝土配合比时，配制强度要高于强度等级，提高幅度的多少主要取决于（　　）。

　　A. 设计要求的强度保证率

　　B. 对坍落度的要求

　　C. 施工水平的高低

　　D. 要求的强度保证率和施工水平的高低

(3) 混凝土强度等级是按照什么划分的？（　　）

　　A. 立方体抗压强度值　　　　　　　　B. 立方体抗压强度标准值

　　C. 立方体抗压强度平均值　　　　　　D. 棱柱体抗压强度值

(4) 大体积混凝土工程常用的外加剂是（　　）。

　　A. 减水剂　　　　　B. 速凝剂　　　　　C. 缓凝剂　　　　　D. 引气剂

(5) 混凝土拌合物和易性是否良好，不仅影响施工人员浇筑混凝土的效率，而且还会影响（　　）。

　　A. 混凝土硬化后的强度　　　　　　　B. 混凝土的耐久性

　　C. 混凝土的密实度　　　　　　　　　D. 混凝土的密实度、强度及耐久性

(6) 坍落度是表示塑性混凝土什么的指标？（　　）

　　A. 流动性　　　　　B. 黏聚性　　　　　C. 保水性　　　　　D. 含砂情况

(7) 普通混凝土抗压强度测定采用 100mm×100mm×100mm 试件时，测试结果要乘以换算系数（　　）。

　　A. 1.0　　　　　B. 1.05　　　　　C. 0.95　　　　　D. 0.85

(8) 混凝土用砂的粗细程度按下列什么确定？（　　　）

　　A. 砂率　　　　　　　　B. 细度模数　　　　　　C. 颗粒级配　　　　　　D. 筛分曲线

(9) 评定混凝土用砂颗粒级配的方法是（　　　）。

　　A. 筛分析法　　　　　　B. 水筛法　　　　　　　C. 维勃稠度法　　　　　D. 坍落度法

(10) 混凝土试配时，粗骨料最大粒径为 40mm，混凝土的最小搅拌量应为（　　　）。

　　A. 25L　　　　　　　　B. 15L　　　　　　　　C. 20L　　　　　　　　D. 30L

2. 选择题（以下各题不一定只有一个正确答案，请把正确答案的题前字母填入括号内）

(1) 普通混凝土拌合物和易性包括以下哪些性质？（　　　）

　　A. 黏聚性　　　　　　　B. 密实性　　　　　　　C. 流动性　　　　　　　D. 保水性

(2) 配制混凝土时，若水泥浆过少，则导致（　　　）。

　　A. 黏聚性差　　　　　　　　　　　　　　　　B. 密实性差

　　C. 强度及耐久性下降　　　　　　　　　　　　D. 保水性差、泌水性大

(3) 原材料一定的情况下，为了满足混凝土耐久性的要求，在混凝土配合比设计时要注意（　　　）。

　　A. 保证足够的水泥用量　　　　　　　　　　　B. 严格控制水胶比

　　C. 选用合理砂率　　　　　　　　　　　　　　D. 增加用水量

(4) 混凝土发生碱-骨料反应的必备条件是（　　　）。

　　A. 水泥中碱含量高

　　B. 骨料中有机杂质含量高

　　C. 骨料中夹杂活性二氧化硅成分

　　D. 有水存在

(5) 混凝土用砂的颗粒级配评定可用（　　　）。

　　A. 细度模数　　　　　　B. 级配区　　　　　　　C. 筛分曲线　　　　　　D. 最大粒径

3. 判断题（对的打"√"，错的打"×"）

(1) 当混凝土拌合物流动性小于设计要求时，可适量增加用水量。　　　　　　　　　　　（　　）

(2) 其它条件相同时，碎石拌制的混凝土强度略高于卵石拌制的混凝土。　　　　　　　（　　）

(3) 流动性大的混凝土比流动性小的混凝土强度低。　　　　　　　　　　　　　　　　（　　）

(4) 在纵长的混凝土及钢筋混凝土结构物中，每隔一段长度，设置伸缩缝，是为了消除干缩
　　变形产生的影响。　　　　　　　　　　　　　　　　　　　　　　　　　　　　　（　　）

(5) 掺混合材料的硅酸盐水泥配制的混凝土抗碳化能力高于硅酸盐水泥配制的混凝土。（　　）

(6) 混凝土的强度平均值和标准差都是混凝土质量离散程度的指标。　　　　　　　　　（　　）

(7) 混凝土的强度等级是依据标准条件下混凝土立方体抗压强度值确定的。　　　　　　（　　）

(8) 相同配合比的混凝土，试件尺寸越小，混凝土强度测定值也越小。　　　　　　　　（　　）

(9) 基准配合比是满足和易性的配合比，但强度不一定满足要求。　　　　　　　　　　（　　）

(10) 水胶比很小的混凝土，强度不一定很高。　　　　　　　　　　　　　　　　　　（　　）

4. 问答题

(1) 配制混凝土时，为什么不能随意加入水或改变水胶比？

(2) 选用合理砂率的目的是什么？

(3) 影响混凝土强度的因素有哪些？如何才能提高混凝土的强度？

(4) 提高混凝土耐久性的措施有哪些？

(5) 测定混凝土拌合物和易性时，坍落度未满足设计要求，应如何进行调整？

(6) 某混凝土搅拌站原使用砂的细度模数为 2.5，后改用细度模数为 2.1 的砂，原混凝土配合比不变，发现混凝土坍落度明显变小，试分析原因。

(7) 现场浇筑混凝土时，禁止施工人员随意向混凝土拌合物中加水，试从理论上分析加水对混凝土质量造成的影响。

(8) 某工地施工人员拟采用下述几个方案提高混凝土拌合物的流动性，试问哪个方案不可行？哪个方案可行？哪个方案最优？并说明理由。

A. 多加水；B. 保持水胶比不变，增加水泥浆用量；C. 加入氯化钙；D. 加入减水剂；E. 加强振捣。

(9) 轻骨料混凝土与普通混凝土相比较，有哪些异同点？

5. 计算题

(1) 现有一组边长为 100mm 的混凝土立方体试件，将它们在标准条件下养护 28d，测得试件的破坏荷载分别为 304kN、283kN、266kN。试确定该组混凝土试件的抗压强度。

(2) 某工地采用刚出厂的 42.5 级普通水泥和碎石配制混凝土，其施工配合比为水泥 336kg，水 129kg，砂 698kg，碎石 1260kg。已知现场砂、石含水率分别为 3.5% 和 1%。问该混凝土是否满足 C30 强度等级要求（$\sigma=5.0$MPa）。

(3) 设计要求混凝土强度等级为 C25，要求强度保证率 95%。

① 当强度标准差 $\sigma=5.0$MPa 时，混凝土的配制强度为多少？

② 若提高施工管理水平，$\sigma=3.0$MPa 时，混凝土的配制强度又为多少？

③ 若采用 42.5 级普通水泥，碎石，单位用水量为 180kg/m³，问 σ 从 5.0MPa 降到 3.0MPa，每立方米混凝土可节约水泥多少千克？（$\gamma_c=1.16$）

(4) 某室内钢筋混凝土梁，强度等级为 C30，坍落度为 30~50mm。采用 42.5 级普通水泥（$\rho_c=3.10$g/cm³），卵石（$\rho'_g=2.67$g/cm³，$D_{max}=40$mm），中砂（$\rho'_s=2.63$g/cm³）。试用体积法计算混凝土初步配合比，并计算 25L 的用料量。（$\gamma_c=1.16$）

(5) 已知混凝土经试拌调整后，拌合物各项材料的用量为：水泥 4.5kg，水 2.8kg，砂 9.8kg，碎石 19.0kg。测得混凝土拌合物的表观密度为 2400kg/m³。

① 试计算 1m³ 混凝土的各材料用量。

② 若施工现场的砂、石含水率分别为 3.0% 和 1%，求施工配合比。

③ 若不进行配合比换算，直接把设计配合比（试验配合比）在现场使用，则混凝土的实际配合比如何变化？对强度产生多大影响？（采用 42.5 级矿渣水泥，$\gamma_c=1.16$）

6 建 筑 砂 浆

>>> 教学目标

　　通过本章学习，掌握砌筑砂浆的组成材料要求；砂浆和易性的概念、技术要求及评定方法；影响砂浆强度的因素；水泥混合砂浆的配合比设计方法等；了解抹面砂浆、防水砂浆的组成、技术性能及应用。

　　建筑砂浆是由胶凝材料、细骨料、掺加料和水配制而成的建筑工程材料，在建筑工程中是一项用量大、用途广的建筑材料。在建筑工程中起粘接、衬垫和传递应力的作用。建筑砂浆实为无粗骨料的混凝土。

　　按胶凝材料不同，建筑砂浆可分为水泥砂浆（由水泥、细骨料和水配制而成的砂浆）、水泥混合砂浆（由水泥、细骨料、掺加料和水配制的砂浆）、石灰砂浆等。

　　按用途不同，建筑砂浆分为砌筑砂浆、抹面砂浆（如装饰砂浆、普通抹面砂浆、防水砂浆等）及特种砂浆（如绝热砂浆、耐酸砂浆等）。

6.1　砌筑砂浆

　　能将砖、石块、砌块等粘接成为砌体的砂浆称为砌筑砂浆。砌筑砂浆的作用是粘接、垫衬砌块、传递荷载等，砌筑砂浆是砌体的重要组成部分，在建筑工程中用量很大。

6.1.1　砌筑砂浆的组成材料

6.1.1.1　水泥

　　常用水泥品种有：普通水泥、矿渣水泥、火山灰质水泥、粉煤灰水泥以及砌筑水泥等，都可以用来配制砌筑砂浆。不同品种的水泥不能混用。

　　配制砌筑砂浆所用的水泥强度等级要求，应根据设计要求进行选择。配制水泥砂浆的水泥，其强度等级不宜大于 32.5 级，水泥用量不应小于 200kg/m³；配制水泥混合砂浆的水泥，其强度等级不宜大于 42.5 级，砂浆中水泥和掺加料总量应为 300～350kg/m³。为合理利用资源、节约材料，在配制砂浆时要尽量选用低强度等级水泥和砌筑水泥。由于水泥混合砂浆中，石灰膏等掺加料会降低砂浆强度，所以规定水泥混合砂浆要用强度等级为 42.5 级的水泥。对于一些特殊用途的砂浆，如修补裂缝、预制构件嵌缝、结构加固等可采用膨胀水泥。

6.1.1.2　掺加料

　　掺加料是为改善砂浆和易性而加入的无机材料。常用的掺加料有石灰膏、电石膏（电石消解后，经过滤后的产物）、粉煤灰、黏土膏等。掺加料应符合下列规定。

　　① 熟化后的石灰膏应用孔径不大于 3mm×3mm 的网过滤，熟化时间不得少于 7d；磨细生石灰粉的熟化时间不得少于 2d。沉淀池中储存的石灰膏，应保持膏体上面有一水层，以防石灰膏的碳化变质。严禁使用脱水硬化的石灰膏。

　　② 采用黏土或亚黏土制备黏土膏时，应用搅拌机加水搅拌，通过孔径不大于 3mm×3mm 的网过滤，用比色法检验黏土中的有机物含量应浅于标准色。

③ 制作电石膏的电石渣应用孔径不大于 3mm×3mm 的网过滤，为了使乙炔气体全部放完，要加热至 70℃并保持 20min，没有乙炔气味后，方可使用。

④ 消石灰粉不得直接用于砌筑砂浆中。

⑤ 石灰膏、黏土膏和电石膏试配时的稠度，应为（120±5）mm。

⑥ 粉煤灰、磨细生石灰的品质指标，应符合国家标准《用于水泥和混凝土中的粉煤灰》（GB/T 1596—2005）及行业标准《建筑生石灰》（JC/T 479—2013）的要求。

6.1.1.3 细骨料（砂）

砂浆中的细骨料要选用洁净的河砂或符合要求的山砂、人工砂等，但要过筛。砂中不得含有草根、树叶、泥土及泥块等杂质。砌筑砂浆的用砂质量要求应符合《建筑用砂》（GB/T 14684—2011）的规定。一般用于砖砌体的砌筑砂浆宜优先采用中砂，最大粒径不大于 2.5mm，这样既能满足和易性要求，又能节约水泥。砂的含泥量一般不得超过 5%，因为砂中含泥量过大，不但会增加砂浆的水泥用量，还可能使砂浆的收缩值增大、耐水性降低，影响砌筑质量。M5 及以上的水泥混合砂浆，若砂子含泥量过大，还会降低砂浆的强度，所以规定低于 M5 以下的水泥混合砂浆的砂子含泥量才允许放宽，但不应超过 10%。毛石砌体宜选用粗砂，砂的最大粒径应小于砂浆层厚度的 1/5～1/4，砂的含泥量不应超过 5%。用于抹面和勾缝的砂浆应使用细砂。

由于一些地区人工砂、山砂及特细砂资源较多，为降低成本，合理利用资源，若经试验后，能满足《砌筑砂浆配合比设计规程》（JGJ/T 98—2010）技术指标也可参照使用。

6.1.1.4 水

配制砂浆用水应符合现行行业标准《混凝土用水标准》（JGJ 63—2006）的规定。

6.1.1.5 外加剂

为了改善砂浆的和易性和节约水泥，更好地满足施工和使用的要求，在拌制砂浆过程中可掺用一定量的外加剂。砌筑砂浆中掺入砂浆外加剂，应具有法定检测机构出具的该产品砌体强度型式检验报告，并经砂浆性能试验合格后才能使用。

6.1.2 砌筑砂浆的技术性质

砌筑砂浆的技术性质包括：新拌砂浆的和易性、硬化后砂浆的强度和对基面的黏结力、抗冻性、收缩值等指标。

6.1.2.1 新拌砂浆的和易性

新拌砂浆的和易性包括流动性和保水性两方面。和易性良好的砂浆，在运输和操作时，不会产生离析、泌水现象，且易在砌块表面铺成均匀的薄层，保证灰缝饱满密实，易将砌块粘接成为整体，便于施工操作。

（1）流动性

流动性也称稠度，是指新拌砂浆在自重或机械振动情况下，产生流动的性质，用"沉入度"表示，沉入度越大，表示砂浆的流动性越好。沉入度可用砂浆稠度测定仪测定其稠度值（即沉入度，mm），见图 6-1。

砂浆的流动性适宜时，可提高施工效率，有利于保证施工质量。砂浆流动性的选择与砌体种类、环境温度及湿度、施工方法

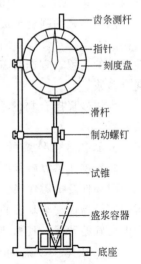

齿条测杆
指针
刻度盘

滑杆
制动螺钉

试锥

盛浆容器
底座

图 6-1 砂浆稠度测定仪

等因素有关。若砂浆流动性过大（太稀）时，会增加铺砌难度，且强度下降；砂浆流动性过小（过稠）时，施工困难，不易铺平。砌筑砂浆的稠度应按表6-1的规定选用。

表6-1　砌筑砂浆的稠度

砌 体 种 类	砂浆稠度/mm
烧结普通砖砌体	70～90
轻骨料混凝土小型空心砌块砌体	60～90
烧结多孔砖,空心砖砌体	60～80
烧结普通砖平拱式过梁 空斗墙,筒拱 普通混凝土小型空心砌块砌体 加气混凝土砌块砌体	50～70
石砌体	30～50

（2）保水性

新拌砂浆能够保持其内部水分不泌出流失的能力，称为保水性，用保水率表示。保水性良好的砂浆才能形成均匀密实的砂浆胶结层，从而保证砌体具有良好的质量。不同种类砂浆保水率见表6-2。

表6-2　砂浆的保水率

砂浆种类	保水率/%
水泥砂浆	≥80
水泥混合砂浆	≥84
预拌砌筑砂浆	≥88

6.1.2.2　砂浆的强度等级及密度

砂浆的强度等级是以六个边长为70.7mm×70.7mm×70.7mm的立方体试块，按标准条件（20℃±3℃，水泥砂浆的相对湿度≥90%，混合砂浆的相对湿度为60%～80%）养护28d，测得的抗压强度的平均值，并考虑具有95%强度保证率而确定的。砂浆的强度等级共分为M5.0、M7.5、M10、M15、M20、M25、M30七个等级。

砌筑砂浆的强度等级应根据工程类别及不同的砌体部位合理选择。一般建筑工程中，办公楼、教学楼及多层商店等工程，宜选用M5～M10的砂浆；特别重要的砌体及有较高耐久性要求的工程，宜选用高于M10等级的砂浆。砌筑砂浆的强度等级≤M10时，宜采用水泥混合砂浆。

水泥砂浆拌合物的密度不宜小于1900kg/m³；水泥混合砂浆拌合物的密度不宜小于1800kg/m³。

6.1.2.3　砂浆的黏结力

砖石砌体是靠砂浆把块状的砖、石材料粘接成为坚固的整体。因此，为保证砌体的强度、耐久性及抗震性等，要求砂浆与基层材料之间要有足够的黏结力。一般来说，砂浆的抗压强度越高，它与基层的黏结力也越大，另外粗糙的、洁净的、湿润的表面，黏结力较好，养护良好的砂浆，其黏结力更好。

6.1.2.4　砂浆的变形

砂浆在承受荷载、温度或湿度变化时，均会发生变形，如果变形过大或不均匀，都会引起沉陷或裂缝，降低砌体质量。掺太多轻骨料或掺加料（如粉煤灰、轻砂等）配制的砂浆，其收缩变形较大。为了避免砂浆干裂，抹面砂浆中常加入麻刀、纸筋等纤维材料，来提高砂浆的抗裂能力。

6.1.3　砌筑砂浆的配合比设计

砌筑砂浆要根据工程类别及砌体部位的设计要求，选择其强度等级，再按砂浆强度等级来确定其配合比。确定砂浆配合比，一般情况可查阅有关手册或资料来选择。重要工程用砂浆或无参考资料时，可根据《砌筑砂浆配合比设计规程》（JGJ/T 98—2010），按下列步骤计算。

6.1.3.1　水泥混合砂浆配合比计算

（1）确定砂浆的试配强度（$f_{m,o}$）

$$f_{m,o}=kf_2$$

式中　$f_{m,o}$——砂浆的试配强度，精确至 0.1MPa；

$\quad\quad f_2$——砂浆强度等级，MPa；

$\quad\quad k$——系数，按表6-3取值。

表6-3　砂浆强度标准差 σ 及 k 值

施工水平 \ 强度等级	强度标准差 σ/MPa							k
	M5	M7.5	M10	M15	M20	M25	M30	
优良	1.00	1.50	2.00	3.00	4.00	5.00	6.00	1.15
一般	1.25	1.88	2.50	3.75	5.00	6.25	7.50	1.20
较差	1.50	2.25	3.00	4.50	6.00	7.50	9.00	1.25

砌筑砂浆现场强度标准差的确定应符合下列规定：

① 当有历史统计资料时，应按下式计算：

$$\sigma=\sqrt{\frac{\sum\limits_{i=1}^{n} f_{m,i}^2 - n\mu_{f_m}^2}{n-1}}$$

式中　σ——砂浆现场强度标准差，精确至 0.1MPa，与施工水平有关；

$\quad f_{m,i}$——统计周期内同一品种砂浆第 i 组试件的强度，MPa；

$\quad \mu_{f_m}$——统计周期内同一品种砂浆 n 组试件强度的平均值，MPa；

$\quad n$——统计周期内同一品种砂浆试件的总组数，$n\geqslant25$。

② 当不具有近期统计资料时，砂浆现场强度标准差可按表6-3选用。

（2）水泥用量计算

水泥用量的计算应符合下列规定：

① 每立方米砂浆中的水泥用量，应按下式计算：

$$Q_C=\frac{1000(f_{m,o}-\beta)}{\alpha f_{ce}}$$

式中　Q_C——每立方米砂浆的水泥用量，精确至 1kg/m³；

$\quad f_{m,o}$——砂浆的试配强度，精确至 0.1MPa；

$\quad f_{ce}$——水泥的实测强度，精确至 0.1MPa；

$α$，$β$——砂浆的特征系数，其中，$α=3.03$，$β=-15.09$。

② 在无法取得水泥的实测强度值时，可按下式计算：

$$f_{ce}=γ_c f_{ce,k}$$

式中　$γ_c$——水泥强度等级值的富余系数，可按实际统计资料确定；无统计资料时可取 1.0；

$f_{ce,k}$——水泥强度等级值，MPa。

（3）掺加料用量计算

水泥混合砂浆的掺加料用量，应按下式计算：

$$Q_D=Q_A-Q_C$$

式中　Q_D——每立方米砂浆的掺加料用量，精确至 $1kg/m^3$，（石灰膏、黏土膏使用时的稠度为 120mm$±$5mm）；

Q_C——每立方米砂浆的水泥用量，精确至 $1kg/m^3$；

Q_A——每立方米砂浆中水泥和掺加料的总量，精确至 1kg（可取 $350kg/m^3$）。

（4）砂用量计算

每立方米砂浆中的砂子用量 Q_S，应按干燥状态（含水率小于 0.5%）的堆积密度值作为计算值（kg/m^3），当砂的含水率大于 0.5% 时，应考虑砂的含水率。

$$Q_S=ρ'_{0s干}（砂的含水率<0.5\%时）$$

$$Q_S=ρ'_{0s干}(1+a\%)（砂的含水率>0.5\%时）$$

式中　$ρ'_{0s干}$——砂在干燥时的堆积密度值，kg/m^3；

$a\%$——砂的含水率。

（5）用水量计算

每立方米砂浆中的用水量，根据砂浆稠度等要求可选用 $210\sim310kg/m^3$。混合砂浆中的用水量，不包括石灰膏或黏土膏中的水；当采用细砂或粗砂时，用水量分别取上限或下限；稠度小于 70mm 时，用水量可小于下限；施工现场气候炎热或干燥季节，可酌量增加用水量。

6.1.3.2　水泥砂浆配合比选用

水泥砂浆中水泥用量不得小于 $200kg/m^3$，试配强度的确定与水泥混合砂浆相同，水泥砂浆各材料用量可按表 6-4 选用。

表 6-4　每立方米水泥砂浆材料用量（JGJ/T 98-2010）

强度等级/MPa	1m³砂浆的水泥用量/kg	1m³砂浆的砂用量/kg	1m³砂浆的用水量/kg
M5	200～230		
M7.5	230～260		
M10	260～290		
M15	290～330	砂子的堆积密度值	270～330
M20	340～400		
M25	360～410		
M30	430～480		

注：1. M15 及 M15 以下强度等级水泥砂浆,水泥强度等级为 32.5 级;M15 以上强度等级水泥砂浆,水泥强度等级为 42.5 级。

2. 当采用细砂或粗砂时,用水量分别取上限或下限。

3. 稠度小于 70mm 时,用水量可小于下限。

4. 施工现场气候炎热或干燥季节,可酌情增加用水量。

6.1.3.3 配合比试配、调整与确定

① 试配时所用材料要与施工现场所用材料相同，砂浆试配时应采用机械搅拌。

② 按计算或查表所得的配合比进行试拌，测定拌合物的稠度和保水率，若不能满足要求，则应调整材料用量，直到符合要求为止。然后确定试配时的砂浆基准配合比。

③ 试配时至少要选用三个不同的配合比，其中一个为基准配合比，其它配合比的水泥用量应按基准配合比分别增加及减少10%。在保证稠度、保水率合格的条件下，可将用水量或掺加料用量作相应调整。

④ 用三个配合比按现行行业标准《建筑砂浆基本性能试验方法标准》（JGJ/T 70—2009）的规定成型试件，标准养护至龄期，测定砂浆的抗压强度，并选定符合试配强度要求且水泥用量最少的配合比作为砂浆配合比。

6.1.3.4 砂浆配合比计算实例

【例6-1】某砌筑工程用水泥石灰混合砂浆，要求砂浆的强度等级为M5.0，稠度为70～90mm。所用材料：32.5级的矿渣水泥；28d实测强度为34.0MPa，中砂，含水率3%，堆积密度为1360kg/m³，施工水平一般。试计算砂浆的配合比。

【解】

（1）确定砂浆的试配强度（$f_{m,o}$）

查表6-3得 $k=1.20$

$$f_{m,o}=kf_2=1.20\times5=6.0(MPa)$$

（2）确定水泥用量

取 $\alpha=3.03$，$\beta=-15.09$

$$Q_C=\frac{1000(f_{m,o}-\beta)}{\alpha f_{c,e}}=\frac{1000\times(6.0+15.09)}{3.03\times34.0}=205(kg)$$

（3）确定石灰膏用量

取 $Q_A=350kg$

则 $Q_D=Q_A-Q_C=350-205=145(kg)$

（4）确定砂子用量

$Q_S=1360\times(1+3\%)=1400(kg)$

（5）确定用水量

采用中砂选用水量为300kg。

（6）砂浆配合比为水泥∶石灰膏∶砂∶水＝205∶145∶1400∶300＝1∶0.71∶6.83∶1.46

（7）试配、调整得出施工所用的配合比。

6.2 抹面砂浆

凡涂抹在建筑物或建筑构件表面的砂浆，统称为抹面砂浆（也称抹灰砂浆），抹面砂浆主要是起到保护墙体、装饰墙面的作用。根据砂浆的使用功能可分为普通抹面砂浆、装饰砂浆、防水砂浆和特种砂浆等。

对于抹面砂浆的要求是：具有良好的和易性，易于抹成均匀平整的薄层，便于施工，有较好的黏结力，能与基层粘接牢固，长期使用不会开裂或脱落。为了避免砂浆层开裂，可加

入一些纤维材料（如纸筋、麻刀、玻璃纤维等），有时也可加入一些特殊骨料或掺和料，如陶砂、膨胀珍珠岩等以强化其功能。

6.2.1 普通抹面砂浆

普通抹面砂浆是建筑工程中普遍使用的砂浆。它可以保护建筑物不受风、雨、雪、大气等有害介质的侵蚀，提高建筑物的耐久性，同时使表面平整美观。普通抹面砂浆的组成基本与砌筑砂浆相同，但胶凝材料用量比砌筑砂浆多，而且抹面砂浆的和易性要比砌筑砂浆好，黏结力更高。

为使砂浆平整，不易脱落，抹面砂浆通常分两层或三层进行施工，各层抹灰要求不同，所以各层选用的砂浆也有区别。底层抹灰的作用，是使砂浆与底面能牢固地粘接，因此要求砂浆具有良好的和易性和黏结力，基层面也要求粗糙，以提高与砂浆的黏结力。中层抹灰主要是为了抹平，有时可省去。面层抹灰要求平整光洁，达到规定的饰面要求。

底层及中层多用水泥混合砂浆。面层多用水泥混合砂浆或掺麻刀、纸筋的石灰砂浆。在潮湿房间、地下建筑及容易碰撞的部位，应采用水泥砂浆。普通抹面砂浆的流动性及骨料最大粒径参见表6-5，其配合比及应用范围可参见表6-6。

表6-5　普通抹面砂浆流动性及骨料最大粒径

抹面层	沉入度/mm	砂子的最大粒径/mm
底层	100～120	2.5
中层	70～90	2.5
面层	70～80	1.2

表6-6　常用抹面砂浆配合比及应用范围

抹面砂浆组成材料	配合比(体积比)	应用范围
石灰：砂	1：2～1：4	用于砖石墙表面(檐口、勒脚、女儿墙及潮湿房间的墙除外)
石灰：黏土：砂	1：1：4～1：1：8	干燥环境墙的表面
石灰：石膏：砂	1：0.4：2～1：1：3	用于干燥环境房间木质表面
石灰：石膏：砂	1：2：2～1：2：4	用于干燥环境房间的线脚及其它修饰工程
石灰：石膏：砂	1：0.6：2～1：1.5：3	用于干燥环境房间的墙及天花板
石灰：水泥：砂	1：0.5：4.5～1：1：5	用于檐口、勒脚、女儿墙及比较潮湿的部位
水泥：砂	1：3～1：2.5	用于浴室、潮湿车间等墙裙、勒脚或地面基层
水泥：砂	1：2～1：1.5	用于地面、天棚或墙面面层
水泥：砂	1：0.5～1：1	用于混凝土地面随时压光
石灰：石膏：砂：锯末	1：1：3：5	用于吸音粉刷
水泥：白石子	1：2～1：1	用于水磨面(打底用1：2.5水泥砂浆)
水泥：白石子	1：1.5	用于剁石(打底用1：2～1：2.5水泥砂浆)
白灰：麻刀	100：2.5(质量比)	用于板条天棚底层
石灰膏：麻刀	100：1.3(质量比)	用于板条天棚面层(或100kg石灰膏加3.8kg纸筋)
纸筋：白灰浆	灰膏0.1m³，纸筋0.36kg	较高级墙板、天棚

6.2.2 装饰砂浆

涂抹在建筑物内外墙表面，能具有美观装饰效果的抹面砂浆，统称为装饰砂浆。装饰砂浆的底层和中层与普通抹面砂浆基本相同。而装饰砂浆的面层应选用具有一定颜色的胶凝材料和骨料，以及采用某些特殊的操作工艺，使表面呈现出不同的色彩、线条和花纹等装饰效果。

装饰砂浆所采用的胶凝材料有普通水泥、矿渣水泥、火山灰水泥、白水泥、彩色水泥及石灰、石膏等。骨料常采用大理石、花岗岩等带颜色的碎石渣或玻璃、陶瓷碎粒等，也可选用白色或彩色天然砂、特制的塑料色粒等。

几种常用装饰砂浆的工艺做法如下。

6.2.2.1 拉毛

在水泥砂浆或水泥混合砂浆抹灰中层上，抹上水泥混合砂浆、纸筋石灰或水泥石灰浆等，并利用拉毛工具将砂浆拉出波纹和斑点的毛头，做成装饰面层。此做法一般适用于有声学要求的礼堂、剧院等室内墙面，也常用于外墙面、阳台栏板或围墙等外饰面。

6.2.2.2 水刷石

用颗粒细小（约5mm）的石渣所拌成的砂浆作面层，待表面稍凝固后立即喷水冲刷表面水泥浆，使其半露出石渣。水刷石多用于建筑物的外墙装饰，具有天然石材的质感，且耐久性好。

6.2.2.3 干粘石

将彩色石粒直接粘在砂浆层上。这种做法与水刷石相比，可节约水泥、石粒等原材料，也能减少湿作业和提高工效。

6.2.2.4 斩假石（又称剁斧石）

在水泥砂浆基层上涂抹水泥石粒浆，待硬化后，用剁斧、齿斧及各种凿子等工具剁出有规律的石纹，呈现出天然石材的装饰效果。这种做法主要用于室外柱面、勒脚、栏杆、踏步等处的装饰。

6.2.2.5 弹涂

弹涂是在墙体表面刷一道聚合物水泥浆后，用弹涂器分几遍将不同色彩的聚合物水泥砂浆弹在已涂刷的基层上，形成3～5mm的扁圆形花点，再喷罩甲基硅树脂。这种做法可用于建筑物内外墙面及顶棚饰面。

6.2.2.6 喷涂

喷涂多用于外墙面，它是用挤压式砂浆泵或喷斗，将聚合物水泥砂浆喷涂在墙面基层或底灰上，形成饰面层，最后在表面再喷一层甲基硅醇钠或甲基硅树脂疏水剂，此做法减少了墙面污染，使饰面层经久耐用。

6.2.3 特种砂浆

6.2.3.1 防水砂浆

防水砂浆是一种制作防水层用的抗渗性高的砂浆。砂浆防水层又称刚性防水层，适用于不受振动和具有一定刚度的混凝土或砖石砌体工程中，如水塔、水池、地下工程等的防水。对于变形较大或可能发生不均匀沉陷的建筑物，不宜采用防水砂浆。

防水砂浆可用普通水泥砂浆制作，也可以在水泥砂浆中掺入防水剂制得。水泥砂浆宜选用强度等级为32.5以上的普通硅酸盐水泥和级配良好的中砂。砂浆配合比中，水泥与砂的质量比不宜大于1：2.5，水灰比宜控制在0.5～0.6，稠度（沉入度）不应大于 80mm。

在水泥砂浆中掺入防水剂，可促使砂浆结构密实，堵塞毛细孔，提高砂浆的抗渗能力，这是目前最常用的方法。常用的防水剂有氯化物金属盐类防水剂、金属皂类防水剂和水玻璃防水剂。

防水砂浆的防渗效果在很大程度上取决于施工质量，所以，施工时要严格控制原材料的质量及砂浆配合比。防水砂浆层一般分四层或五层施工，每层约 5mm 厚，每层在初凝前用木抹子压实一遍，最后一层要压光。涂抹前先将清洁的底面抹一层纯水泥防水浆，第三层也常抹纯水泥防水浆，第二、四、五层抹防水砂浆。抹完后，要充分养护，防止脱水过快导致干裂。

6.2.3.2 绝热砂浆

采用水泥、石灰、石膏等胶凝材料与膨胀珍珠岩、膨胀蛭石或陶粒砂等轻质多孔骨料，按一定比例配制的砂浆，称为绝热砂浆。绝热砂浆具有轻质和良好的绝热性能，其热导率为 0.07～0.1W/(m·K)。绝热砂浆可用于屋面、墙壁或供热管道的绝热保护。

6.2.3.3 吸声砂浆

一般绝热砂浆由轻质多孔骨料制成，除具有良好的保温性能外，还具有良好的吸声性能，所以绝热砂浆也可作为吸声砂浆使用。另外，还可以用水泥、石膏、砂、锯末（体积比为 1：1：3：5）配制吸声砂浆，或在石灰、石膏砂浆中掺入玻璃纤维、矿物棉等松软纤维材料来配制吸声砂浆。吸声砂浆用于室内墙壁和吊顶的吸声处理。

6.3 建筑砂浆实训项目

通过实训操作，掌握建筑砂浆稠度、分层度及抗压强度试验方法和操作技能，学会正确使用有关的仪器设备。

6.3.1 试样制备

6.3.1.1 主要仪器设备

砂浆搅拌机、拌和铁板（约 1.5m×2m，厚约 3mm）、磅秤（称量 50kg，感量 50g）、台秤（称量 10kg，感量 5g）、拌铲、抹刀、量筒、盛器等。

6.3.1.2 拌和方法

（1）一般规定

① 拌制砂浆所用的原材料，应符合质量标准，并要求提前运入试验室内，拌和时试验室的温度应保持在（20±5）℃。

② 水泥应符合相应的质量标准，如有结块，应以 0.9mm 方孔筛过筛，筛除粗颗粒之后充分混合均匀再使用，砂应符合建筑用砂的质量标准，砂也以 5mm 筛过筛。

③ 其它掺合料均应符合质量标准。拌制砂浆时，材料称量计量的精度为：水泥、外加剂等为±0.5%；砂、石灰膏、黏土膏等为±1%。

④ 拌制前应将搅拌机、拌和铁板、拌铲、抹刀等工具表面用水润湿，注意拌和铁板上不得有积水。

（2）人工拌和

① 按设计配合比（质量比），称取各项材料用量，先把水泥和砂放入拌板干拌均匀（拌

合物颜色均匀）。

② 将拌匀的混合物堆成堆，在中间作一凹坑，将称好的石灰膏（或黏土膏）倒入凹坑中，再倒入一部分水，将石灰膏或黏土膏稀释，然后与水泥和砂共同拌和，并逐渐加水，直至混合料色泽基本相同。

③ 拌和时间（从加水完毕时算起）一般需 5min，观察拌合物颜色均匀且和易性符合要求为止。

可用量筒盛定量水，拌好以后，减去筒中剩余水量，即为用水量（注意各种材料称量要准确）。

（3）机械拌和

① 先拌适量砂浆（应与正式拌和的砂浆配合比相同），使搅拌机内壁黏附一薄层砂浆，使正式拌和时的砂浆配合比成分准确。

② 先称出各材料用量，再将砂、水泥装入搅拌机内。

③ 开动搅拌机，将水徐徐加入（混合砂浆须将石灰膏或黏土膏用水稀释至浆状），搅拌时间从加水完毕算起约 3min（搅拌的用量不宜少于搅拌容量的 20%，搅拌时间不宜少于 2min）。

④ 将砂浆拌合物倒在拌和铁板上，用拌铲翻拌两次，使之均匀。拌好的砂浆，应立即进行有关的试验。

6.3.2 砂浆的稠度检验（实训）

6.3.2.1 主要仪器设备

砂浆稠度测定仪（见 6.1 节图 6-1）、捣棒（直径 10mm，长 350mm，一端呈半球形的钢棒）、台秤、拌锅、拌板、量筒、秒表等。

6.3.2.2 实训步骤

① 将拌好的砂浆一次装入砂浆容器内，装至距筒上口约 10mm 为止，用捣棒自筒中心向边缘插捣 25 次，并将筒体振动 5~6 次，使砂浆表面平整，随后将容器移置稠度仪底座上。

② 放松圆锥体滑杆的制动螺钉，向下移动滑杆，使试锥尖端与砂浆表面接触，拧紧制动螺钉，使齿条测杆下端刚好接触滑杆上端，并将指针对准零点。

③ 突然拧开制动螺钉，使圆锥体自动沉入砂浆中，同时计时间，到 10s，立即固定螺钉。从刻度盘上读出下沉深度（精确至 1mm），即为砂浆的稠度值。

④ 圆锥筒内的砂浆，只允许测定一次稠度，重复测定时，应重新取样测定。

6.3.2.3 结果评定

以两次测定结果的算术平均值作为砂浆稠度测定结果（计算值精确至 1mm），若两次测定值之差大于 20mm，应重新配料测定。

6.3.3 建筑砂浆分层度检验（实训）

6.3.3.1 主要仪器

分层度测定仪（见图 6-2），其它用具同砂浆稠度试验。

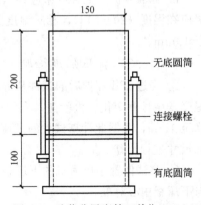

图 6-2 砂浆分层度筒（单位:mm）

6.3.3.2　实训步骤

① 将拌和好的砂浆，经稠度试验后重新拌和均匀，一次注满分层度仪内。用木锤在容器周围距离大致相等的四个不同地方轻敲 1～2 次，若砂浆沉落到低于筒口，则随时添加，然后用抹刀抹平。

② 静置 30min，去掉上层 200mm 砂浆，然后取出底层剩余的 100mm 砂浆重新拌和均匀，再测定砂浆稠度（沉入度）。

③ 前后测得的沉入度之差即为砂浆的分层度值（以 mm 计）。

6.3.3.3　结果评定

① 应取两次试验结果的算术平均值作为该砂浆的分层度值。

② 若两次分层度试验值之差大于 20mm，应重做试验。

6.3.4　建筑砂浆抗压强度检验（实训）

6.3.4.1　主要仪器设备

压力试验机、试模（70.7mm×70.7mm×70.7mm，分无底试模与有底试模两种）、捣棒（直径 10mm，长 350mm，一端呈半圆形）、垫板等。

6.3.4.2　试件制作及养护

① 当制作用于多孔吸水基面（如砖砌体）的砂浆试件时，先将无底试模的内壁涂刷一薄层机油，然后放在预先铺上吸水性较好的湿纸的普通黏土砖上（砖的吸水率不小于 10%，含水率不大于 2%），将拌好的砂浆一次倒满试模，并用捣棒均匀地由外向内按螺旋方向插捣 25 次，使砂浆略高于试模口，待砂浆表面出现麻斑后（约 15～30min），将高出部分的砂浆沿试模顶面削去抹平。

② 当制作用于密实（不吸水）基底（如石砌体）的砂浆试件时，采用有底试模，涂油后，将拌好的砂浆分两层装入试模（每层厚度约 40mm），每层用捣棒插捣 12 次，然后用刮刀沿试模壁插捣数次，砂浆应略高出试模顶面，静停 15～30min，刮去多余部分，抹平。

③ 试件成型后，在（20±5）℃环境下经（24±2）h 即可脱模，气温较低时，可适当延长时间，但不得超过 2d。对试件编号脱模后，按下列规定进行养护。

a. 自然养护　将试件放在室内空气中养护，混合砂浆在相对湿度 60%～80%、正温条件下养护；水泥砂浆在正温并保持试件表面湿润的状态下（如湿砂堆中）养护。养护期间必须做好温度记录，有争议时，以标准养护为准。

b. 标准养护　混合砂浆应在（20±3）℃，相对湿度为 60%～80% 条件下养护；水泥砂浆应在温度（20±3）℃，相对湿度为 90% 以上的潮湿条件下养护。养护时试件间隔应不小于 10mm。

6.3.4.3　抗压强度检验

① 经过 28d 养护后的试件从养护地点取出后，应尽快进行检验，以免试件内部的温度、湿度发生显著变化。检验前，先将试件擦干净，测量尺寸，并检查其外观。试件尺寸测量精确至 1mm，并据此计算试件的承压面积。若实测尺寸与公称尺寸之差不超过 1mm，可按公称尺寸进行计算。

② 将试件置于压力机的下压板上，试件的承压面应与成型时的顶面垂直，试件中心应与下压板中心对准。

③ 开动压力机，当上压板与试件接近时，调整球座，使接触面均衡受压。加荷应均匀

而连续，加荷速度应为 0.5～1.5kN/s（砂浆强度不大于 5MPa 时，取下限为宜，大于 5MPa 时，取上限为宜），当试件接近破坏而开始迅速变形时，停止调整压力机油门，直至试件破坏，记录破坏荷载（F）。

6.3.4.4 结果计算

单个试件的抗压强度按下式计算（精确至 0.1MPa）。

$$f_{m,cu} = \frac{F}{A}$$

式中 $f_{m,cu}$——砂浆立方体抗压强度，MPa；

F——试件破坏荷载，N；

A——试件承压面积，mm^2。

每组试件为六个，以六个试件测量值的算术平均值作为该组试件的抗压强度值，平均值计算精确至 0.1MPa。

当六个试件的最大值或最小值与平均值的差超过 20% 时，以中间四个试件的平均值作为该组试件的抗压强度值。

小 结

本章主要讲述了砌筑砂浆中的水泥砂浆、水泥混合砂浆的组成、技术要求及应用，对于抹面砂浆、防水砂浆及装饰砂浆等也作了简单介绍。

砌筑砂浆应满足和易性、设计要求和强度等级要求，并具有足够的黏结力。

普通抹面砂浆是建筑工程中普遍使用的砂浆，一般分两层或三层进行施工。

防水砂浆对于变形较大或可能发生不均匀沉降的建筑物或构筑物不宜使用。

常用的装饰砂浆的工艺做法有水磨石、水刷石、干黏石、斩假石、拉毛等，还可用弹涂、喷涂等施工工艺做成各种饰面层。

能力训练习题

1. **选择题**（以下各题不一定只有一个正确答案，请把正确答案的题前字母填入括号内）

(1) 通常采用（   ）提高砌筑砂浆黏结力。

A. 砂浆中掺水泥   B. 将砖浇水润湿

C. 砂浆不掺水   D. 砂浆中掺石灰

(2) 砌筑砂浆中掺石灰是为了（   ）。

A. 提高砂浆的强度   B. 提高砂浆的黏结力

C. 提高砂浆的抗裂性   D. 改善砂浆的和易性

(3) 确定砂浆强度等级所用的标准试件尺寸为（   ）。

A. 70.7mm×70.7mm×70.7mm B. 150mm×150mm×150mm

C. 100mm×100mm×100mm   D. 200mm×200mm×200mm

(4) 新拌砂浆的和易性包括（   ）。

A. 流动性   B. 黏聚性   C. 保水性   D. 工作性

(5) 经试配调整，最后选定的砂浆配合比除满足试配强度要求还应（   ）。

A. 水泥用量最小 B. 水泥用量最多 C. 流动性最小 D. 和易性最好

(6) 砌筑砂浆的流动性用下列什么指标表示？（　　　）

    A. 坍落度　　　　　　B. 维勃稠度　　　　　　C. 沉入度　　　　　　D. 分层度

(7) 砌筑砂浆的保水性用下列什么指标表示？（　　　）

    A. 坍落度　　　　　　B. 维勃稠度　　　　　　C. 沉入度　　　　　　D. 分层度

2. 判断题（对的打"√"，错的打"×"）

(1) 建筑砂浆的组成材料与混凝土相同，都有胶凝材料、骨料和水。　　　　　　　　（　　　）

(2) 配制砌筑砂浆宜选用中砂。　　　　　　　　　　　　　　　　　　　　　　　（　　　）

(3) 砂浆的和易性包括流动性、黏聚性和保水性。　　　　　　　　　　　　　　　（　　　）

(4) 砌筑砂浆的流动性主要与水泥用量、砂子的粗细程度、级配情况有关，与用水量无关。

                                                         （　　　）

(5) 砌筑砂浆的流动性可用分层度来表示。　　　　　　　　　　　　　　　　　　（　　　）

(6) 砌筑砂浆的保水性可用沉入度表示。　　　　　　　　　　　　　　　　　　　（　　　）

3. 问答题

(1) 砌筑砂浆的组成材料有哪些？在组成上与普通混凝土有何异同点？

(2) 砌筑砂浆有哪些主要技术性质？用什么方法测定？

(3) 新拌砂浆的和易性与混凝土拌合物的和易性有何异同点？

(4) 砂浆的保水性主要取决于什么？采取什么措施能提高砂浆的保水性？

(5) 普通抹面砂浆的技术要求有哪些？与砌筑砂浆的技术要求有何异同点？

4. 计算题

    要求设计用于砌筑毛石砌体的水泥混合砂浆的配合比。设计强度等级为 M10，稠度为 60～70mm。

    原材料为：水泥 32.5 级矿渣水泥（实测强度为 34.0MPa）；干砂，堆积密度为1400kg/m³；石灰膏稠度 120mm；施工水平一般。

7 墙 体 材 料

>>> **教学目标**

通过本章学习，掌握各种墙体板材、砌块的技术要求、特性及应用。了解新型墙体板材、砌块的种类，能运用其技术特点合理选用墙体材料。

墙体在房屋建筑中，具有承重、围护和分隔作用。在混合结构建筑中，墙体材料约占房屋建筑总重的 60%，以前，我国房屋建筑中 95% 左右使用烧结普通砖，并且绝大多数是烧结黏土砖。由于烧结普通黏土砖取土毁田严重，能耗大，砖块小，且存在施工效率低、砌体自重大、抗震性能差等缺点，所以我国现在已经全面限制烧结普通黏土砖的使用。目前，在我国用于墙体的材料品种较多，总体可归纳为砌墙砖、砌块、板材三大类。随着我国墙体材料改革的不断深入，为适应现代建筑的轻质高强、多功能等需求，实现节能环保，相继出现了很多新型墙体材料。如空心砖、多孔砖、煤矸石砖、粉煤灰砖、灰砂砖、页岩砖等砖类；普通混凝土砌块、轻质混凝土砌块、加气混凝土砌块、石膏砌块等砌块种类；石膏类墙用板材、水泥类墙用板材、各种纤维增强墙板及复合墙板等板材。这些材料的使用，既能节约黏土资源，又可使工业废渣充分利用，从而保护了环境。

在建筑工程中，合理选用墙体材料，不仅要考虑建筑物的功能、安全以及造价等因素，还应关注是否能够废物利用、保护环境，做到可持续发展。

7.1 砌 墙 砖

以黏土、工业废料或其它地方资源为主要原料，用不同工艺制成的，在建筑中用于砌筑承重和非承重墙体的人造小型块材（外形多为直角六面体）统称砌墙砖。砖与砌块通常是按块体的高度尺寸划分的，块体高度<180mm 者称为砖；≥180mm 者称为砌块。

砌墙砖按孔洞率和孔洞特征不同，分为普通砖、多孔砖和空心砖等。普通砖是没有孔洞或孔洞率（砖面上孔洞总面积占砖面积的百分率）<15% 的砖；而孔洞率≥25%，其孔的尺寸小而数量多者称为多孔砖，常用于承重部位；孔洞率≥35%，孔的尺寸大而数量少的砖称为空心砖，常用于非承重部位。

砌墙砖按生产工艺又可分为烧结砖和非烧结砖。经焙烧制成的砖为烧结砖，如黏土砖（N）、页岩砖（Y）、煤矸石砖（M）、粉煤灰砖（F）等；非烧结砖有碳化砖、常压蒸汽养护（或高压蒸汽养护）硬化而成的蒸养（压）砖（如粉煤灰砖、炉渣砖、灰砂砖等）。

7.1.1 烧结砖

7.1.1.1 烧结普通砖

根据国家标准《烧结普通砖》（GB 5101—2003）规定，以黏土、页岩、煤矸石、粉煤灰为主要原料，经焙烧而成的孔洞率<15% 的砖，称为烧结普通砖。由于砖在焙烧时窑内温度分布（火候）很难做到均匀，所以，除正火砖（合格品）外，焙烧温度过低，会出现欠火砖；焙烧温度过高时，又会形成过火砖。欠火砖孔隙率大、颜色浅、敲击声发哑、吸水率

大、强度低、耐久性差。过火砖颜色深、敲击时声音清脆，吸水率小、密实度大，强度较高，但多有弯曲变形。欠火砖和过火砖均属不合格产品。

烧结普通砖按主要制作原料分为烧结黏土砖（N）、烧结页岩砖（Y）、烧结粉煤灰砖（F）及烧结煤矸石砖（M）。

烧结普通砖有青砖和红砖两种。当焙烧窑中为氧化气氛时，会生成高价氧化铁（Fe^{3+}），烧成的砖为红砖（红色）；当焙烧窑中为还原气氛时，高价氧化铁还原成低价氧化铁（Fe^{2+}），烧成的砖为青砖（青灰色）。青砖比红砖的强度高，耐久性好，但成本较高。

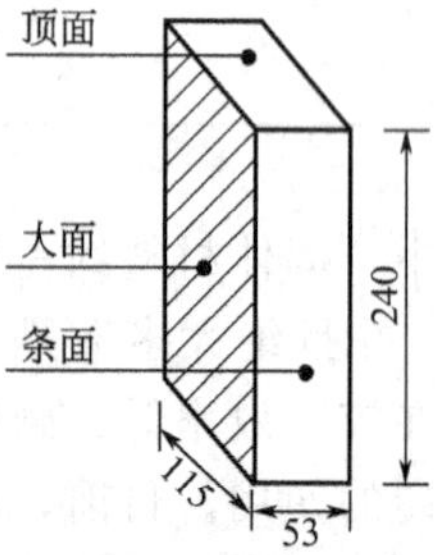

图 7-1 砖的尺寸及平
面名称（单位：mm）

制作黏土砖坯时，为节约黏土和节能，在砖坯中加入一些热值较高的页岩或粉煤灰而烧制成的砖称为内燃砖。

烧结普通砖的技术性能指标如下。

① 外形尺寸 烧结普通砖的标准尺寸是 240mm×115mm×53mm。通常，将 240mm×115mm 面称为大面，240mm×53mm 面称为条面，115mm×53mm 面称为顶面（如图 7-1 所示）。

烧结普通砖 4 块砖长、8 块砖宽、16 块砖厚，再加上砌筑灰缝（10mm），长度均为 1m，而 $1m^3$ 砖砌体需用砖 512 块。

② 表观密度 烧结普通砖的表观密度因原料和生产方式不同而异，一般为 1600～1800kg/m^3。

③ 吸水率 砖的吸水率与孔隙率的大小、孔隙构造特征及砖的焙烧程度有关。欠火砖吸水率大，过火砖吸水率小，一般吸水率为 8%～16%。

④ 强度等级 烧结普通砖是通过取 10 块砖样进行抗压强度试验，根据抗压强度平均值和标准值（变异系数 $\delta \leqslant 0.21$）或抗压强度平均值和最小值（变异系数 $\delta > 0.21$）来评定砖的强度等级。各等级应满足的强度指标见表 7-1。

表 7-1 烧结普通砖的强度等级（GB 5101—2003）　　　　　　　　　　MPa

强度等级	抗压强度	变异系数 $\delta \leqslant 0.21$	变异系数 $\delta > 0.21$
	平均值 $\overline{f} \geqslant$	强度标准值 $f_k \geqslant$	单块最小抗压强度值 $f_{min} \geqslant$
MU30	30.0	22.0	25.0
MU25	25.0	18.0	22.0
MU20	20.0	14.0	16.0
MU15	15.0	10.0	12.0
MU10	10.0	6.5	7.5

烧结普通砖中的各项指标按下式计算：

$$f_k = \overline{f} - 1.8S$$

$$S = \sqrt{\frac{1}{9}\sum_{i=1}^{10}(f_i - \overline{f})^2}$$

$$\delta = \frac{S}{\overline{f}}$$

式中　f_k——烧结普通砖的抗压强度标准值，MPa；

　　　$\overline{f}$——10 块试样的抗压强度平均值，MPa；

　　　f_i——单块试样的抗压强度测定值，MPa；

　　　S——10 块试样的抗压强度标准差，MPa；

　　　δ——变异系数。

⑤ 抗风化性能 在干湿变化、温度变化、冻融变化等物理因素作用下，材料不破坏并长期保持原有性能的能力，称为砖的抗风化性能。抗风化性能是评定砖的耐久性的一项重要的综合性能。砖的抗风化性能越好，表明砖的耐久性越好，砖的抗风化性能除与其本身性质有关外，还与所处环境风化指数有关。地域不同，风化作用程度就不同。我国按风化指数分为严重风化区（风化指数≥12700），如我国的东北、华北、西北地区。非严重风化区（风化指数＜12700），如我国的华东、华南、华中、西南等地区及西藏自治区和台湾省等。

砖的抗风化性能通常用砖的吸水率、饱和系数、抗冻性等指标评定。根据 GB 5101—2003 规定，严重风化地区中的黑龙江省、吉林省、辽宁省、内蒙古自治区、新疆维吾尔自治区使用的砖，其抗冻性试验必须合格，抗风化性能指标要满足表 7-2 的要求；其它省区和非严重风化地区的烧结普通砖，若各项指标符合表 7-2 的要求，可评定为抗风化性合格，不再进行冻融试验。

表 7-2 烧结普通砖的抗风化性能指标 （GB 5101—2003）

砖的种类	严重风化区				非严重风化区			
	5h 沸煮吸水率/%≤		饱和系数≤		5h 沸煮吸水率/%≤		饱和系数≤	
	平均值	单块最大值	平均值	单块最大值	平均值	单块最大值	平均值	单块最大值
黏土砖	21	23	0.85	0.87	19	20	0.88	0.90
粉煤灰砖	23	25			23	25		
页岩砖	16	18	0.74	0.77	18	20	0.78	0.80
煤矸石砖	16	18			18	20		

注：1. 粉煤灰掺入量（体积比）小于 30% 时，抗风化性能指标按黏土砖规定评定。

2. 饱和系数为常温 24h 吸水量与沸煮 5h 吸水量之比。

⑥ 质量等级 强度、抗风化性能和放射性物质合格的砖，根据尺寸偏差、外观质量、泛霜和石灰爆裂分为优等品（A）、一等品（B）、合格品（C）三个质量等级。优等品适用于清水墙和装饰墙，一等品、合格品可用于混水墙，烧结普通砖的质量等级标准见表 7-3。

表 7-3 烧结普通砖的质量等级 （GB 5101—2003）

项　目	优等品		一等品		合格品	
尺寸偏差/mm	样本平均偏差	样本极差≤	样本平均偏差	样本极差≤	样本平均偏差	样本极差≤
长度 240	±2.0	6	±2.5	7	±3.0	8
宽度 115	±1.5	5	±2.0	6	±2.5	7
高度 53	±1.5	4	±1.6	5	±2.0	6
外观质量						
两条面高度差/mm ≤	2		3		4	
弯曲/mm ≤	2		3		4	
杂质凸出高度/mm ≤	2		3		4	
缺棱掉角的三个破坏尺寸不得同时大于/mm	15		20		30	
裂纹长度						
(1)大面上宽度方向及其延伸至条面的长度/mm ≤	30		60		80	
(2)大面上长度方向及其延伸至顶面或条面上水平裂纹的长度/mm ≤	50		80		100	
完整面不得少于	两条面和两顶面		一条面和一顶面		—	
颜色	基本一致		—		—	

续表

项　　目	优等品	一等品	合格品
泛霜	无泛霜	不允许出现中等泛霜	不允许出现严重泛霜
石灰爆裂	不允许出现最大破坏尺寸大于2mm的爆裂区域	(1)最大破坏尺寸＞2mm且≤10mm的爆裂区域，每组样砖不得多于15处； (2)不允许出现最大破坏尺寸＞10mm的爆裂区域	(1)最大破坏尺寸＞2mm且≤15mm的爆裂区域，每组样砖不得多于15处，其中＞10mm的不得多于7处； (2)不允许出现最大破坏尺寸＞15mm的爆裂区域

泛霜（也叫起霜、盐析、盐霜等），是指在使用过程中可溶性盐类（如硫酸钠等盐类）在砖或砌块表面的析出现象，一般呈白色粉末、絮团或絮片状。这些结晶的粉状物不仅有损于建筑物的外观，而且结晶膨胀也会引起砖表层的酥松，甚至剥落，破坏砖与砂浆的粘接，严重的还可降低墙体的承载力。标准规定：优等品应无泛霜，一等品不允许出现中等泛霜，合格品不允许出现严重泛霜。

当烧结砖的砂质黏土原料中夹杂着石灰石时，焙烧时就被烧成生石灰留在砖内，在使用过程中生石灰会吸水消化成消石灰而导致体积膨胀破坏，严重时甚至使砖砌体强度降低，直至破坏。这种现象称为石灰爆裂。石灰爆裂对墙体的危害很大，轻者影响外观，缩短使用寿命；重者会造成强度下降，危及建筑物的安全。

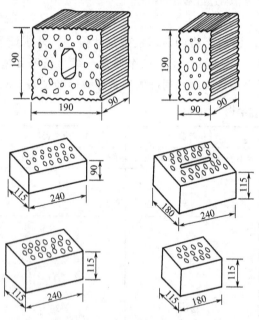

图7-2　几种多孔砖规格和孔洞形式（单位：mm）

烧结普通砖具有一定的强度和保温隔热性能，耐久性较好，生产工艺简单，价格低廉，可用于砌筑承重或非承重的内外墙、柱、拱、沟道及基础等。优等品砖可用于砌筑清水墙，一等品、合格品砖可用于砌筑混水墙，中等泛霜的砖不能用于潮湿部位。

7.1.1.2　烧结多孔砖和空心砖

（1）烧结多孔砖

以煤矸石、粉煤灰、页岩或黏土为主要原料，经焙烧而成的孔洞率≥25％，孔的尺寸小而数量多的烧结砖，称为烧结多孔砖。烧结多孔砖常用于建筑物承重部位。烧结多孔砖为直角六面体，其外形尺寸按《烧结多孔砖和多孔砌块》（GB 13544—2011）规定，长度（L）可分为290mm、240mm、190mm，宽度（B）可分为240mm、190mm、180mm、175mm、140mm、115mm，高度（H）为90mm，产品还可以有$\frac{1}{2}L$或$\frac{1}{2}B$的配砖，配套使用。图7-2为部分地区生产的多孔砖规格和孔洞形式。砖的尺寸允许偏差应符合表7-4的要求。

表 7-4　烧结多孔砖的尺寸允许偏差　　　　　　　　　　　mm

尺寸/mm	优等品		一等品		合格品	
	样本平均偏差	样本极差≤	样本平均偏差	样本极差≤	样本平均偏差	样本极差≤
290、240	±2.0	6	±2.5	7	±3.0	8
190、180、175、140、115	±1.5	5	±2.0	6	±2.5	7
90	±1.5	4	±1.7	5	±2.0	6

① 强度等级　烧结多孔砖的孔洞多与承压面垂直，单孔尺寸小，孔洞分布均匀，强度较高。多孔砖的强度等级同烧结普通砖一样分成 MU30、MU25、MU20、MU15、MU10 五个强度等级，评定方法完全与烧结普通砖相同，其具体指标参见表 7-1。

烧结多孔砖的技术要求还包括泛霜、石灰爆裂和抗风化性能。其具体指标的规定完全与烧结普通砖相同（见表 7-2、表 7-3）。

② 外观质量　烧结多孔砖的外观质量应符合表 7-5 的规定。

表 7-5　烧结多孔砖外观质量　　　　　　　　　　　mm

项　　目		优等品	一等品	合格品
颜色(一条面和一顶面)		一致	基本一致	—
完整面不得少于		一条面、一顶面	一条面、一顶面	—
缺棱断角的三个最大尺寸不得同时大于		15	20	30
裂纹长度≤	大面上深入孔壁 15mm 以上,宽度方向及其延伸到条面的长度	60	80	100
	大面上深入孔壁 15mm 以上,长度方向及其延伸到顶面的长度	60	100	120
	条面、顶面上的水平裂纹	80	100	120
杂质在砖面上造成的凸出高度≤		3	4	5

注：1. 为装饰而施加的色差、凹凸纹、拉毛、压花等不算缺陷。

2. 凡有下列缺陷之一者，不能称为完整面。

(1) 缺损在条面或顶面上造成的破坏面尺寸同时大于 20mm×30mm；

(2) 条面或顶面上裂纹宽度大于 1mm，其长度超过 70mm；

(3) 压陷、焦花、黏底在条面或顶面上的凹陷或凸出超过 2mm，区域尺寸同时大于 20mm×30mm。

在建筑工程中，用烧结多孔砖取代烧结黏土砖，不仅可降低建筑物自重 30% 左右，节省黏土 20%～30%，节省燃料 10%～20%，生产效率还可提高 40% 左右，并能改善墙体的保温隔热、隔声性能，有利于实现建筑节能，因此，应该大力推广使用。在砖混结构中可用烧结多孔砖砌筑六层以下的承重墙，其优等品可用于墙体装饰和清水墙砌筑，一等品和合格品可用于混水墙砌筑，中等泛霜的砖不得用于潮湿部位。

(2) 烧结空心砖

以黏土、页岩、煤矸石为主要原料，经焙烧而成的孔洞率≥40% 的砖，称为烧结空心砖。烧结空心砖的孔尺寸大而数量少且平行于大面和条面，使用时大面受压，孔洞与承压面平行，因而砖的强度不高。如图 7-3 所示。

烧结空心砖自重较轻，强度较低，具有良好的保温隔热性能，主要用作建筑物非承重砌体结构，如多层建筑内隔墙或框架结构的填充墙等。烧结空心砖为直角六面体，其长、宽、高应符合如下系列：a. 290mm，190（140）mm，90mm；b. 240mm，180（175）mm，

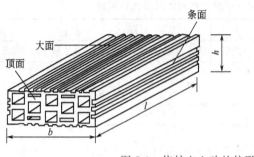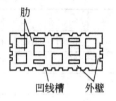

图 7-3　烧结空心砖的外形

l—长度；b—宽度；h—高度

115mm。烧结空心砖在与砂浆的结合面上设有增加结合力的 1mm 凹槽，壁厚应大于 10mm，肋厚应大于 7mm，孔洞采用矩形条孔或其它孔形，且平行于大面和条面。

① 强度等级　烧结空心砖主要用于填充墙和隔断墙，只承受自身重量，所以，大面和条面的抗压强度要比实心砖和多孔砖低得多。各强度等级的强度值应符合表 7-6 中的规定。

表 7-6　空心砖的强度等级（GB/T 13545—2014）　　　　　　　　　　MPa

强度等级	抗压强度 平均值 $\overline{f}\geqslant$	变异系数 $\delta\leqslant0.21$ 强度标准值 $f_k\geqslant$	变异系数 $\delta>0.21$ 单块最小抗压强度值 $f_{min}\geqslant$
MU10.0	10.0	7.0	8.0
MU7.5	7.5	5.0	5.8
MU5.0	5.0	3.5	4.0
MU3.5	3.5	2.5	2.8
MU2.5	2.5	1.6	1.8

② 尺寸允许偏差及外观质量　烧结空心砖的尺寸允许偏差要求见表 7-7。外观质量要求见表 7-8。

表 7-7　烧结空心砖的尺寸允许偏差要求　　　　　　　　　　mm

尺　寸	优等品 样本平均偏差	样本极差≤	一等品 样本平均偏差	样本极差≤	合格品 样本平均偏差	样本极差≤
＞300	±2.5	6.0	±3.0	7.0	±3.5	8.0
200～300	±2.0	5.0	±2.5	6.0	±3.0	7.0
100～200	±1.5	4.0	±2.0	5.0	±2.5	6.0
＜100	±1.5	3.0	±1.7	4.0	±2.0	5.0

表 7-8　烧结空心砖的外观质量要求

项　　目		优等品	一等品	合格品
弯曲/mm	≤	3	4	5
缺棱掉角的三个破坏尺寸/mm	不得同时＞	15	30	40
未贯穿裂纹长度/mm a. 大面上宽度方向及其延伸到条面的长度 b. 大面上长度方向或条面上水平方向长度	≤	不允许 不允许	100 120	120 140

项　　目		优等品	一等品	合格品
贯穿裂纹长度/mm	≤			
a. 大面上宽度方向及其延伸到条面的长度		不允许	40	60
b. 壁、肋沿长度方向、宽度方向及其水平方向的长度		不允许	40	60
肋、壁内残缺长度/mm	≤	不允许	40	60
完整面不得少于		一条面和一大面		—
欠火砖和酥砖		不允许		

烧结空心砖的抗风化性能、泛霜、石灰爆裂技术要求与烧结多孔砖基本相同。

7.1.2　非烧结砖

不经焙烧而制成的砖均称为非烧结砖,如碳化砖、免烧免蒸砖、蒸养(压)砖等。目前,应用较广的是蒸养(压)砖。这类砖以含钙材料(石灰、电石渣等)、含硅材料(砂子、粉煤灰、煤矸石灰渣、炉渣等)与水拌和,经压制成型,在自然条件下或人工水热合成条件(蒸养或蒸压)下反应,生成以水化硅酸钙、水化铝酸钙为主要胶结料的硅酸盐建筑制品。主要品种有灰砂砖、粉煤灰砖、炉渣砖等。

7.1.2.1　蒸压灰砂砖

以石灰、砂子为主要原料(也可加入着色剂或掺和剂),经配料、拌和、压制成型和蒸压养护(温度为175~191℃,压力为0.8~1.2MPa)而制成的实心砖或空心砖,称为灰砂砖。原料中石灰占10%~20%。

灰砂砖的尺寸规格与烧结普通砖相同,为240mm×115mm×53mm,其表观密度为1800~1900kg/m³,热导率约为0.61W/(m·K)。根据产品的尺寸允许偏差和外观质量分为优等品(A)、一等品(B)、合格品(C)三个质量等级。

根据GB 11945—1999的规定,灰砂砖按浸水24h后的抗压强度和抗折强度分为MU25、MU20、MU15、MU10四个强度等级。各等级的抗折强度、抗压强度值及抗冻性指标应符合表7-9的规定。

表 7-9　蒸压灰砂砖强度等级和抗冻性

强度等级	强度指标				抗冻性指标	
	抗压强度/MPa		抗折强度/MPa		冻后抗压强度平均值/MPa　≥	单块砖干质量损失/%　≤
	平均值≥	单块值≥	平均值≥	单块值≥		
MU25	25.0	20.0	5.0	4.0	20.0	2.0
MU20	20.0	16.0	4.0	3.2	16.0	2.0
MU15	15.0	12.0	3.3	2.6	12.0	2.0
MU10	10.0	8.0	2.5	2.0	8.0	2.0

注:优等品的强度级别不得小于MU15。

同其它砖相比,灰砂砖具有较高的蓄热能力、隔声性能较好、不易燃等特点,可用于内、外墙的承重或非承重结构。灰砂砖中的MU25、MU20、MU15的砖可用于基础及其它建筑;MU10的砖可用于防潮层以上的建筑,但不得用于长期受热(200℃以上)、受急冷急热和有酸性侵蚀的建筑部位,也不适用于有流水冲刷的部位。

7.1.2.2　蒸压(养)粉煤灰砖

以电厂废料粉煤灰为主要原料,掺入适量的石灰和石膏或再加入部分炉渣等,经配料、拌和、压制成型、常压或高压蒸汽养护而成的实心粉煤灰砖，称为蒸压（养）粉煤灰砖。其外形尺寸与烧结普通砖相同，即长 240mm、宽 115mm、高 53mm，呈深灰色，表观密度约为 1500kg/m³。

根据《粉煤灰砖》（JC 239—2001）规定，蒸压粉煤灰砖按抗压强度和抗折强度划分为 MU30、MU25、MU20、MU15、MU10 五个强度等级。按外观质量、尺寸偏差、强度和干燥收缩值分为优等品（A）、一等品（B）、合格品（C）。优等品应不低于 MU15。蒸压（养）粉煤灰砖强度等级指标及抗冻性指标见表 7-10。

表 7-10 蒸压（养）粉煤灰砖强度等级指标及抗冻性指标

强度等级	强度指标				抗冻性指标	
	抗压强度/MPa		抗折强度/MPa		冻后抗压强度	单块砖干质量
	平均值 ≥	单块值 ≥	平均值 ≥	单块值 ≥	平均值/MPa ≥	损失/% ≤
MU30	30.0	24.0	6.2	5.0	24.0	2.0
MU25	25.0	20.0	5.0	4.0	20.0	2.0
MU20	20.0	16.0	4.0	3.2	16.0	2.0
MU15	15.0	12.0	3.3	2.6	12.0	2.0
MU10	10.0	8.0	2.5	2.0	8.0	2.0

粉煤灰砖可用于工业与民用建筑的墙体和基础，但用于基础或易受冻融和干湿交替作用的建筑部位，必须使用一等品和优等品（即 MU15 及以上强度等级的砖）。粉煤灰砖不得用于长期受热（200℃以上）、受急冷急热和有酸性介质侵蚀的建筑部位。为避免或减少收缩裂缝的产生，用粉煤灰砖砌筑的建筑物，应适当增设圈梁及伸缩缝。

7.1.2.3 炉渣砖（煤渣砖）

以煤燃烧后的炉渣（煤渣）为主要原料，加入适量的石灰或电石渣、石膏等材料，经混合、搅拌、成型、蒸汽养护等而制成的实心炉渣砖，称为炉渣砖。其尺寸规格与普通砖相同，呈黑灰色，表观密度为 1500～2000kg/m³，吸水率为 6%～19%。

煤渣砖按其抗压强度和抗折强度分为 20、15、10、7.5 四个强度级别，各级别的强度指标应满足表 7-11 的规定。

表 7-11 煤渣砖的强度指标

强度等级	抗压强度/MPa		抗折强度/MPa	
	10 块平均值≥	单块值≥	10 块平均值≥	单块值≥
20	20.0	15.0	4.0	3.0
15	15.0	11.2	3.2	2.4
10	10.0	7.5	2.5	1.9
7.5	7.5	5.6	2.0	1.5

根据尺寸偏差、外观质量、强度级别，炉渣砖分为优等品（A）、一等品（B）、合格品（C）。优等品的强度等级应≥15 级，一等品的强度级别应≥10 级，合格品的强度级别应≥7.5 级。

煤渣砖可用于工业与民用建筑的墙体和基础，但用于基础或用于易受冻融和干湿交替作用的建筑部位必须使用 15 级及以上的砖。煤渣砖不得用于长期受热（200℃以上）、受急冷急热和有酸性介质侵蚀的建筑部位。

7.2 墙用砌块

用于砌筑的体积大于砌墙砖的人造块材称为砌块，其外形一般为直角六面体。砌块按规格尺寸可分为大型砌块、中型砌块和小型砌块；按用途分为承重砌块和非承重砌块；按孔洞率可分为实心砌块和空心砌块；按材质又可分为硅酸盐砌块、轻骨料混凝土砌块、加气混凝土砌块、混凝土砌块等。高度为 180～350mm 的砌块一般称为小型砌块；高度为 360～900mm 的砌块一般称为中型砌块；大型砌块尺寸更大，由于起重设备限制，中型和大型砌块已很少使用。下面主要介绍几种常用砌块。

砌块是一种新型墙体材料，它不仅可以充分利用地方资源和工业废渣，还可节省黏土资源和改善环境。砌块具有生产工艺简单，原料来源广，生产周期短，适应性强，制作及使用方便，可提高工作效率，通过空心化，还可改善墙体功能等特点。砌块是目前国家大力推广的墙体材料之一。

7.2.1 蒸压加气混凝土砌块（代号 ACB）

以钙质材料（水泥、石灰等）、硅质材料（砂、矿渣、粉煤灰等）和加气剂（铝粉）等为原料，经配料、搅拌、浇注、发气（由化学反应形成孔隙）、预养切割、蒸汽养护等工艺制成的多孔轻质块体硅酸盐材料，称为加气混凝土砌块。

7.2.1.1 砌块的尺寸规格

根据《蒸压加气混凝土砌块》（GB 11968—2006）规定，砌块公称尺寸的长度 L 为 600mm；宽度 B 为 100、120、125、150、180、200 及 240、250、300mm；高度 H 为 200、250、300mm 等多种规格。

7.2.1.2 砌块的强度等级

按砌块的抗压强度，划分为 A1.0，A2.0，A2.5，A3.5，A5.0，A7.5，A10.0 七个级别。各强度等级的立方体抗压强度值不得小于表 7-12 的规定。

表 7-12 蒸压加气混凝土砌块的抗压强度（GB 11968—2006）

强度级别		A1.0	A2.0	A2.5	A3.5	A5.0	A7.5	A10.0
立方体抗压强度/MPa	平均值≥	1.0	2.0	2.5	3.5	5.0	7.5	10.0
	单块最小值≥	0.8	1.6	2.0	2.8	4.0	6.0	8.0

7.2.1.3 砌块的质量等级

按尺寸偏差、外观质量、表观密度及抗压强度分为优等品（A）、一等品（B）、合格品（C）。砌块的表观密度级别、强度级别、干缩值、抗冻性、热导率见表 7-13、表 7-14。

表 7-13 蒸压加气混凝土砌块的干表观密度级别指标

表观密度级别		B03	B04	B05	B06	B07	B08
表观密度/(kg/m³)	优等品(A) ≤	300	400	500	600	700	800
	一等品(B) ≤	330	430	530	630	730	830
	合格品(C) ≤	350	450	550	650	750	850

表 7-14　蒸压加气混凝土砌块的强度等级、干缩值、抗冻性、热导率指标

强度级别	优等品			A3.5	A5.0	A7.5	A10.0
	一等品	A1.0	A2.0	A3.5	A5.0	A7.5	A10.0
	合格品			A2.5	A3.5	A5.0	A7.5
干缩值/(mm/m) ≤	标准法	0.50					
	快测法	0.80					
抗冻性	质量损失/% ≤	5.0					
	冻后强度/MPa ≥	0.8	1.6	2.0	2.8	4.0	6.0
热导率/[W/(m·K)] ≤		0.10	0.12	0.14	0.16	—	—

加气混凝土砌块是应用较多的一种轻型墙体材料。它具有自重轻、抗冻性强、保温、隔热、隔音性能好、传热慢及耐久性好、易于加工、施工方便等优点。常用于低层建筑的承重墙、多层建筑的隔墙和高层框架结构的填充墙，也可用于一般工业建筑的围护墙。该种砌块的缺点是易干缩开裂，必须做好饰面层，其耐水、耐腐蚀性也差，在无可靠的防护措施时，不能用于水中、高温和有侵蚀介质的环境中，也不得用于建筑物基础和温度长期高于80℃的建筑部位。

7.2.2　蒸养粉煤灰砌块（代号 FB）

以粉煤灰、石灰、石膏和骨料（炉渣、矿渣）等为原料，经配料、加水搅拌、振动成型、蒸汽养护而制成的密实砌块，称为蒸养粉煤灰砌块。其主要规格尺寸有 880mm×380mm×240mm 和 880mm×420mm×240mm 两种。

这种砌块属硅酸盐类制品，其干缩值比水泥混凝土大，弹性模量低于同等级强度的水泥混凝土制品。以炉渣为骨料的粉煤灰砌块，其表观密度为 $1300 \sim 1550 kg/m^3$，热导率为 $0.465 \sim 0.582 W/(m·K)$。粉煤灰砌块适用于一般工业与民用建筑的墙体和基础，但不宜用于长期受高温（如炼钢车间）和经常受潮湿的承重墙，也不宜用于有酸性介质侵蚀的建筑部位。

7.2.3　普通混凝土小型空心砌块（代号 NHB）

普通混凝土小型空心砌块是以水泥为胶凝材料，砂、碎石或卵石、煤矸石、炉渣为骨料，经加水搅拌，振动加压或冲压成型、养护而制成的小型砌块，空心率不小于 25%，见图 7-4，有承重砌块和非承重砌块两类。

根据外观质量和尺寸偏差，分为优等品（A）、一等品（B）、合格品（C）三个质量等级。强度等级分为 MU3.5、MU5.0、MU7.5、MU10.0、MU15.0、MU20.0 六个强度等级。砌块的主要规格尺寸为 390mm×190mm×190mm，配以 3~4 种辅助规格，即可组成墙用砌块基本系列。其它规格尺寸可由供需双方协商。砌块的最小外壁厚应不小于 30mm，最小肋厚应不小于 25mm。

产品标记按产品名称（代号 NHB）、强度等级、外观质量等级和标准编号的顺序组成。例如：强度等级为 MU15，外观质量等级为优等品（A）的砌块。产品标记为：NHB MU15 A GB 8239

这种小型砌块适用于地震设计烈度为 8 度和 8 度以下地区的工业与民用建筑物的墙

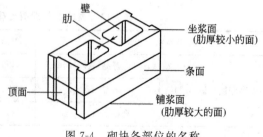

图 7-4　砌块各部位的名称

体结构。对用于承重墙和外墙的砌块，要求其干缩值小于 0.5mm/m，非承重或内墙用的砌块，其干缩值应小于 0.6mm/m。

7.2.4 轻骨料混凝土小型空心砌块（代号 LHB）

由水泥、砂（轻砂或普通砂）、轻质粗骨料、水等，经搅拌、成型而制得的小型空心砌块称为轻骨料混凝土小型空心砌块。

根据《轻骨料混凝土小型空心砌块》（GB/T 15229—2011）的规定，轻骨料混凝土小型空心砌块按砌块孔的排数分为五类：实心（0）、单排孔（1）、双排孔（2）、三排孔（3）和四排孔（4）。按其密度可分为 500、600、700、800、900、1000、1200、1400 八个等级；按其强度可分为 1.5、2.5、3.5、5.0、7.5、10.0 六个等级；按尺寸允许偏差和外观质量分为一等品（B）、合格品（C）两个等级。这种砌块主要用于保温墙体（<3.5MPa）或非承重墙体、承重保温墙体（≥3.5MPa）。

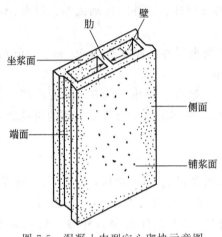

图 7-5 混凝土中型空心砌块示意图

7.2.5 混凝土中型空心砌块

以水泥或无熟料水泥，配以一定比例的骨料，制成空心率≥25% 的制品，称为混凝土中型空心砌块（见图 7-5）。其尺寸规格为：长度 500mm、600mm、800mm、1000mm；宽度 200mm、240mm；高度 400mm、450mm、800mm、900mm。

用无熟料水泥或少熟料水泥配制的砌块属硅酸盐类制品，生产中应通过蒸汽养护或相关的技术措施来提高产品质量。要求这类砌块的干缩值≤0.8mm/m；经 15 次冻融循环后，其强度损失不超过 15%，外观无明显疏松、剥落和裂缝；自然碳化系数（1.15×人工碳化系数）≥0.85。水泥混凝土中型空心砌块的抗压强度应满足表 7-15 的要求。

表 7-15 水泥混凝土中型空心砌块抗压强度等级值

强度等级		MU3.5	MU5.0	MU7.5	MU10.0	MU15.0
抗压强度/MPa	≥	3.5	5.0	7.5	10.0	15.0

中型空心砌块具有体积密度小、强度较高、生产简单、施工方便等特点，适用于民用与一般工业建筑物的墙体结构。

7.3 墙用板材

随着建筑结构体系的改革和大开间多功能框架结构的发展，轻质复合墙用板材也随之兴起。墙用板材具有轻质、高强、多功能、节能降耗、施工操作方便、使用面积大、开间布置灵活等特点，所以，轻质墙用板材具有广阔的发展前景。

我国目前可用于墙体的板品种很多，它们各具特色，有承重用的预制混凝土大板、质量较轻的石膏板和加气硅酸盐板、各种植物纤维板及轻质多功能复合板材等。下面仅介绍几种有代表性的板材。

7.3.1 水泥类墙用板材

水泥类墙用板材具有较好的力学性能，耐久性较好，生产技术成熟，产品质量可靠，适用于承重墙、外墙和复合墙体的外层面。但缺点是表观密度大，抗拉强度低（大板在起吊过程中易受损）。生产中可采用空心化以减轻自重和改善隔音、隔热性能，也可掺加纤维材料制成纤维增强薄型板材，还可在水泥类墙用板材上制作成具有装饰效果的表面层（如花纹线条装饰、露骨料装饰、着色装饰等）。

7.3.1.1 GRC轻质多孔墙板

以低碱水泥为胶凝材料、抗碱玻璃纤维网格布为增强材料、膨胀珍珠岩为骨料（也可用炉渣、粉煤灰等），并加入起泡剂和防水剂等，经配料、搅拌、浇注、振动成型、脱水、养护而制成的水泥类板材，称为GRC轻质多孔墙板。

GRC轻质多孔墙板也称GRC轻质空心条板，其规格尺寸：厚度分为60mm、90mm、120mm三种；长度为2500～3500mm，宽度为600mm。

GRC轻质多孔墙板特点：密度小、韧性好、耐水、耐火、隔热、隔声、强度较高，易于加工等。适用于工业与民用建筑的分室、分户、厨房、厕浴间、阳台等非承重的内隔墙和复合墙体的外墙面等。

7.3.1.2 预应力混凝土空心墙板

以高强度低松弛预应力钢绞线、52.5级早强水泥及砂、石为原料，经张拉、搅拌、挤压、养护、放张、切割而制成的水泥类墙用板材，称为预应力混凝土空心墙板。预应力混凝土空心墙板也称预应力空心墙板。使用时可按要求配以保温层、外饰面层和防水层等。

预应力混凝土空心墙板的规格尺寸：长度为1000～1900mm，宽度为600～1200mm，总厚度为200～480mm。其外饰面层可做成彩色水刷石、剁斧石、喷砂、釉面砖等多种式样。适用于承重或非承重外墙、内墙板、楼板、屋面板和阳台板等。见图7-6。

7.3.1.3 纤维增强水泥平板（TK板）

该板是以低碱水泥、耐碱玻璃纤维为主要原料，经制浆、成坯、养护等工序制成的薄型平板。按使用的纤维品种分为石棉水泥板、混合纤维水泥板、无石棉纤维水泥板三类；按产品使用的水泥品种分为普通水泥板和低碱水泥板；按密度分为高密度板（即加压板）、中密度板（即非加压板）和轻板（板中含有轻骨料）。

TK板的规格尺寸：长度为1200～3000mm，宽度为800～1200mm，厚度为4mm、5mm、6mm和8mm。TK板的表观密度约为1750kg/m^3，抗折强度可达15MPa，抗冲击强度≥1.5kJ/m^2。

TK板特性：轻质、高强、防潮、防火、不易变形，易于加工（锯、钻、钉及表面装饰等）。适用于各类建筑物的复合外墙和内隔墙，特别是高层建筑有防火、防

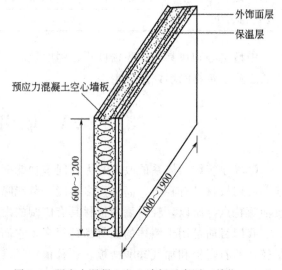

图7-6 预应力混凝土空心墙板示意图（单位：mm）

潮要求的隔墙。

7.3.1.4 水泥木丝板

用木材下脚料经机械刨切成均匀木丝，再加入水泥、水玻璃等材料，经成型、冷压、养护、干燥而成的薄型建筑平板称为水泥木丝板。它的特点是：自重轻、强度高、防火、防水、防蛀、保温、隔声，可加工性能好。主要用于建筑物的内外墙板、天花板、壁橱板等。

7.3.1.5 水泥刨花板

该板以水泥和木材加工的下脚料——刨花为主要原料，加入适量水和化学助剂，经搅拌、成型、加压、养护而成。表观密度为 $1000\sim1400kg/m^3$。其特性和用途同水泥木丝板。

7.3.2 石膏类墙用板材

石膏板材以其平面平整、光滑细腻、装饰性好、具有特殊的呼吸功能、原材料丰富、制作简单等特点，得到广泛使用。石膏类板材在轻质墙体材料中占有很大比例，主要有纸面石膏板、无面纸的石膏纤维板、石膏空心板和石膏刨花板等。

7.3.2.1 纸面石膏板

以熟石膏为胶凝材料，并掺入适量添加剂和纤维作为芯材，以特制的护面纸作为面层而制成的墙用板材，称为纸面石膏板。

纸面石膏板分普通型（P）、耐水型（S）和耐火型（H）三种。以建筑石膏及适量纤维类增强材料和外加剂为芯材，与具有一定强度的护面纸制成的石膏板为普通纸面石膏板；若在芯材配料中加入防水、防潮外加剂，并用耐水护面纸，即可制成耐水纸面石膏板；若在配料中加入无机耐火纤维和阻燃剂等，改善高温下的黏结力，即可制成耐火纸面石膏板。

纸面石膏板常用规格尺寸如下。

① 长度 1800～3600mm，间隔300mm。

② 宽度 900mm 和 1200mm。

③ 厚度 普通纸面石膏板为9mm、12mm、15mm和18mm；耐水纸面石膏板为9mm、12mm和15mm；耐火纸面石膏板为9mm、12mm、15mm、18mm、21mm和25mm。

纸面石膏板的质量要求和性能指标应满足标准 GB/T 9775—2008 的要求，耐水纸面石膏板的耐水性指标应符合表 7-16 的规定；耐火纸面石膏板遇火稳定时间应不小于表 7-17 的规定。

表 7-16 耐水纸面石膏板的耐水性能指标

项　目		指　标					
		优等品		一等品		合格品	
		平均值	最大值	平均值	最大值	平均值	最大值
吸水率(浸水 2h)/% ≤		5.0	6.0	8.0	9.0	10.0	11.0
表面吸水量/g ≤		1.6		2.0		2.4	
受潮挠度/mm 不大于	板厚:9mm	48		52		56	
	板厚:12mm	32		36		40	
	板厚:15mm	16		20		24	

注：板材浸水 2h 后，护面纸与石膏芯不得剥离。

表 7-17 耐火纸面石膏板遇火稳定时间

优等品	一等品	合格品
30min	25min	20min

普通纸面石膏板适用于干燥环境的室内隔墙板、墙体复面板、天花板等，但不适用于厨房、卫生间及空气相对湿度经常大于70%的环境。耐水型板可用于相对湿度较大（≥75%）的环境，如厕所、盥洗室等。耐火型纸面石膏板主要用于对防火要求较高的房屋建筑中。

7.3.2.2　石膏纤维板

以纤维增强石膏为基材的无面纸石膏板称为石膏纤维板。该板用无机纤维或有机纤维与建筑石膏、缓凝剂等经打浆、铺装、脱水、成型、烘干而制成。石膏纤维板的特点：质轻、高强、耐火、隔声、韧性高，可加工性好。其尺寸规格和用途与纸面石膏板相同。

7.3.2.3　石膏空心板

以熟石膏为胶凝材料，适量掺入各种无机轻质骨料（如膨胀珍珠岩、膨胀蛭石等）、无机纤维材料，经搅拌、振动成型、抽芯、干燥而制成的空心条板，称为石膏空心板。

石膏空心板的规格尺寸：长度为2500～3000mm，宽度为500～600mm，厚度为60～90mm。孔与孔、孔与板面之间的最小壁厚不小于10mm。该板生产时不用纸，不用胶，安装墙体时不用龙骨，设备简单，较易投产。

石膏空心板的表观密度为600～900kg/m³，抗折强度为2～3MPa，热导率约为0.22W/(m·K)，隔声指数大于30dB，耐火极限为1～2.25h。

石膏空心板特点：加工性能好、质轻、比强度高、隔热、隔声、防火、表面平整光滑、且安装方便等。适用于各类建筑的非承重内隔墙，但若用于相对湿度大于75%的环境中，板材表面要作防水等相应处理。

7.3.2.4　石膏刨花板

以熟石膏为胶凝材料，木质刨花为增强材料，添加所需的辅助材料，经配料、搅拌、铺装、压制而成的板材，称为石膏刨花板。具有上述石膏板材的优点，适用于非承重内隔墙和作装饰板材的基材板。

7.3.3　复合墙体板材

用单一材料制成的板材，常因材料本身不能满足墙体的多功能要求，而使其应用受到限制。如质量较轻和隔热隔声效果较好的石膏板、加气混凝土板、稻草板等，因其耐水性差或强度较低，通常只能用于非承重的内隔墙。而水泥混凝土类板材虽然强度较高，耐久性较好，但其自重大，隔声保温性能较差。为克服上述缺点，现代建筑常用两种或两种以上不同材料组合成多功能的复合墙体以减轻墙体自重，并取得良好的效果。

复合墙板主要由承受（或传递）外力的结构层（多为普通混凝土或金属板）、保温层（矿棉、泡沫塑料、加气混凝土等）及面层（各类具有可装饰性的轻质薄板）组成，其优点是承重材料和轻质保温材料的功能都得到合理利用。

7.3.3.1　玻璃纤维增强水泥（GRC）外墙内保温板

以玻璃纤维增强水泥砂浆或玻璃纤维增强水泥膨胀珍珠岩砂浆为面板，阻燃型聚苯乙烯泡沫塑料或其它绝热材料为芯材复合而成的外墙内保温板，称为玻璃纤维增强水泥外墙内保温板。

根据JC/T 893—2001规定，按板的类型分为普通板（PB）、门口板（MB）、窗口板（CB）。普通板为条板，其技术性能指标如下。

① 主要规格尺寸：长度为2500～3000mm，宽度为600mm，厚度为60mm、70mm、80mm、90mm，其它规格由供需双方协商。

② 尺寸允许偏差：长度为±5mm，宽度为±2mm，厚度为±1.5mm，板面平整度≤

2mm，对角线差≤10mm。

③外观质量要求：板面不允许有贯通裂纹，不允许外露纤维，板面裂纹长度不得超过 30mm，且不得多于 2 处；蜂窝气孔的长径尺寸不得超过 5mm，深度不得超过 2mm，且不得多于 10 处；缺棱掉角的深度不得超过 10mm，宽度不得超过 20mm，长度不得超过 30mm，且不得多于 2 处。

7.3.3.2　外墙外保温板

常用的外墙外保温墙板有：BT 型外保温板、水泥聚苯乙烯外保温板、GRC 外保温板。

采用墙体外保温措施，可消除热桥或降低热桥，使墙体蓄热能力增强，提高室内的热稳定性和舒适感；还能减少墙体内表面的结露，延长墙体的使用寿命等。

（1）BT 型外保温板

以普通水泥砂浆为基材，镀锌钢丝网和钢筋为增强材料，制作时与聚苯乙烯泡沫塑料板复合成为单面型的保温板材，称为 BT 型外保温板。

（2）钢丝网架水泥夹心板

钢丝网架水泥夹心板是由镀锌钢丝木行条与钢丝网形成骨架，中间填以阻燃型聚苯乙烯泡沫塑料、聚氨酯泡沫塑料等轻质保温隔热材料组成的复合墙体材料。

常用品种有：舒乐舍板、3D 板、泰柏板、UBS 板、英派克板。虽然板的名称不同，但板的基本结构相似。板的综合性能与钢丝直径、网格尺寸、焊接强度、横穿钢丝的焊点数量、夹心板密度和厚度、水泥砂浆的厚度等均有密切关系。

这类板材特点：轻质、高强、保温、隔热、防水、防潮、防震、耐久性好、安装方便等。适用于房屋建筑的内隔墙、围护外墙、3m 内的跨板等。

7.3.4　轻型夹心板

用轻质高强的薄板为外层，以轻质保温隔热材料为芯材组成的复合板材称为轻型夹心板。用于外墙面的外层薄板有不锈钢板、彩色镀锌钢板、铝合金板、纤维增强水泥薄板等。芯材有岩棉毡、玻璃棉毡、阻燃型发泡聚苯乙烯、发泡聚氨酯等。用于内墙面的外层薄板可根据需要选用石膏类板、植物纤维类板、塑料类板材等。该类复合墙板的特点：轻质、高强、隔热、隔声、防化、防潮、防震，耐久性好，易于加工，施工方便。适用于自承重外墙、内隔墙、屋面板等。

7.4　墙体材料实训项目

通过实训操作，掌握烧结普通砖、加气混凝土检测的试验方法和操作技能，学会正确使用有关的仪器设备。

7.4.1　烧结普通砖检验（实训）

7.4.1.1　试验依据

《砌墙砖试验方法》（GB/T 2542—2012）。

《烧结多孔砖和多孔砌块》（GB 13544—2011）。

《烧结普通砖》（GB 5101—2003）。

7.4.1.2　取样方法

砌墙砖检验批的批量宜在 3.5 万～15 万块范围内，但不得超过一条生产线的日产量。

抽样数量由检验项目确定，必要时可增加适当的备用砖样。有两个以上的检验项目时，非破损检验项目（外观质量、尺寸偏差、表观密度、空隙率等）的砖样，允许在检验后继续用作它项，此时抽样数量可不包括重复使用的样品数。

外观质量检验的试样采用随机抽样法，在每一检验批的产品堆垛中抽取；尺寸偏差检验的样品用随机抽样法从外观质量检验后的样品中抽取；其它检验项目的样品用随机抽样法从外观质量检验合格后的样品中抽取。抽样数量见表 7-18。

表 7-18　抽样数量表

检验项目	外观质量	尺寸偏差	强度等级	泛霜	石灰爆裂	冻融	吸水率和饱和系数	放射性
抽样砖块/块	50	20	10	5	5	5	5	4

7.4.1.3　尺寸偏差检测

通过对烧结普通砖外观尺寸的检查、测量，为评定其质量等级提供依据。

（1）主要仪器设备

砖用卡尺（分度值为 0.5mm）（见图 7-7）、钢直尺。

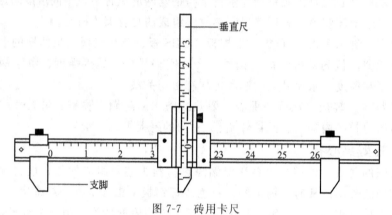

图 7-7　砖用卡尺

（2）检测方法

砖样的长度：在砖的两个大面的中间处分别测量两个尺寸。

砖样的宽度：在砖的两个顶面的中间处分别测量两个尺寸。

砖样的高度：在砖的两个条面的中间处分别测量两个尺寸，当被测处缺损或凸出时，可在其旁边测量，但应选择不利的一侧进行测量。

（3）结果评定

检测结果分别以长度、宽度和高度的平均偏差及最大偏差值表示，不足 1mm 者按 1mm 计。

检验样品数为 20 块，其中每一尺寸测量不足 0.5mm 按 0.5mm 计，每一方向尺寸以两个测量值的算术平均值表示。

样本平均偏差是 20 块试样同一方向测量尺寸的算术平均值与其公称尺寸的差值，样本极差是抽检的 20 块试样中同一方向最大测量值与最小测量值的差值。

7.4.1.4　外观质量检测

通过对烧结普通砖外观质量（是否有缺棱掉角、弯曲、裂纹等现象）的检查、测量，为评定其质量等级提供技术依据。

（1）主要仪器设备

砖用卡尺（分度值为 0.5mm）（见图 7-7）、钢直尺（分度值为 1mm）。

（2）检测方法

① 缺损 缺棱掉角在砖上造成的破损程度，用破损部分对长、宽、高三个棱边的投影尺寸来度量，称为破坏尺寸。缺损造成的破坏面，系指缺损部分对条、顶面的投影面积。

② 裂纹 裂纹分为长度方向、宽度方向和高度方向三种，用被测方向的投影长度表示。如果裂纹从一个面延伸至其它面上时，则累计其延伸的投影长度。裂纹长度以在三个方向上分别测得的最长裂纹作为测量结果。

③ 弯曲 弯曲分别在大面和条面上测量，测量时将砖用卡尺的两只脚沿棱边两端放置，择其弯曲最大处将垂直尺推至砖面，但不应将因杂质或碰伤造成的凹处计算在内。以弯曲测量中测得的较大者作为测量结果。

④ 杂质凸出高度 杂质在砖面上造成的凸出高度，用杂质距砖面的最大距离表示。测量时将砖用卡尺的两只脚置于杂质凸出部分两边的砖平面上，以垂直尺测量。

（3）结果评定

外观测量结果以缺损尺寸、裂纹长度、弯曲和杂质凸出高度表示，以 mm 为单位，不足 1mm 者，按 1mm 计。

7.4.1.5 抗压强度检验

通过测定烧结普通砖的抗压强度，来检验砖的质量，为确定其强度等级提供依据。

烧结普通砖试件数量为 10 块，加荷速度为 (5 ± 0.5) kN/s。

（1）主要仪器设备

压力机（300～500kN）、锯砖机或切砖机、直尺、镘刀等。

（2）试件制备

① 将试样切断或锯成两个半截砖，断开的半截砖长不得小于 100mm，如图 7-8 所示。如果不足 100mm，应另取备用试件补足。

② 在试件制备平台上，将已断开的半截砖放入室温的净水中浸 10～20min 后取出，并按断口相反方向叠放，两者中间抹以厚度不大于 5mm 的水泥净浆（用强度等级为 32.5 或 42.5 普通硅酸盐水泥调制的稠度适宜的水泥净浆）来粘接，上下两面用厚度不大于 3mm 的同种水泥净浆抹平。制成的试件上下两面须相互平行，并垂直于侧面，如图 7-9 所示。

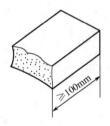
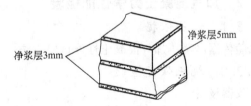

图 7-8 半截砖样　　　　图 7-9 烧结普通砖抗压试件（单位：mm）

（3）试件养护

制成的试件应置于不低于 10℃ 的不通风室内养护 3d，再进行检验。

（4）检验步骤

① 测量每个试件连接面或受压面的长 L（mm）、宽 b（mm）尺寸各两个，分别取其平

均值，精确至 1mm。

② 将试件平放在加压板的中央，垂直于受压面加荷，加荷应均匀平稳，不得发生冲击和振动。加荷速度以（5±0.5）kN/s 为宜，直至试件破坏为止，记录最大破坏荷载 P（N）。

（5）数据处理及结果评定

① 数据处理　每块试件的抗压强度按下式计算（精确至 0.1MPa）。

$$f_i = \frac{P}{Lb}$$

式中　f_i——抗压强度，MPa；

P——最大破坏荷载，N；

L——受压面（连接面）的长度，mm；

b——受压面（连接面）的宽度，mm。

强度变异系数 δ 按下式计算。

$$\delta = \frac{S}{\overline{f}}$$

标准差 S 按下式计算

$$S = \sqrt{\frac{1}{9}\sum_{i=1}^{10}(f_i - \overline{f})^2}$$

式中　$\overline{f}$——10 块砖样抗压强度算术平均值，MPa；

f_i——单块砖样抗压强度的测定值，MPa；

S——10 块砖样的抗压强度标准差，MPa。

② 结果评定

a. 平均值——标准值方法评定　变异系数 $\delta \leqslant 0.21$ 时，按抗压强度平均值 $\overline{f}$、强度标准值 f_k 指标来评定砖的强度等级。样本量 $n=10$ 时的强度标准值按下式计算（精确至 0.1MPa）。

$$f_k = \overline{f} - 1.8S$$

b. 平均值——最小值方法评定　变异系数 $\delta > 0.21$ 时，按抗压强度平均值 $\overline{f}$、单块最小抗压强度值 f_{min} 来评定砖的强度等级。

7.4.2　加气混凝土力学性能检验

7.4.2.1　试验依据

本试验依据《蒸压加气混凝土性能试验方法》（GB/T 11969—2008）。

7.4.2.2　抗压强度检验

（1）仪器设备

① 材料试验机　精度（示值的相对误差）不应低于 ±2%，其量程的选择应能使试件的预期最大破坏荷载处在全量程的 20%～80% 范围内。

② 托盘天平或磅秤　称量 2000g，感量 1g。

③ 电热鼓风干燥箱　最高温度 200℃。

④ 钢板直尺　规格为 300mm，分度值为 0.5mm。

（2）试件

① 试件的制备　采用机锯或刀锯，锯时不得将试件弄湿。

抗压强度试件应沿制品膨胀方向中心部分上、中、下顺序锯取一组，"上"块上表面距离制品顶面 30mm，"中"块在制品正中处，"下"块下表面离制品底面 30mm。制品的高度不同，试件间隔略有不同。试件必须逐块加以编号，并标明锯取部位和膨胀方向。

② 试件尺寸和数量　抗压强度检验的试件尺寸为 100mm×100mm×100mm，每组 3 块。

③ 试件尺寸允许偏差　±2mm。

④ 外观要求　试件表面必须平整，不得有裂缝或明显缺陷。试件受力面必须锉平或磨平。试件承压面的不平度应为每 100mm 不大于 0.1mm，承压面与相邻面的不垂直度不大于±1。

⑤ 试件烘干条件　试件根据试验要求，可分阶段升温烘至恒质，在烘干过程中，要防止出现裂缝。恒质是指在烘干过程中间隔 4h，前后两次质量差不超过试件质量的 0.5%。

⑥ 试件含水状态　抗压强度试件在质量含水率为 25%～45% 下进行检验。如果质量含水率超过上述规定范围，则在（60±5）℃下烘至所要求的含水率。其它情况下，可将试件浸水 6h，从水中取出，用干布抹去表面水分，在（60±5）℃下烘至所要求的含水率。

（3）检验步骤

① 检查试件外观。

② 测量试件的尺寸，精确至 1mm，并计算试件的受压面积（A_1）。

③ 将试件放在材料试验机的下压板的中心位置，试件的受压方向应垂直于制品的膨胀方向。

④ 开动试验机，当上压板与试件接近时，调整球座，使接触均衡。

⑤ 以（2.0±0.5）kN/s 的速度连续而均匀地加载，直至试件破坏，记录破坏荷载（F_1）。

⑥ 将检验后的试件全部或部分立即称量质量，然后在（105±5）℃下烘至恒量，计算其含水率。

（4）结果计算

抗压强度按下式计算。

$$f_{cu} = \frac{F_1}{A_1}$$

式中　f_{cu}——试件的抗压强度，MPa；

　　　F_1——破坏荷载，N；

　　　A_1——试件受压面积，mm²。

（5）结果评定

抗压强度计算精确至 0.1MPa。强度的试验结果，按 3 块试件试验值的算术平均值进行评定。

小　结

墙体材料约占建筑物总质量的 60%，用量较大，合理选用墙材，对建筑物的功能、造价以及安全等均有重要意义。本章主要讲述了烧结砖及非烧结砖、墙用砌块、墙用板材等的主要特点、技术性能要求和应用。

烧结砖主要有烧结普通砖、烧结多孔砖、烧结空心砖。烧结砖的技术要求主要有物理性质、力学性质及耐久性。烧结砖的质量等级要根据尺寸偏差、外观质量、强度等级、耐久性（泛霜、石灰爆裂及抗冻性等）进行评定。

非烧结砖主要品种有蒸压灰砂砖、蒸压（养）粉煤灰砖和炉渣砖。

常用砌块主要有混凝土小型空心砌块、蒸压加气混凝土砌块和粉煤灰砌块等。

常用板材有水泥类墙用板材、石膏类墙用板材、复合墙体板材等

能力训练习题

1. 选择题（下列各题不一定只有一个正确答案，请把正确答案的题前字母填入括号内）

(1) 烧结空心砖是孔洞率为下列哪项的砌墙砖？（　　）

　　A. ≥15%　　　　　B. ≥40%　　　　　C. ≥20%　　　　　D. ≥25%

(2) 用于砌体结构的墙体材料主要是（　　）。

　　A. 砖　　　　　　B. 砌块　　　　　　C. 木板　　　　　D. 墙板

(3) 蒸压加气混凝土砌块常用的发气剂是（　　）。

　　A. 铝粉　　　　　B. 铜粉　　　　　　C. 铁粉　　　　　D. 石灰

(4) 烧结普通砖 1m³ 砖砌体大约需要多少块砖？（　　）

　　A. 480　　　　　B. 500　　　　　　C. 520　　　　　D. 512

(5) 空心砌块是指空心率为多少的砌块？（　　）

　　A. ≥15%　　　　　B. ≥35%　　　　　C. ≥20%　　　　　D. ≥25%

(6) 强度和抗风化性能合格的烧结普通砖根据下列哪些项目划分为优等品、一等品和合格品？（　　）

　　A. 尺寸偏差　　　B. 外观质量　　　　C. 泛霜　　　　　D. 石灰爆裂

(7) 蒸压灰砂砖是以下列哪些为主要原料，经配料、成型、蒸压养护而制成的（　　）。

　　A. 粉煤灰　　　　B. 石灰　　　　　　C. 砂　　　　　　D. 水泥

(8) 下列属于非烧结砖的是（　　）。

　　A. 粉煤灰砖　　　B. 灰砂砖　　　　　C. 黏土砖　　　　D. 炉渣砖

(9) 烧结普通砖强度等级划分的依据是（　　）。

　　A. 抗压强度　　　　　　　　　　　B. 抗压强度的平均值和标准值

　　C. 抗压强度与抗折强度　　　　　　D. 抗折强度与抗剪强度

(10) 黏土砖在用于砌筑前要浇水湿润，其目的是为了（　　）。

　　A. 把砖冲洗干净　　　　　　　　　B. 保证砌筑砂浆的稠度

　　C. 增加砂浆与砖的黏结力　　　　　D. 降低温度

2. 判断题（对的打"√"，错的打"×"）

(1) 建筑工程中常用的非烧结砖有灰砂砖、粉煤灰砖、混凝土小型空心砌块等。　　（　　）

(2) 制砖时把煤渣等可燃性工业废料掺入制坯原料中，这样烧成的砖叫内燃砖。　　（　　）

(3) 空心砖的孔为竖孔，隔热性好，强度高，可用于承重墙。　　（　　）

(4) 烧结多孔砖是孔的尺寸小而数量多的烧结砖，常用于建筑物承重部位。　　（　　）

(5) 烧结多孔砖是指孔洞率≥35%的砖。　　（　　）

（6）GRC 轻质多孔墙板属于石膏类墙板。　　　　　　　　　　　　　　　　（　　）

（7）蒸养粉煤灰砌块不应用在潮湿的承重墙。　　　　　　　　　　　　　　（　　）

（8）普通纸面石膏板可用于一般工程室内隔墙板、墙体复面板、天花板等。（　　）

（9）烧砖时窑内为氧化气氛时制成红砖，还原气氛时制成青砖。　　　　　　（　　）

（10）砖的强度等级即为砖的质量等级。　　　　　　　　　　　　　　　　　（　　）

3. 问答题

（1）烧结普通砖的技术要求有哪些？如何鉴别欠火砖和过火砖？

（2）烧结普通砖、空心砖、多孔砖的强度等级如何划分？各有什么用途？

（3）为什么推广使用多孔砖和空心砖？

（4）什么叫砌块？砌块同砌墙砖相比，有何优缺点？

（5）墙用板材中哪些不宜用于长期处于潮湿的环境？哪些不宜用于高热（＞200℃）的环境？

4. 计算题

（1）一块烧结普通黏土砖，其尺寸符合标准尺寸，烘干恒重质量为 2500g，吸水饱和质量为 2800g，将该砖磨细，过筛烘干后称取 50g，用密度瓶测定其体积为 $18.5cm^3$。试计算该砖的吸水率、密度、表观密度及孔隙率。

（2）某烧结普通砖抽样 10 块作抗压强度测定（每块砖的受压面积以 120mm×115mm 计），结果如下表所示。试确定该砖的强度等级。

编　　号	1	2	3	4	5	6	7	8	9	10
破坏荷载/kN	266	235	221	183	238	259	225	280	220	250
抗压强度/MPa										

8 建筑钢材

>>> **教学目标**

通过本章学习，掌握建筑钢材的主要技术性能、工艺性能、特性、应用及钢材的评定方法；理解钢材的化学成分组成对建筑钢材性能的影响，能根据工程特点、环境条件等合理选用钢材。

建筑钢材是建筑工程中的主要建筑材料之一，它广泛地应用于工业与民用建筑、道路桥梁、国防工程中。特别是在钢筋混凝土和预应力钢筋混凝土中，其品质优劣对工程影响较大，所以选用好钢材，对提高建筑工程质量、减少工程隐患具有重要意义。

建筑钢材是指用于建筑工程结构中的钢结构和钢筋混凝土用钢。主要包括各种型钢、钢板、钢管和钢筋、钢丝、钢绞线等。

钢材的优点：材质均匀、性能可靠、强度高而结构自重较轻；有良好的塑性、韧性；能承受较大的冲击荷载和振动荷载；便于装配，易于拆卸；可焊性较好；能切割、焊接、铆接。建筑钢材适用于重型工业厂房、大跨度结构、可装配移动的结构、高耸结构和高层建筑。

钢材的缺点：易锈蚀。需经常进行维护，维护费用较高，耐火性差。

8.1 钢的冶炼与分类

8.1.1 钢的冶炼

钢是由生铁冶炼而成。生铁是铁矿石、熔剂（石灰石）、燃料（焦炭）在高炉中经过还原反应和造渣反应而得到的一种铁碳合金，其中碳的含量为 $2.06\% \sim 6.67\%$，磷、硫等杂质的含量也较高。生铁既硬又脆，没有塑性和韧性，不能进行焊接、锻造、轧制等加工，在建筑中很少应用。含碳量小于 0.04% 的铁碳合金，称为工业纯铁。

钢的冶炼是将熔融的生铁进行氧化，使碳的含量降低到一定的限度，同时除去其它有害杂质（如硫、磷等），使其含量也降低到允许范围内的过程。所以，凡含碳量在 2% 以下，含有害杂质较少的铁碳合金可称为钢。钢的密度为 $7.84 \sim 7.86 \text{g/cm}^3$。

目前，大规模炼钢方法主要有转炉炼钢法、平炉炼钢法和电炉炼钢法三种。

平炉钢特点：产量大、除渣干净、材质均匀，但冶炼时间较长，成本高等，常用来生产质量要求较高的钢板、型钢及重轨等。

顶吹氧气转炉钢特点：生产速度快、成本较低、品种多且质量好，是目前较为先进、发展较快的一种炼钢方法。可制出优质碳素钢和合金钢。

侧吹空气转炉钢特点：设备简单、投资小、出钢快且冶炼时间短，但材质较差，一般只用于生产小型角钢或钢筋。

电炉钢特点：质量最好，但成本最高。

8.1.2 钢的分类

钢的品种繁多，为了便于选用，常将钢按不同角度进行分类。

8.1.2.1 按脱氧程度分类

因为在炼钢过程中不可避免地产生部分氧化状态的铁，并残留在钢水中，降低了钢的质量，所以，在铸锭过程中要加入适量的还原剂，进行脱氧处理，使氧化状态的铁还原为单质铁，把这个过程称为脱氧。按脱氧程度不同浇铸的钢锭可分为沸腾钢、镇静钢和特殊镇静钢。

沸腾钢是仅用弱脱氧剂（锰铁）进行脱氧，因而脱氧不够完全，钢水中残存的 FeO 与 C 反应产生大量 CO 气体逸出，引起钢水沸腾，故称沸腾钢。沸腾钢组织不够致密，气泡含量较多，化学偏析较大，成分不均匀，质量较差，但成本较低。

镇静钢是用必要数量的硅、锰和铝等脱氧剂进行彻底脱氧，脱氧充分，铸锭时钢水不致产生气泡，在锭模内平静地凝固，故称镇静钢。镇静钢组织致密，化学成分均匀，机械性能好，是质量较好的钢种。缺点是成本较高。

8.1.2.2 按化学成分分类

按化学成分分为碳素钢和合金钢两种。

碳素钢按含碳量的多少分为低碳钢（含碳量<0.25%）、中碳钢（含碳量 0.25%～0.60%）和高碳钢（含碳量>0.60%）。

合金钢按合金元素总量分为低合金钢（合金元素总量<5%）、中合金钢（合金元素总量 5%～10%）和高合金钢（合金元素总量>10%）。

8.1.2.3 按质量分类

按质量分为普通碳素钢（含硫量≤0.055%～0.065%；含磷量≤0.045%～0.085%）、优质碳素钢（含硫量≤0.03%～0.045%；含磷量≤0.035%～0.04%）和高级优质钢（含硫量≤0.02%～0.03%；含磷量≤0.027%～0.035%）。

8.1.2.4 按用途分类

按用途分为结构钢（建筑工程结构用钢和机械制造结构用钢）、工具钢（用于制作刀具、量具、模具等）和特殊钢（不锈钢、耐酸钢、耐热钢、耐磨钢、磁钢等）。

8.2 建筑钢材的主要技术性能

钢材的性能主要包括力学性能、工艺性能和化学性能等。只有了解、掌握钢材的各种性能，才能做到正确、经济、合理地选用钢材。

8.2.1 力学性能

8.2.1.1 抗拉性能

拉伸是建筑钢材的主要受力形式，所以抗拉性能是表示钢材性能和选用钢材的重要技术指标。将低碳钢（软钢）制成一定规格的试件，放在材料试验机上进行拉伸试验，可以绘出如图 8-1 所示的应力-应变关系曲线。从图 8-1 可以看出，低碳钢从受拉至拉断，全过程可划分为四个阶段：弹性阶段（OA）、屈服阶段（AB）、强化阶段（BC）和颈缩阶段（CD）。

（1）弹性阶段（OA）

曲线中 OA 段是一条直线，应力与应变成正比，若卸去外力，试件能恢复原来的形状，这种性质即为弹性，此阶段的变形为弹性变形。与 A 点对应的应力称为弹性极限，以 σ_p 表

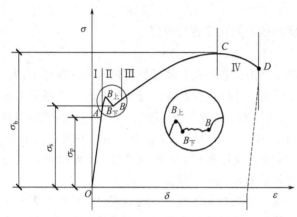

图 8-1　低碳钢拉伸的应力（σ）-应变（ε）曲线

示。在弹性受力范围内，应力 σ 与应变 ε 的比值为一常数，即弹性模量 $E = \sigma/\varepsilon$，E 的单位为 MPa，例如 Q235 号钢的 $E = 0.21 \times 10^6$ MPa。弹性变形的能力，是钢材在受力条件下计算结构变形的重要指标。

（2）屈服阶段（AB）

该阶段钢材在荷载的作用下，开始丧失对变形的抵抗能力，并产生明显的塑性变形。应力的增长滞后于应变的增长，当应力达 $B_上$ 点后（上屈服点），瞬时下降至 $B_下$ 点（下屈服点），变形迅速增加，而此时外力则大致在恒定的位置上波动，直到 B 点，这就是所谓的"屈服现象"，似乎钢材不能承受外力而屈服，所以 AB 段称为屈服阶段。与 $B_下$ 点（此点较稳定，易测定）对应的应力称为屈服点（屈服强度），用 σ_s 表示。

当应力大于屈服点后，会出现较大的塑性变形，已不能满足使用要求，因此屈服强度是设计中钢材强度取值的依据，是工程结构计算中非常重要的一个参数。

中碳钢和高碳钢（硬钢）的应力-应变曲线不同于低碳钢，其屈服现象不明显，难以测定屈服点。因此，规定产生残余变形为原标距长度的 0.20% 时所对应的应力为中、高碳钢的屈服强度，也称条件屈服点，用 $\sigma_{0.2}$ 表示，如图 8-2 所示。

（3）强化阶段（BC）

当应力超过屈服点后，钢材抵抗外力的能力又重新提高，这是因为钢材内部组织中的晶格发生了畸变，阻止了晶格进一步滑移，钢材得到了强化，所以钢材抵抗塑性变形的能力又重新提高，故 BC 段称为强化阶段。对应于最高点 C 的应力值（σ_b）称为极限抗拉强度，简称抗拉强度。显然，σ_b 是钢材受拉时所能承受的最大应力值。

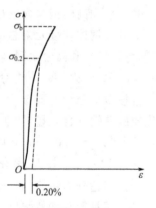

图 8-2　硬钢的应力（σ）-应变（ε）曲线

抗拉强度虽然不能直接作为钢结构设计的计算依据，但屈服强度和抗拉强度之比（即屈强比 $= \sigma_s/\sigma_b$）在工程上很有意义。屈强比能反映钢材的利用率和结构安全可靠程度，计算中屈强比取值越小，其结构的安全可靠程度越高，但屈强比过小，又说明钢材强度的利用率偏低，造成钢材浪费，因此，选择合理的屈强比才能使结构既安全又节省钢材，建筑结构钢合理的屈强比一般为 0.60～0.75。

（4）颈缩阶段（CD）

试件受力达到最高点（C 点）后，其抵抗变形的能力明显降低，变形迅速发展，应力逐渐下降，试件被拉长，在有杂质或缺陷处，断面急剧缩小，直至断裂。所以 CD 段称为颈缩阶段。

建筑钢材要具有很好的塑性，钢材的塑性通常用断后伸长率和断面收缩率表示。将拉断后的试件拼合起来，测定出标距范围内的长度 L_1，L_1 与试件原标距 L_0 之差为塑性变形值，

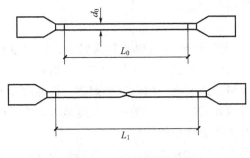

图 8-3 钢材的拉伸试件

塑性变形值与 L_0 之比称为伸长率（δ），如图 8-3所示。

伸长率的计算式如下：

$$\delta = \frac{L_1 - L_0}{L_0} \times 100\%$$

伸长率 δ 是衡量钢材塑性的一个重要指标，δ 越大，说明钢材的塑性越好，具有一定的塑性变形能力，可保证应力重新分布，避免应力集中，从而使钢材用于结构的安全性更大。

塑性变形在试件标距内的分布是不均匀的，颈缩处的变形最大，离颈缩部位越远其变形越小。所以，原标距与直径之比越小，则颈缩处伸长值在整个伸长值中的比重越大，计算出来的 δ 值就大，通常以 δ_5 和 δ_{10} 分别表示 $L_0 = 5d_0$ 和 $L_0 = 10d_0$ 时的断后伸长率。对于同一种钢材，其 $\delta_5 > \delta_{10}$。

8.2.1.2　冲击韧性

钢材抵抗冲击荷载而不破坏的能力称为冲击韧性。冲击韧性大小是通过冲击试验确定的，以试件冲断时单位面积上消耗的冲击功 a_k（J/cm^2）来表示。如图 8-4 所示。冲击韧性指标 a_k 越大，表示冲断试件消耗的能量越大，即钢材抵抗冲击荷载的能力越强，冲击韧性就越好。

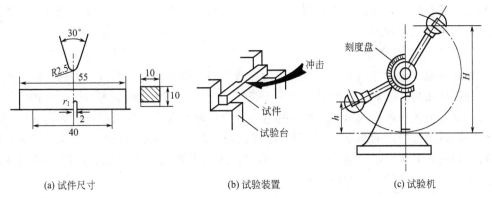

(a) 试件尺寸　　　　　　(b) 试验装置　　　　　　(c) 试验机

图 8-4　冲击韧性试验图（单位：mm）

H—摆锤扬起的高度；h—摆锤向后摆动的高度

影响钢材冲击韧性的主要因素如下。

（1）钢的化学成分

当钢材内硫、磷的含量较高，同时又存在偏析、非金属夹杂物、脱氧不完全等因素时，钢材的冲击韧性也会降低。

（2）钢的焊接质量

钢材焊接时形成的微裂纹也会降低钢材的冲击韧性。

（3）温度

试验表明，常温下，随温度的下降，冲击韧性的降低较缓，但当温度降低到一定范围时，冲击韧性突然发生明显下降，钢材开始呈现脆性断裂，这种性质称为冷脆性。此时的温度（范围）称为脆性临界温度（范围）。脆性临界温度（范围）越低，钢材的冲击韧性越好。

因此，在严寒地区选用钢材时，要对钢材的冷脆性进行评定。

（4）时间

钢材随时间的延长表现出强度提高，塑性及冲击韧性降低的现象称为时效。因时效作用，冲击韧性还将随时间的延长而下降。通常，完成时效的过程可达数十年，但钢材如经冷加工或在使用中经受振动和反复荷载的影响，时效可迅速发展。因时效导致钢材性能改变的程度称时效敏感性。时效敏感性越大的钢材，经过时效后冲击韧性的降低就越显著。为了保证安全，对于承受动荷载的重要结构，应当选用时效敏感性小的钢材。

总之，对于直接承受动荷载而且可能在负温下工作的重要结构，必须按照有关规范要求进行钢材的冲击韧性检验。

8.2.1.3 疲劳强度

钢材在交变荷载多次反复作用下，可在最大应力远低于极限抗拉强度的情况下突然发生脆性断裂破坏的现象，称为疲劳破坏。钢材的疲劳破坏指标用疲劳强度（或称疲劳极限）来表示，它是指试件在交变应力的作用下，不发生疲劳破坏的最大应力值。交变应力值越大，则断裂时所需的循环次数越少。在设计承受反复荷载且须进行疲劳验算的结构时，应当了解所用钢材的疲劳强度。一般认为钢材的疲劳破坏是由拉应力引起的，抗拉强度高，其疲劳极限也较高。

8.2.2 工艺性能

钢材在加工过程中所表现出来的性能称为钢材的工艺性能。良好的工艺性能，可使钢材能顺利通过各种加工，并保证钢材制品的质量不受影响。冷弯、冷拉、冷拔及焊接性能均是建筑钢材的重要工艺性能。

8.2.2.1 冷弯性能

钢材在常温下承受弯曲变形的能力称为冷弯性能。冷弯性能是通过检验钢材试件按规定的弯曲程度弯曲后，弯曲处外面及侧面有无裂纹、起层、鳞落和断裂等情况进行评定的，若弯曲后，如有上述一种现象出现，均可判定为冷弯性能不合格。其测试方法如图 8-5、图 8-6 所示。一般以试件弯曲的角度（α）和弯心直径与试件厚度（或直径）的比值（d/a）来表示。弯曲角度 α 越大，d/a 越小，弯曲后弯曲的外面及侧面没有裂纹、起层、鳞落和断裂的话，说明钢材试件的冷弯性能越好。

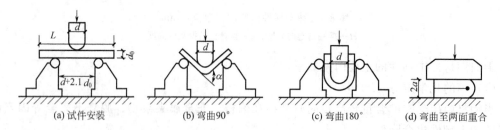

图 8-5　钢筋冷弯

冷弯也是检验钢材塑性的一种方法，相对于伸长率而言，冷弯是对钢材塑性更严格的检验，它能揭示钢材内部是否存在组织不均匀、内应力和夹杂物等缺陷。冷弯试验不仅是评定钢材塑性、加工性能的技术指标，而且对焊接质量也是一种严格的检验，能揭示焊件在受弯表面是否存在未熔合、微裂纹及夹杂物等缺陷。对于重要结构和弯曲成型的钢材，冷弯性能必须合格。

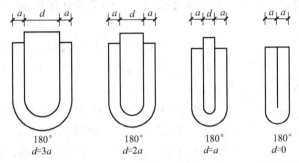

图 8-6 钢材冷弯规定弯心

8.2.2.2 冷加工性能及时效

（1）冷加工强化

将钢材在常温下进行冷加工（如冷拉、冷拔或冷轧），使其产生塑性变形，从而提高屈服强度和硬度，降低塑性和韧性的过程，称为冷加工强化。

建筑工地或预制构件厂常利用该原理对钢筋或低碳盘条按一定方法进行冷拉或冷拔加工，以提高屈服强度，节约钢材。

① 冷拉 以超过钢筋屈服强度的应力拉伸钢筋，使之伸长，然后缓慢卸去荷载，钢筋经冷拉后，可提高屈服强度，而其塑性变形能力有所降低，这种冷加工称为冷拉。冷拉一般采用控制冷拉率法，预应力混凝土的预应力钢筋则宜采用控制冷拉应力法。钢筋经冷拉后，其屈服强度可提高 20%～30%，节约钢材 10%～20%，但塑性、韧性会降低。

② 冷拔 将光面圆钢筋通过硬质合金拔丝模孔强行拉拔，每次拉拔断面缩小应在 10% 以下。钢筋在冷拔过程中，不仅受拉，同时还受到挤压作用，因而冷拔的作用比纯冷拉作用强烈。经过一次或多次冷拔后的钢筋，表面光洁度高，屈服强度提高 40%～60%，但塑性和韧性大大降低，具有硬钢的性质。

③ 冷轧 冷轧是将圆钢在轧机上轧成断面形状规则的钢筋，可以提高其强度及与混凝土的粘接力。钢筋在冷轧时，纵向与横向同时产生变形，因而能较好地保持其塑性和内部结构的均匀性。

建筑工程中大量使用的钢筋采用冷加工强化，具有明显的经济效益。冷拔钢筋的屈服点可提高 40%～60%，因此可适当减小钢筋混凝土结构设计截面或减小混凝土中配筋数量，从而达到节省钢材的目的。

（2）时效

钢材随时间的延长，强度、硬度进一步提高，而塑性、韧性下降的现象称为时效。钢材的时效处理有两种：即自然时效和人工时效。钢材经冷加工后，在常温下存放 15～20d，其屈服强度、抗拉强度及硬度会进一步提高，而塑性、韧性继续降低，这种现象称为自然时效。钢材加热至 100～200℃，保持 2h 左右，其屈服强度、抗拉强度及硬度会进一步提高，而塑性及韧性继续降低，这种现象称为人工时效。由于时效过程中内应力的消减，故弹性模量可基本恢复到冷加工前的数值。钢材的时效是普遍而客观存在的一种现象，有些未经冷加工的钢材，长期存放后也会出现时效现象，冷加工只是加速了时效发展。一般冷加工和时效同时采用，进行冷拉时通过试验来确定冷拉控制参数和时效方式。通常，强度较低的钢筋宜采用自然时效，强度较高的钢筋则应采用人工时效。

因时效而导致钢材性能改变的程度称为时效敏感性，时效敏感性大的钢材，经时效后，其冲击韧性、塑性会降低，所以，对于承受振动、冲击荷载作用的重要钢结构，则应选用时效敏感性小的钢材。

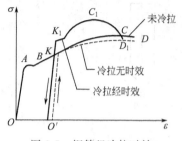

图 8-7　钢筋经冷拉时效后应力-应变图的变化

钢材经冷加工及时效处理后，其应力-应变关系变化的规律，可明显地在应力-应变图上得到反映，如图 8-7 所示。

图 8-7 中，$OABCD$ 为未经冷拉和时效试件的应力-应变曲线。当试件冷拉至超过屈服强度的任意一点 K，卸去荷载，此时由于试件已产生塑性变形，则曲线沿 KO' 下降，KO' 大致与 AO 平行。如立即再拉伸，则应力-应变曲线将成为 $O'KCD$（虚线）曲线，屈服强度由 B 点提高到 K 点。但如在 K 点卸荷后进行时效处理，然后再拉伸，则应力-应变曲线将成为 $O'K_1C_1D_1$ 曲线，这表明冷拉时效后，提高了屈服强度、抗拉强度，但塑性、韧性却相应降低。

8.2.2.3　焊接性能

焊接是各种型钢、钢板、钢筋的重要连接方式。在钢结构工程中，钢筋混凝土的钢筋骨架、接头及埋件、连接件等，多数是采用焊接方式连接的。焊接的质量取决于焊接工艺、焊接材料及钢材的可焊性。

钢材是否适合用通常的方法与工艺进行焊接的性能称为钢的可焊性。可焊性好的钢材，焊接后焊口处不易形成裂纹、气孔、夹渣等缺陷及硬脆倾向，焊接后的钢材的力学性能，特别是强度应不低于原有钢材。

影响钢材可焊性主要因素如下。

（1）化学成分及其含量

钢的含碳量高，将增加焊接接头的硬脆性，含碳量小于 0.25％的碳素钢具有良好的可焊性。

（2）合金元素

加入合金元素（如硅、锰、钒、钛等），也将增大焊接处的硬脆性，降低了可焊性。

（3）硫、磷等杂质含量

硫、磷等有害杂质含量越高，钢材的可焊性越差，特别是硫能使焊接产生热裂纹及硬脆性。

焊接结构用钢的选择应注意：应首选含碳量较低的氧气转炉或平炉镇静钢。对于高碳钢及合金钢，焊接时一般可采用焊前预热及焊后热处理等措施，可以在一定程度上改善可焊性。另外，正确地选用焊接方法和焊接材料（焊条），正确地操作，也是保证焊接质量的重要措施。

焊接特点：短时间内达到很高的温度，金属熔化的体积很小，金属传热快，故冷却也很快。因此，在焊件中常产生复杂的、不均匀的反应和变化，存在剧烈的膨胀和收缩。所以，易产生变形、内应力，甚至出现裂缝。

钢筋焊接要注意：冷拉钢筋的焊接应在冷拉之前进行；钢筋焊接之前，焊接部位应清除铁锈、熔渣、油污等，要尽量避免不同国家的进口钢筋之间或进口钢筋与国产钢筋之间的焊接。

8.2.3　钢的化学成分对钢材性能的影响

钢材中除基本元素铁和碳外，常有硅、锰、硫、磷及氢、氧、氮等元素存在。这些元素来自炼钢原料、炉气及脱氧剂，在熔炼中无法除净。各种元素对钢的性能都有一定的影响，为了保证钢的质量，在国家标准中对各类钢的化学成分都作了严格的规定。

（1）碳元素

它是钢中的重要元素，对钢的机械性能有重要的影响。当含碳量低于 0.8% 时，随着含碳量的增加，钢的抗拉强度（σ_b）和硬度（HB）将提高，而塑性（δ）及韧性（a_k）会降低。同时，钢的冷弯、焊接及抗腐蚀等性能也会降低，并增加钢的冷脆性和时效敏感性。一般建筑工程中的碳素钢为低碳钢（含碳量＜0.25%）。

（2）硅元素

硅元素是钢中的有益元素，是为了脱氧去硫而加入的。硅是钢的主要合金元素，含量常在 1% 以内，可提高强度，对塑性和韧性影响不大。但含硅量超过 1% 时，冷脆性增加，可焊性变差。

（3）锰元素

锰元素可以消除钢的热脆性，改善热加工性能。锰含量为 0.8%～1% 时，能明显提高钢材的强度及硬度，且塑性、韧性几乎不降低，所以锰元素也是钢中主要的合金元素之一。但是，其含量大于 1% 时，在提高强度的同时，塑性、韧性也会降低，可焊性变差。

（4）磷元素

磷元素是钢中的有害元素之一，主要由炼钢原料带入。磷元素能明显降低钢材的塑性和韧性，特别是低温下的冲击韧性会明显降低。这种现象常称为冷脆性。另外，磷还能使钢的冷弯性能下降，可焊性变差。但磷元素可使钢的强度、硬度、耐磨性、耐蚀性提高。

（5）硫元素

硫元素也是钢中的有害元素之一，在钢的热加工过程中易引起钢的脆裂，故称热脆性。硫元素也会使钢的冲击韧性、疲劳强度、可焊性及耐蚀性降低，甚至微量的硫元素，对钢材也是有害的，因此要严格控制钢中硫元素的含量。

（6）氧、氮元素

氧元素、氮元素也是钢中的有害元素，它们能使钢的塑性、韧性、冷弯性能及可焊性降低。

（7）铝、钛、钒、铌元素

这四种元素均为炼钢时的脱氧剂，也是合金钢常用的合金元素。适量加入这些元素，可改善钢的组织结构，细化晶粒，使强度提高，韧性得以改善。

8.3 建筑钢材的标准与选用

建筑钢材可分为钢结构用钢和钢筋混凝土结构用钢。

8.3.1 钢结构用钢

钢结构用钢主要有碳素结构钢和低合金高强度结构钢等。

8.3.1.1 碳素结构钢

普通碳素结构钢简称碳素结构钢。它包括一般结构钢和工程用热轧钢板、钢带、型钢等，现行国家标准《碳素结构钢》（GB/T 700—2006）具体规定了它的牌号表示方法、技术要求、试验方法、检验规则等。

（1）牌号表示方法

标准中规定：碳素结构钢的牌号按屈服点数值（MPa）分为 195、215、235、255、275 五种；按硫、磷杂质的含量由多到少分为 A、B、C、D 四个质量等级；按照脱氧程度不同分为特殊镇静钢（TZ）、镇静钢（Z）和沸腾钢（F）。钢的牌号由代表屈服点的字母 Q、屈服点数值、质量等级和脱氧程度四个部分按顺序组成。对于镇静钢和特殊镇静钢，在钢的牌号中（Z）或（TZ）可以省略。如 Q235-A·F，表示屈服点为 235MPa 的 A 级沸腾钢；Q235-C 表示屈服点为 235MPa 的 C 级镇静钢。

（2）技术要求

碳素结构钢的技术要求包括化学成分、力学性能、冶炼方法、交货状态及表面质量五个方面，碳素结构钢的化学成分、力学性能、冷弯试验指标应分别符合表 8-1、表 8-2、表 8-3 的要求。

表 8-1　碳素结构钢的化学成分（GB/T 700—2006）

牌号	等级	化学成分（质量分数）/%，不大于					脱氧方法
		C	Si	Mn	P	S	
Q195	—	0.12	0.30	0.50	0.035	0.040	F、Z
Q215	A	0.15	0.35	1.20	0.045	0.050	F、Z
	B					0.045	
Q235	A	0.22	0.35	1.40	0.045	0.050	F、Z
	B	0.20				0.045	
	C	0.17			0.040	0.040	Z
	D				0.035	0.035	TZ
Q275	A	0.24	0.35	1.50	0.045	0.050	F、Z
	B	0.21				0.045	Z
	C	0.20			0.040	0.040	
	D				0.035	0.035	TZ

注：Q235A、Q235B 级沸腾钢的锰含量上限为 0.60%。

表 8-2　碳素结构钢的力学性能（GB/T 700—2006）

牌号	等级	屈服强度 σ_s/MPa，不小于						抗拉强度 σ_b/MPa	断后伸长率 A/%，不小于					冲击试验（V 形缺口）	
		厚度（或直径）/mm							厚度（或直径）/mm					温度/℃	冲击吸收功（纵向）/J 不小于
		≤16	16～40	40～60	60～100	100～150	150～200		≤40	40～60	60～100	100～150	150～200		
Q195	—	195	185	—	—	—	—	315～430	33	—	—	—	—	—	—
Q215	A	215	205	195	185	175	165	335～450	31	30	29	27	26	—	—
	B													+20	27
Q235	A	235	225	215	215	195	185	370～500	26	25	24	22	21	—	—
	B													+20	27
	C													—	
	D													−20	
Q275	A	275	265	255	245	225	215	410～540	22	21	20	18	17	—	—
	B													+20	27
	C													—	
	D													−20	

表 8-3 碳素结构钢的冷弯试验指标（GB/T 700—2006）

牌　号	试样方向	冷弯试验（$B=2a$,180°）	
		钢材厚度（或直径）a/mm	
		≤60	>60～100
		弯心直径 d	
Q195	纵	0	—
	横	0.5a	
Q215	纵	0.5a	1.5a
	横	a	2a
Q235	纵	a	2a
	横	1.5a	2.5a
Q275	纵	1.5a	2.5a
	横	2a	3a

注：1. B 为试样宽度，a 为试样厚度（或直径）。

2. 钢材厚度（或直径）大于 100mm 时，弯曲试验由双方协商确定。

碳素结构钢的冶炼方法采用氧气转炉、平炉或电炉。一般为热轧状态交货，表面质量也应符合有关规定。

（3）各类牌号钢材的性能及选用

从表 8-2、表 8-3 中可看出，钢材随钢号的增大，含碳量增加，强度和硬度相应提高，而塑性和韧性则降低。选用碳素结构钢，应该根据工程的使用条件及对钢材性能的要求，并且要熟悉被选用钢材的质量、性能和相应的标准，才能合理选用。

建筑工程中主要选用的碳素结构钢是 Q235 号钢，其含碳量为 0.14%～0.22%，属低碳钢。Q235 号钢具有较高的强度，良好的塑性、韧性及可焊性，综合性能好，能满足一般钢结构和钢筋混凝土用钢的要求，且成本较低，在建筑工程中得到广泛应用。钢结构中主要使用 Q235 号钢轧制成的各种型钢、钢板，普通混凝土中使用最多的 I 级钢筋也是 Q235 号钢热轧而成的。

Q195、Q215 号钢，强度较低，塑性和韧性较好，易于冷加工，常用作钢钉、铆钉、螺栓及铁丝等。Q215 号钢经冷加工后可代替 Q235 号钢使用。Q275 号钢，强度虽然比 Q235 号钢高，但其塑性、韧性较差，可焊性也差，不易焊接和冷弯加工，可用于轧制带肋钢筋，作螺栓配件等，但更多用于机械零件和工具等。

选用钢的牌号时还应熟悉钢的质量，平炉钢和氧气转炉钢的质量较好，质量等级为 C 级、D 级的质量较 A 级、B 级的优良，镇静钢、特殊镇静钢的质量较沸腾钢优良。对承受较大静力荷载或直接承受动力荷载、结构跨度大、在低温环境下使用的焊接结构，宜选用 Q235 的 C 级或 D 级镇静钢，质量等级为 A 级的沸腾钢，仅适用于常温下承受静力荷载的结构。

8.3.1.2 低合金高强度结构钢

在碳素结构钢的基础上，添加少量的一种或几种合金元素（合金元素总量<5%）的结构用钢称为低合金高强度结构钢。低合金高强度结构钢具有强度高、塑性及韧性好、耐腐蚀等特点。尤其近年来研究采用的铌、钒、钛及稀土金属微合金化技术，不仅大大提高了钢材的强度，还明显改善了物理性能，降低了成本。因此，它是综合性较为理想的建筑钢材，尤

其在大跨度、承受动荷载和冲击荷载的结构中更适用。另外，与使用碳素钢相比，可节约钢材 20%～30%，而成本并不很高。

（1）牌号表示方法

《低合金高强度结构钢》（GB/T 1591—2008）规定，共有八个牌号：Q345、Q390、Q420、Q460、Q500、Q550、Q620、Q690，所加元素主要有：锰、硅、钒、钛、铌、铬、镍及稀土元素。低合金高强度结构钢的牌号由代表屈服点的字母（Q）、屈服点数值、质量等级符号（A、B、C、D、E）三部分按顺序组成。

例如：Q390C，表示屈服点为 390MPa、质量等级为 C 级的低合金高强度结构钢；

Q345A，表示屈服点为 345MPa、质量等级为 A 级的低合金高强度结构钢。

（2）技术标准与选用

《低合金高强度结构钢》（GB/T 1591—2008）规定了各牌号的低合金高强度结构钢的化学成分（见表 8-4）和力学性能、工艺性能（见表 8-5）。

表 8-4　低合金高强度结构钢的化学成分

序号	质量等级	化学成分（质量分数）/%													
		C	Si	Mn	P	S	Nb	V	Ti	Cr	Ni	Cu	N	Mo	B	Als
					不大于											不小于
Q345	A	≤0.20	≤0.50	≤1.70	0.085	0.035	0.07	0.15	0.20	0.30	0.50	0.30	0.012	0.10		—
	B				0.085	0.035										
	C				0.030	0.030										—
	D	≤0.18			0.030	0.025										0.015
	E				0.025	0.020										
Q390	A	≤0.20	≤0.50	≤1.70	0.035	0.035	0.07	0.20	0.20	0.30	0.50	0.30	0.015	0.10		—
	B				0.035	0.035										
	C				0.030	0.030										
	D				0.030	0.025										0.015
	E				0.025	0.020										
Q420	A	≤0.20	≤0.50	≤1.70	0.035	0.035	0.07	0.20	0.20	0.30	0.80	0.30	0.015	0.20		—
	B				0.035	0.035										
	C				0.030	0.030										
	D				0.030	0.025										0.015
	E				0.025	0.020										
Q460	C	≤0.20	≤0.60	≤1.80	0.030	0.030	0.11	0.20	0.20	0.30	0.80	0.55	0.015	0.20	0.004	0.015
	D				0.030	0.025										
	E				0.025	0.020										
Q500	C	≤0.18	≤0.60	≤1.80	0.030	0.030	0.11	0.12	0.20	0.60	0.60	0.55	0.015	0.20	0.004	0.015
	D				0.030	0.025										
	E				0.025	0.020										
Q550	C	≤0.18	≤0.60	≤2.00	0.030	0.030	0.11	0.12	0.20	0.80	0.80	0.80	0.015	0.30	0.004	0.015
	D				0.030	0.025										
	E				0.025	0.020										
Q620	C	≤0.18	≤0.60	≤2.00	0.030	0.030	0.11	0.12	0.20	1.00	0.80	0.80	0.015	0.30	0.004	0.015
	D				0.030	0.025										
	E				0.025	0.020										
Q690	C	≤0.18	≤0.60	≤2.00	0.030	0.030	0.11	0.12	0.20	1.00	0.80	0.80	0.015	0.30	0.004	0.015
	D				0.030	0.025										
	E				0.025	0.020										

注：1. 型材及棒材 P、S 可提高 0.005%，其中 A 级钢上限可为 0.045%。

2. 当细化晶粒元素组合加入时，20(Nb+V+Ti)≤0.22%，20(Mo+Cr)≤0.30%。

表 8-5　低合金高强度结构钢的力学性能、工艺性能

序号	质量等级	拉伸试验																						
		下屈服强度（直径、边长）下屈服强度/MPa　以下公称厚度（直径）钢材厚度/mm									下抗拉强度（直径、边长）下抗拉强度/MPa　以下公称厚度钢材厚度/mm							断后伸长率（A）/%　以下公称厚度（直径、边长）公称厚度（直径、边长）/mm					
		≤16	16~40	40~63	63~80	80~100	100~150	150~200	200~250	250~400	≤40	40~63	63~80	80~100	100~150	150~250	250~400	≤40	40~63	63~100	100~150	150~250	250~400
Q345	A	≥345	≥335	≥325	≥315	≥305	≥285	≥275	≥265	—	470~630	470~630	470~630	470~630	450~600	450~600	—	≥20	≥19	≥19	≥18	≥17	—
Q345	B	≥345	≥335	≥325	≥315	≥305	≥285	≥275	≥265	—	470~630	470~630	470~630	470~630	450~600	450~600	—	≥20	≥19	≥19	≥18	≥17	—
Q345	C	≥345	≥335	≥325	≥315	≥305	≥285	≥275	≥265	—	470~630	470~630	470~630	470~630	450~600	450~600	—	≥21	≥20	≥20	≥19	≥18	—
Q345	D	≥345	≥335	≥325	≥315	≥305	≥285	≥275	≥265	≥265	470~630	470~630	470~630	470~630	450~600	450~600	450~600	≥21	≥20	≥20	≥19	≥18	≥17
Q345	E	≥345	≥335	≥325	≥315	≥305	≥285	≥275	≥265	≥265	470~630	470~630	470~630	470~630	450~600	450~600	450~600	≥21	≥20	≥20	≥19	≥18	≥17
Q390	A	≥390	≥370	≥350	≥330	≥330	≥310	—	—	—	490~650	490~650	490~650	490~650	470~620	—	—	≥20	≥19	≥19	≥18	—	—
Q390	B	≥390	≥370	≥350	≥330	≥330	≥310	—	—	—	490~650	490~650	490~650	490~650	470~620	—	—	≥20	≥19	≥19	≥18	—	—
Q390	C	≥390	≥370	≥350	≥330	≥330	≥310	—	—	—	490~650	490~650	490~650	490~650	470~620	—	—	≥20	≥19	≥19	≥18	—	—
Q390	D	≥390	≥370	≥350	≥330	≥330	≥310	—	—	—	490~650	490~650	490~650	490~650	470~620	—	—	≥20	≥19	≥19	≥18	—	—
Q390	E	≥390	≥370	≥350	≥330	≥330	≥310	—	—	—	490~650	490~650	490~650	490~650	470~620	—	—	≥20	≥19	≥19	≥18	—	—
Q420	A	≥420	≥400	≥380	≥360	≥360	≥340	—	—	—	520~680	520~680	520~680	520~680	500~650	—	—	≥19	≥18	≥18	≥18	—	—
Q420	B	≥420	≥400	≥380	≥360	≥360	≥340	—	—	—	520~680	520~680	520~680	520~680	500~650	—	—	≥19	≥18	≥18	≥18	—	—
Q420	C	≥420	≥400	≥380	≥360	≥360	≥340	—	—	—	520~680	520~680	520~680	520~680	500~650	—	—	≥19	≥18	≥18	≥18	—	—
Q420	D	≥420	≥400	≥380	≥360	≥360	≥340	—	—	—	520~680	520~680	520~680	520~680	500~650	—	—	≥19	≥18	≥18	≥18	—	—
Q420	E	≥420	≥400	≥380	≥360	≥360	≥340	—	—	—	520~680	520~680	520~680	520~680	500~650	—	—	≥19	≥18	≥18	≥18	—	—
Q460	C	≥460	≥440	≥420	≥400	≥400	≥380	—	—	—	550~720	550~720	550~720	550~720	530~700	—	—	≥17	≥16	≥16	≥16	—	—
Q460	D	≥460	≥440	≥420	≥400	≥400	≥380	—	—	—	550~720	550~720	550~720	550~720	530~700	—	—	≥17	≥16	≥16	≥16	—	—
Q460	E	≥460	≥440	≥420	≥400	≥400	≥380	—	—	—	550~720	550~720	550~720	550~720	530~700	—	—	≥17	≥16	≥16	≥16	—	—
Q500	C	≥500	≥480	≥470	≥450	≥440	—	—	—	—	610~770	600~760	590~750	540~730	—	—	—	≥17	≥17	≥17	—	—	—
Q500	D	≥500	≥480	≥470	≥450	≥440	—	—	—	—	610~770	600~760	590~750	540~730	—	—	—	≥17	≥17	≥17	—	—	—
Q500	E	≥500	≥480	≥470	≥450	≥440	—	—	—	—	610~770	600~760	590~750	540~730	—	—	—	≥17	≥17	≥17	—	—	—
Q550	C	≥550	≥530	≥520	≥500	≥490	—	—	—	—	670~830	620~810	600~790	590~780	—	—	—	≥16	≥16	≥16	—	—	—
Q550	D	≥550	≥530	≥520	≥500	≥490	—	—	—	—	670~830	620~810	600~790	590~780	—	—	—	≥16	≥16	≥16	—	—	—
Q550	E	≥550	≥530	≥520	≥500	≥490	—	—	—	—	670~830	620~810	600~790	590~780	—	—	—	≥16	≥16	≥16	—	—	—
Q620	C	≥620	≥600	≥590	≥570	—	—	—	—	—	710~880	690~880	670~860	—	—	—	—	≥15	≥15	≥15	—	—	—
Q620	D	≥620	≥600	≥590	≥570	—	—	—	—	—	710~880	690~880	670~860	—	—	—	—	≥15	≥15	≥15	—	—	—
Q620	E	≥620	≥600	≥590	≥570	—	—	—	—	—	710~880	690~880	670~860	—	—	—	—	≥15	≥15	≥15	—	—	—
Q690	C	≥690	≥670	≥660	≥640	—	—	—	—	—	770~940	750~920	730~900	—	—	—	—	≥14	≥14	≥14	—	—	—
Q690	D	≥690	≥670	≥660	≥640	—	—	—	—	—	770~940	750~920	730~900	—	—	—	—	≥14	≥14	≥14	—	—	—
Q690	E	≥690	≥670	≥660	≥640	—	—	—	—	—	770~940	750~920	730~900	—	—	—	—	≥14	≥14	≥14	—	—	—

V 型冲击试验的试验温度和冲击吸收能量

牌号	质量等级	试验温度/℃	冲击吸收能量/J		
			公称厚度（直径、边长）		
			12～150mm	150～250mm	250～400mm
Q345	B	20	≥34	≥27	—
	C	0			
	D	−20			≥27
	E	−40			
Q390	B	20	≥34	—	—
	C	0			
	D	−20			
	E	−40			
Q420	B	20	≥34	—	—
	C	0			
	D	−20			
	E	−40			
Q460	C	0	≥34	—	—
	D	−20			
	E	−40			
Q500、Q550、Q620、Q690	C	0	≥55	—	—
	D	−20	≥47	—	—
	E	−40	≥31	—	—

注：冲击试验取纵向试样。

弯曲试验

牌号	试样方向	180°弯曲试验 [d 为弯心直径，a 为试样厚度（直径）]	
		钢材厚度（直径、边长）	
		≤16mm	>16～100mm
Q345	宽度不小于 600mm 扁平材，拉伸试验取横向试样，宽度小于 600mm 的扁平材、型材及棒材取纵向试样	2a	3a
Q390			
Q420			
Q460			

采用低合金高强度结构钢可以减轻结构自重，延长结构的使用寿命，特别是大跨度、大空间、大柱网结构，采用低合金高强度结构钢，经济效益更为显著。

在钢结构中，常采用低合金高强度结构钢轧制的型钢、钢板和钢管建造桥梁、高层建筑及大跨度结构。在预应力钢筋混凝土结构中，Ⅱ级、Ⅲ级钢筋就是由普通质量的低合金高强度结构钢轧制的。例如：我国奥运主场馆"鸟巢"所用的低合金高强度结构钢 Q460 是我国科研人员经过三次技术攻关才研制出来的，它不仅在钢材厚度和使用范围是前所未有的，而且它具有良好的抗震性、抗低温性、可焊性等特点。

8.3.1.3　钢结构用钢材

钢结构构件一般应直接选用各种型钢。钢构件之间的连接方式有铆接、螺栓连接或焊接。所用母材主要是碳素结构钢及低合金高强度结构钢。

型钢有热轧和冷轧成型两种。

（1）热轧型钢

热轧型钢有角钢、工字钢、槽钢、T 型钢、H 型钢、Z 型钢等。

我国建筑用热轧型钢，主要采用碳素结构钢 Q235-A（含碳量为 0.14％～0.22％），其强度能满足需要，且塑性、可焊性较好，成本较低，适合建筑工程使用。在钢结构设计规范中，推荐使用的低合金钢主要有两种：Q345（16Mn）及 Q390（15MnV），可用于大跨度、承受动荷载的钢结构中。

（2）冷弯薄壁型钢

通常是用 2～6mm 薄钢板冷弯或模压而成，有角钢、槽钢等开口薄壁型钢及方形、矩形等空心薄壁型钢，主要用于轻型钢结构。薄壁型钢能充分利用钢材的强度，节约钢材，所以在我国得到广泛应用。

（3）钢板、压型钢板

用光面轧辊轧制而成的扁平钢材，以平板状态供货的称钢板，以卷状供货的称钢带。按轧制温度不同，分为热轧和冷轧两种。热轧钢板按厚度分为薄板（厚度为 0.35～4mm）和厚板（厚度大于 4mm）两种；冷轧钢板只有薄板（厚度为 0.2～4mm）一种。

建筑用钢板和钢带主要是碳素结构钢。一些重型结构、大跨度桥梁、高压容器等也采用低合金钢板。一般薄板可用作屋面或墙面等围护结构，或用作涂层钢板的原材料，厚板可用于焊接结构，钢板还可用来弯曲为型钢。

薄钢板经冷压或冷轧成波形、双曲形、V 形等形状，称为压型钢板。彩色钢板（又称有机涂层薄钢板）、镀锌薄钢板、防腐薄钢板等都可用来制作压型钢板。其特点是质轻、高强、抗震性能好、施工快、外形美观等，主要用于围护结构、楼板、屋面等。

国内外工程实践证明，钢结构抗震性能好，宜用作承受振动和冲击的结构，目前，钢结构从重型到轻型，从大型、大跨度、大面积到小型、细小结构，从永久特种结构到临时、一般建筑，呈向两头双向发展的趋势。

8.3.2 钢筋混凝土用钢

钢筋混凝土结构用的钢筋和钢丝，主要由碳素结构钢和低合金结构钢轧制而成。一般把直径为 3～5mm 的称为钢丝，直径为 6～12mm 的称为钢筋，直径大于 12mm 的称为粗钢筋。主要品种有热轧钢筋、冷拉钢筋、冷拔低碳钢丝、冷轧带肋钢筋、热处理钢筋、预应力混凝土用钢丝和钢绞线。

8.3.2.1 热轧钢筋

用加热钢坯轧成的条型成品钢筋，称为热轧钢筋，是建筑工程中用量最大的钢材品种之一，主要用于钢筋混凝土和预应力混凝土结构的配筋。混凝土用热轧钢筋要求有较高的强度，有一定的塑性和韧性，可焊性好。

热轧钢筋按其轧制外形分为：热轧光圆钢筋、热轧带肋钢筋。热轧带肋钢筋通常为圆形横截面，且表面通常带有两条纵肋和沿长度方向均匀分布的横肋。按肋纹的形状分为月牙肋和等高肋（如图 8-8 所示）。月牙肋的纵横肋不相交，而等高肋的纵横肋相交。月牙肋钢筋特点：生产简便、强度高、应力

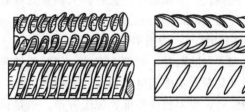

等高肋　　　　　月牙肋

图 8-8　带肋钢筋外形

集中敏感性小、疲劳性能好等，但其与混凝土的粘接锚固性能略低于等高肋钢筋。根据《钢筋混凝土用钢　第 1 部分：热轧光圆钢筋》（GB 1499.1—2008/XG1—2008）和《钢筋混凝土用钢　第 2 部分：热轧带肋钢筋》（GB 1499.2—2007/XG1—2009）规定，热轧钢筋的力学性能及工艺性能应符合表 8-6，热轧带肋钢筋的牌号由 HRB 和钢筋的屈服强度构成。热

轧带肋钢筋牌号分为 HRB335、HRBF335、HRB400、HRBF400、HRB500、HRBF500。H、R、B 分别为热轧（Hot rolled）、带肋（Ribbed）、钢筋（Bars）三个词的英文首位字母。

表 8-6　热轧钢筋的力学性能及工艺性能（GB 1499）

外形	牌号	公称直径 /mm	屈服点/MPa	抗拉强度/MPa	伸长率/%	冷弯试验 180℃ d—弯心直径 a—公称直径
			不小于			
光圆钢筋	HPB235	6～22	235	370	25	$d=a$
	HPB300		300	420		
带肋钢筋	HRB335 HRBF335	6～25	335	455	17	$d=3a$
		28～40				$d=4a$
		>40～50				$d=5a$
	HRB400 HRBF400	6～25	400	540	16	$d=4a$
		28～40				$d=5a$
		>40～50				$d=6a$
	HRB500 HRBF500	6～25	500	630	15	$d=6a$
		28～40				$d=7a$
		>40～50				$d=8a$

注：HRBF335、HRBF400、HRBF500 为细晶粒热轧带肋钢筋。

热轧钢筋中的低碳钢热轧圆盘条，直径为 8～20mm，也广泛地应用在土木建筑及金属制品中。根据《低碳钢热轧圆盘条》（GB/T 701—2008）规定，盘条分为建筑用盘条和拉丝用盘条两类，所用钢材的牌号有 Q195、Q215、Q235 和 Q275，其力学性能及工艺性能应符合表 8-7 的规定。

表 8-7　低碳钢热轧圆盘条力学性能与工艺性能

牌　号	力学性能			冷弯试验 180℃ d—弯心直径 a—公称直径
	屈服点/MPa	抗拉强度/MPa	伸长率/%	
	不小于			
Q195	195	410	30	$d=0$
Q215	215	435	28	$d=0$
Q235	235	500	23	$d=0.5a$
Q275	275	540	21	$d=1.5a$

8.3.2.2　预应力混凝土用热处理钢筋

用热轧带肋钢筋经淬火和回火调质处理后的钢筋称为预应力混凝土用热处理钢筋。通常有直径为 6mm、8.2mm、10mm 三种规格，其条件屈服强度不小于 1325MPa，抗拉强度不小于 1470MPa，伸长率（δ_{10}）不小于 6%，1000h 应力松弛率不大于 3.5%。按外形分为有纵肋和无纵肋两种，但都有横肋。钢筋热处理后卷成盘，使用时开盘钢筋自行伸直，按要求的长度切断。不能用电焊切断，也不能焊接，以免引起强度下降或脆断。热处理钢筋特点：锚固性好、应力松弛率低、施工方便、质量稳定、节约钢材等，热处理钢筋已开始应用于普通预应力钢筋混凝土工程，例如预应力钢筋混凝土轨枕。

8.3.2.3　冷轧带肋钢筋

热轧圆盘条经冷轧后，在其表面带有沿长度方向均匀分布的三面或两面横肋的钢筋称为冷轧带肋钢筋。钢筋冷轧后允许进行低温回火处理。

根据《冷轧带肋钢筋》（GB 13788—2008）规定，冷轧带肋钢筋的牌号由 CRB 和抗拉强度最小值表示，共分为四个牌号，分别为 CRB550、CRB650、CRB800、CRB970。C、R、

B 分别为冷轧、带肋、钢筋三个词的英文首位字母，数值为抗拉强度最小值。冷轧带肋钢筋的力学性能与工艺性能见表 8-8。与冷拔低碳钢丝相比，冷轧带肋钢筋具有强度高、塑性好，与混凝土粘接牢固，节约钢材，质量稳定等特点。CRB550 宜用作普通钢筋混凝土结构，其它牌号宜用在预应力混凝土结构中。

冷轧带肋钢筋克服了冷拉、冷拔钢筋握裹力低的缺点，而且具有和冷拉、冷拔相近的强度，所以，在中、小型预应力混凝土结构构件和普通混凝土结构构件中得到了越来越广泛的应用。

表 8-8　冷轧带肋钢筋的力学性能与工艺性能

牌号	屈服点 /MPa	抗拉强度 /MPa	伸长率/% 不小于		弯曲试验 180℃	反复弯曲次数	应力松弛初始应力应相当于公称抗拉强度的 70%
			δ_{10}	δ_{100}			1000h 松弛率/% 不大于
CRB550	500	550	8.0	—	$D=3d$	—	
CRB650	585	650	—	4.0		3	8
CRB800	720	800	—	4.0		3	8
CRB970	875	970	—	4.0		3	8

注：表中 D 为弯心直径，d 为钢筋公称直径。

8.3.3　钢丝与钢绞线

8.3.3.1　预应力混凝土用钢丝

《预应力混凝土用钢丝》（GB/T 5223—2002/XG2—2008）规定，预应力混凝土用钢丝按加工状态分为冷拉钢丝（代号为 WCD）和消除应力钢丝两类。消除应力钢丝按松弛性能又分为低松弛级钢丝（代号为 WLR）和普通松弛级钢丝（代号为 WNR）。

预应力混凝土用钢丝按外形分为光圆钢丝（代号为 P）、螺旋肋钢丝（代号为 H）和刻痕钢丝（代号为 I）三种。

按标准规定产品标记应按如下顺序排列：预应力钢丝，公称直径，抗拉强度等级，加工状态代号，外形代号，标准号。

例如：直径为 4.00mm，抗拉强度为 1670MPa 冷拉光圆钢丝，其标记为

预应力钢丝 4.00-1670-WCD-P-GB/T 5223—2002

直径为 7.00mm，抗拉强度为 1570MPa 低松弛的螺旋肋钢丝，其标记为

预应力钢丝 7.00-1570-WLR-H-GB/T 5223—2002

预应力混凝土用钢丝特点：质量稳定、安全可靠、强度高、无接头、施工方便等，主要用于大跨度的屋架、薄腹架、吊车梁或桥梁等大型预应力混凝土构件，也可用于轨枕、压力管道等预应力混凝土构件。

8.3.3.2　预应力混凝土用钢绞线

《预应力混凝土用钢绞线》（GB/T 5224—2003/XG1—2008）规定，用于预应力混凝土的钢绞线按其结构分为 5 类。其代号为：1×2 用两根钢丝捻制的钢绞线；1×3 用三根钢丝捻制的钢绞线；（1×3）Ⅰ 用三根刻痕钢丝捻制的钢绞线；1×7 用七根钢丝捻制的标准型钢绞线；（1×7）C 用七根钢丝捻制又经模拔的钢绞线。如图 8-9 所示。

产品标记应按如下顺序排列：预应力钢绞线，结构代号，公称直径，强度级别，标准号。

例如：公称直径为 15.20mm，强度级别为 1860MPa 的七根钢丝捻制的标准型钢绞线，

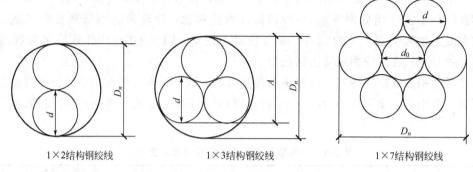

图 8-9　预应力钢绞线截面图（单位：mm）

D_n—钢绞线直径；d_0—中心钢丝直径；d—外层钢丝直径；A—1×3 结构钢绞线测量尺寸

其标记为

　　预应力钢绞线 1×7-15.20-1860-GB/T 5224—2003

　　公称直径为 8.74mm，强度级别为 1670MPa 的三根刻痕钢丝捻制的钢绞线，其标记为

　　预应力钢绞线（1×3）Ⅰ-8.74-1670-GB/T 5224—2003

　　公称直径为 12.70mm，强度级别为 1860MPa 的七根钢丝捻制又经模拔的钢绞线，其标记为

　　预应力钢绞线（1×7）C-12.70-1860-GB/T 5224—2003

　　钢绞线表面不得有油、润滑脂等物质（除非需方有特殊要求）。钢绞线允许有轻微的浮锈，但不能有看得见的锈蚀麻坑。钢绞线表面允许存在回火颜色。

　　钢绞线应按《钢及钢产品交货一般技术要求》（GB/T 17505—1998）的规定进行检验。产品的尺寸、外形、质量及允许偏差、力学性能等均应满足《预应力混凝土用钢绞线》（GB/T 5224—2003/XG1—2008）的规定。

　　预应力钢丝和钢绞线特点：强度高、柔韧性较好，质量稳定，施工简便等，使用时可根据要求的长度切断。它主要适用于大荷载、大跨度、曲线配筋的预应力钢筋混凝土结构。

8.4　钢材的锈蚀与防止

　　钢材的锈蚀，是钢材的表面与周围介质发生化学变化而遭到破坏的过程。与钢材易发生化学反应而导致锈蚀的介质主要有：潮湿的空气、土壤、工业废气、被污染的水等。

　　钢材存放时的严重锈蚀，不仅导致截面减小，材质降低，甚至报废，还会因为局部锈坑的产生，造成应力集中，导致结构早期破坏。尤其在反复荷载的作用下将产生锈蚀疲劳现象，导致疲劳强度大大降低，甚至出现断裂。

8.4.1　钢材的锈蚀

　　根据锈蚀作用机理，可分为下述两类。

8.4.1.1　化学锈蚀

　　钢材表面与周围介质直接发生化学反应而引起的锈蚀称为化学锈蚀。这种锈蚀是非电解质溶液或各种干燥气体（如 O_2、CO_2、SO_2、Cl_2 等）与钢材发生的纯化学性质的腐蚀，腐蚀过程中，没有电流产生。这种锈蚀多数是氧化作用，使钢材表面形成疏松的铁氧化物。在常温下，钢材表面形成一薄层钝化能力很弱的氧化保护膜，它疏松，易破裂，有害介质可进一步渗入而发生反应，造成锈蚀。但在干燥环境下，锈蚀进展缓慢。如果在温度或湿度较高的环境条件下，这种锈蚀进展加快。

8.4.1.2 电化学锈蚀

由于金属表面形成了原电池而产生的锈蚀称为电化学锈蚀。钢材本身含有铁、碳等多种成分，由于这些成分的电极电位不同，形成许多微电池，在潮湿空气中，钢材表面将覆盖一层薄的水膜，因而构成许多"微电池"。在阳极区，铁被氧化成 Fe^{2+} 进入水膜。因为水中溶有来自空气中的氧气，所以在阴极区氧将被还原成 OH^-，Fe^{2+} 和 OH^- 两者结合成为不溶于水的 $Fe(OH)_2$，并进一步氧化成疏松易剥落的红棕色铁锈 Fe_2O_3。电化学锈蚀是最主要的钢材锈蚀形式，且危害最大。

钢材锈蚀时，伴随着疏松的铁锈生成，钢材的体积会增大，最严重的可达原体积的 6 倍，若是钢筋混凝土中的钢筋锈蚀，则最终导致钢筋混凝土膨胀开裂引起破坏。

8.4.2 钢材的防锈

在钢材表面施加保护层，使钢与周围介质隔离，从而防止锈蚀。保护层可分为金属保护层和非金属保护层两类。金属保护层是以电镀或喷镀的方法在钢材表面镀上一层耐腐蚀的金属。如镀锌、镀锡、镀铬等。

用有机或无机物质作保护层称非金属保护层，常用的非金属保护层是在钢材表面涂刷各种防锈涂料，此法操作方便，但耐久性差。此外，还可采用塑料保护层、沥青保护层和搪瓷保护层等。

钢结构防锈方法主要是采用表面刷漆。常用底漆有红丹、环氧富锌漆、铁红环氧底漆、磷化底漆等。面漆有灰铅油、醇酸磁漆、酚醛磁漆等。薄壁钢材可采用热浸镀锌或镀锌后加涂塑料涂层，这种方法效果好，但成本较高。

混凝土配筋的防锈措施，主要是根据结构的性质、所处环境条件等，考虑混凝土的质量要求，提高钢筋混凝土的密实度（即选择好水灰比和水泥用量）及混凝土层的厚度，限制氯盐外加剂的掺量。

由于预应力配筋，一般含碳量较高，又多次加工或冷拉，所以对锈蚀破坏较敏感，因此，重要的预应力承重结构，应禁止使用掺氯盐的外加剂。

8.5 建筑钢材的实训项目

通过实训操作，掌握钢材拉伸性能、伸长率、冷弯试验基本操作方法和技能，学会正确使用有关的仪器设备，掌握钢材试验中各项力学性能及工艺性能的评定方法。

8.5.1 一般规定

同一截面尺寸和同一炉罐号组成的钢筋分批验收时，每批质量不大于 60t。

钢筋应有出厂证明书或试验报告单。验收时应抽样作机械性能试验。包括拉力试验和冷弯试验两个项目。两个项目中如有一个项目不合格，该批钢筋即为不合格品。

钢筋在使用中如有脆断、焊接性能不良或力学性能显著不正常时，应进行化学成分检验分析，或做其它专项检验。

取样方法和结果评定规定，自每批钢筋中任意抽取两根，于每根距端部 50mm 处各取一套试样（两根试件），在每套试样中取一根作拉力试验，另一根作冷弯试验。在拉力试验的两根试件中，如其中一根试件的屈服点、抗拉强度和伸长率三个指标中有一个指标达不到标准中规定的数值，应再抽取双倍（4根）钢筋，制取双倍（4根）试件重做试验，如仍有一根试件的一个指标达不到标准要求，则无论这个指标在第一次试件中是否达到标准要求，拉力试验项目都认为不合格。在冷弯试验中，如有一根试件不符合标准要求，应同样抽取双倍钢筋，制成双倍试件重做试验，如仍有一根试件不符合标准要求，冷弯试验项目即为不合格。

试验应在（20±10）℃下进行，如试验温度超出这一范围，应于试验记录和报告中注明。

8.5.2 钢材的抗拉强度及伸长率检验

8.5.2.1 实训目的

测定低碳钢的屈服强度、抗拉强度与伸长率。注意观察拉力与变形之间的变化。确定应力与应变之间的关系曲线，评定钢筋的强度等级。

8.5.2.2 主要仪器设备

（1）万能材料试验机

为保证机器安全和检验准确，其吨位选择最好是使试件达到最大荷载时，指针位于指示度盘第三象限内。试验机的测力示值误差不大于 1%。

（2）钢板尺、游标卡尺（精确度为 0.1mm）等

8.5.2.3 试件制作和准备

抗拉试验用钢筋试件不得进行车削加工，可以用两个或一系列等分小冲点或细画线标出原始标距（标记不应影响试样断裂），测量标距长度 L_0（精确至 0.1mm），如图 8-10 所示。

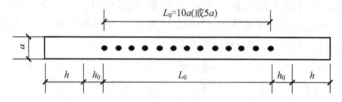

图 8-10 钢筋拉伸试件

a—试样原始直径；L_0—标距长度；h—夹头长度；$L_c = 2h_0 + L_0$（L_c 为试样平行长度，不小于 $L_0 + a$）

计算钢筋强度所用横截面积采用表 8-9 所列公称横截面积。

表 8-9 钢筋的公称横截面积

公称直径/mm	公称横截面积/mm²	公称直径/mm	公称横截面积/mm²
8	50.27	22	380.1
10	78.54	25	490.9
12	113.1	28	615.8
14	153.9	32	804.2
16	201.1	36	1017.9
18	254.5	40	1256.6
20	314.2	50	1963.5

8.5.2.4 屈服强度和抗拉强度的测定

① 调整试验机测力度盘的指针，使其对准零点，并拨动副指针，使其与主指针重叠。

② 将试件固定在试验机夹头内。开动试验机进行拉伸，拉伸速度为：屈服前，应力增加速率按表 8-10 规定，并保持试验机控制器固定于这一速率位置上，直至该性能测出为止；

屈服后或只需测定抗拉强度时，试验机活动夹头在荷载下的移动速度不大于 $0.5L_c \text{mm/min}$。

表 8-10　屈服前的加荷速率

金属材料的弹性模量/MPa	应力速率/[N/(mm²·s)]	
	最小	最大
＜150000	1	10
≥150000	3	30

③ 拉伸中，测力度盘的指针停止转动时的恒定荷载，或第一次回转时的最小荷载，即为所求的屈服点荷载 F_s(N)。按下式计算试件的屈服点。

$$\sigma_s = \frac{F_s}{A}$$

式中　σ_s——屈服点，MPa；

　　　F_s——屈服点荷载，N；

　　　A——试件的公称横截面积，mm²。

④ 测得屈服强度后，继续对试件连续施荷直至拉断，由测力度盘读出最大荷载 F_b(N)。按下式计算试件的抗拉强度。

$$\sigma_b = \frac{F_b}{A}$$

式中　σ_b——抗拉强度，MPa；

　　　F_b——最大荷载，N；

　　　A——试件的公称横截面积，mm²。

8.5.2.5　断后伸长率的测定

① 将已拉断试件的两段紧密地对接在一起，尽量使其轴线位于一条直线上。如拉断处形成缝隙，则此缝隙应计入试件拉断后的标距部分长度内。

② 如拉断处到邻近的标距端点的距离大于 $\frac{1}{3}L_0$ 时，可用卡尺直接测量已被拉长的标距长度 L_1(mm)。

③ 如拉断处到邻近的标距端点的距离小于或等于 $\frac{1}{3}L_0$ 时，则可按下述移位法确定 L_1：在长段上，从拉断处 O 取基本等于短段格数，得 B 点，接着取等于长段所余格数〔偶数，见图 8-11(a)〕之半，得 C 点；或者取所余格数〔奇数，见图 8-11(b)〕减1与加1之半，得 C 与 C_1 点。移位后的 L_1 分别为 $AO+OB+2BC$（偶数）或者 $AO+OB+BC+BC_1$（奇数）。

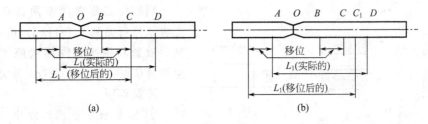

图 8-11　用移位法计算标距

如果直接量测所求得的伸长率能达到技术条件的规定值，则可不采用移位法。

④ 伸长率按下式计算（精确至 1%）：

$$\delta_{10} 或 (\delta_5) = \frac{L_1 - L_0}{L_0} \times 100\%$$

式中　δ_{10}，δ_5——分别表示 $L_0 = 10d$ 或 $L_0 = 5d$（d 为直径）时的伸长率；

L_0——原标距长度 $10d$（$5d$），mm；

L_1——试件拉断后直接量出或按移位法确定的标距部分长度（测量精确至 0.1mm），mm。

⑤ 若试件在标距端点上或标距处断裂，则试验结果无效，应重做试验。

8.5.3　钢材的冷弯性能检验

冷弯性能属于钢材的工艺性能。冷弯性能的检验是在常温下将标准试件放在拉力机的弯头上，逐渐施加荷载，观察由于这个荷载的作用，试件绕一定弯心弯曲至规定角度时，其弯曲处外表面是否有裂纹、起皮、断裂等现象。

8.5.3.1　主要仪器设备

① 压力机或万能试验机。

② 具有不同直径的弯心，弯心直径由有关标准规定，其宽度应大于试件的直径和宽度。

③ 应有足够硬度的支承辊，其长度应大于试件的直径和宽度，支承辊间的距离可以调节。

8.5.3.2　检验步骤

（1）检查试件尺寸是否合格

试样长度通常按下式确定。

$$L \approx 5a + 150 (\text{mm}) \quad (a \text{ 为试件原始直径})$$

（2）半导向弯曲

试样一端固定，绕弯心直径进行弯曲，如图 8-12（a）所示。将试样弯曲到规定的弯曲角度。

（3）导向弯曲

① 试样放置于两个支点上，将一定直径的弯心在试样两个支点中间施加压力，使试样弯曲到规定的角度，如图 8-12（b）所示。

② 试样在两个支点上按一定弯心直径弯曲至两臂平行时，可一次完成试验；亦可先弯曲到图 8-12（b）所示的状态，然后放置在试验机平板之间继续施加压力，压至试样两臂平行，此时可以加与弯心直径相同尺寸的衬垫进行试验，如图 8-12（c）所示。

当试样需要弯曲至两臂接触时，首先将试样弯曲到图 8-11（b）所示的状态，然后放置在两平板间继续施加压力，直至两臂接触，如图 8-12（d）所示。

注意事项

① 检验应在平稳压力作用下，缓慢施加检验压力。两支承辊间距离为（$d +$

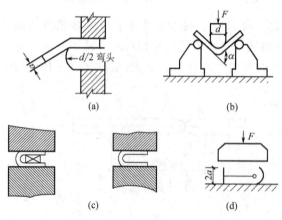

图 8-12　冷弯试验示意图

2.5a）±0.5a，并且在检验过程中不允许有变化。

② 检验应在 10～35℃ 或控制条件下（23±5）℃进行。

③ 钢筋冷弯试件不得进行车削加工。

8.5.3.3 结果评定

弯曲后，按有关标准规定检查试样弯曲外表面，进行结果评定。若无裂纹、裂缝或断裂，则评定试样合格。

小　结

钢材作为建筑工程中最重要的金属材料之一得到了广泛的应用。建筑工程使用的钢材主要是碳素结构钢和低合金高强度结构钢。钢材具有强度高，塑性及韧性好，可焊、可铆，易于加工、便于装配等优点。钢材用来制作钢结构构件及作为混凝土结构中的增强材料，已成为常用的重要的结构材料。尤其在当代迅速发展的大跨度、大荷载、高耸的建筑中，钢材已是不可或缺的材料。

近年迅速发展的低合金高强度结构钢，是在碳素结构钢的基本成分中加入 5% 以下的合金元素的新型材料。其强度得到显著提高，同时具有良好的塑性、冲击韧性、耐蚀性、耐低温冲击等优良性能，所以在预应力钢筋混凝土结构的应用中，取得良好的技术经济效果，因而是大力推广的钢种。

在本章学习中，应掌握钢材的成分、组织结构、加工、冶炼方法等对技术性能的影响，掌握各品种钢材的牌号、技术要求、特性及应用。

能力训练习题

1. 选择题（下列各题不一定只有一个正确答案，请把正确答案的题前字母填入括号内）

(1) 在钢结构中常用下列哪种钢轧制成钢板、钢管、型钢来建造桥梁、高层建筑及大跨度钢结构建筑？（　　）

    A. 碳素钢　　　　　　　B. 低合金钢　　　　　　C. 热处理钢筋　　　　D. 沸腾钢

(2) 钢材中下列哪种元素含量高，将导致其热脆现象发生？（　　）

    A. 碳　　　　　　　　　B. 磷　　　　　　　　　C. 硫　　　　　　　　D. 氧

(3) 钢材中下列哪种元素含量高，将导致其冷脆现象发生？（　　）

    A. 碳　　　　　　　　　B. 磷　　　　　　　　　C. 硫　　　　　　　　D. 氧

(4) 对同一种钢材，其伸长率 δ_{10} 与 δ_5 的大小关系是（　　）。

    A. δ_{10} 大于 δ_5　　B. δ_{10} 小于 δ_5　　C. δ_{10} 等于 δ_5　　D. 无法确定

(5) 钢材随着含碳量的增加，下列哪些性能降低？（　　）

    A. 强度　　　　　　　　B. 硬度　　　　　　　　C. 塑性　　　　　　　D. 韧性

(6) 结构设计时，下列哪项指标作为设计计算的取值依据？（　　）

    A. 弹性极限 σ_p　　　　　　　　　　　　B. 屈服强度 σ_s

    C. 抗拉强度 σ_b　　　　　　　　　　　　D. 屈服强度 σ_s 和抗拉强度 σ_b

(7) 经冷拉时效处理的钢材，下列哪些性能会进一步提高？（　　）

    A. 强度　　　　　　　　B. 硬度　　　　　　　　C. 塑性　　　　　　　D. 韧性

(8) 普通碳素钢按屈服点、质量等级及脱氧程度划分若干牌号，随牌号的提高，钢材（　　）。

A. 韧性降低，塑性降低   B. 强度提高，硬度提高

C. 强度降低，塑性降低   D. 强度降低，塑性提高

(9) 热轧钢筋强度等级提高，则其（   ）。

A. σ_s、σ_b 提高，韧性下降   B. σ_s 提高、σ_b 下降

C. σ_s、σ_b 提高，冷弯性能下降   D. σ_s、σ_b、冷弯性能均下降

(10) 建筑工程中主要应用的碳素结构钢是（   ）。

A. Q215   B. Q195   C. Q235   D. Q255

(11) 钢材随时间延长表现出强度提高、硬度提高，但塑性和韧性下降的现象称为（   ）。

A. 钢的强化   B. 时效   C. 时效敏感性   D. 钢的冷脆

(12) 断后伸长率是衡量钢材（   ）。

A. 弹性的指标   B. 硬度的指标   C. 塑性的指标   D. 脆性的指标

(13) 在低碳钢的应力-应变曲线中，有线性关系的是（   ）。

A. 弹性阶段   B. 屈服阶段   C. 强化阶段   D. 颈缩阶段

2. 判断题（对的打"√"，错的打"×"）

(1) 钢材最大的缺点是易腐蚀。 （   ）

(2) 沸腾钢是用强脱氧剂，脱氧充分使液面沸腾，故质量好。 （   ）

(3) 钢材经冷加工强化后，强度提高了，但塑性降低。 （   ）

(4) 钢材的强度和硬度随含碳量的增加而提高。 （   ）

(5) 质量等级为 A 级的碳素结构钢，一般仅适用于静荷载作用的结构。 （   ）

(6) 热处理钢筋因强度高，综合性能好，质量稳定，最适合于普通钢筋混凝土结构。（   ）

(7) 碳素钢的牌号越大，其强度越高，塑性越好。 （   ）

(8) 钢含硫较多时呈热脆性，含磷较多时呈冷脆性。 （   ）

(9) 对钢筋进行冷拉处理是为了提高其强度和塑性。 （   ）

(10) 随着钢材含碳量及有害杂质的增加，其可焊性降低。 （   ）

3. 问答题

(1) 什么是钢的冲击韧性？如何表示？

(2) 什么是钢的低温冷脆性？

(3) 什么是钢材的屈强比？在工程中有何实际意义？

(4) 在钢结构中，为什么 Q235 碳素结构钢得到广泛应用？

(5) 碳素结构钢和低合金高强度结构钢的牌号是如何表示的？

4. 计算题

(1) 有一碳素钢试件的直径 $d_0 = 20\text{mm}$，拉伸前试件标距为 $5d_0$，拉断后试件的标距长度为 125mm，求该试件的伸长率。

(2) 从某建筑工地的一批钢筋中抽样，并截取两根钢筋做拉伸试验。测得结果如下：屈服点荷载分别为 42.4kN，41.5kN；抗拉极限荷载分别为 62.0kN，61.6kN。钢筋实测直径为 12mm，标距为 60mm，拉断时长度分别为 66.0mm，67.0mm。计算该钢筋的屈服强度、抗拉强度及伸长率。

9 木　材

>>> **教学目标**

　　通过本章学习，掌握木材的主要物理、力学性能；理解木材的组成结构对木材性能的影响，能根据工程环境条件合理选用木材。

　　木材作为建筑材料已有悠久的历史，它曾与钢材、水泥并称三大主要建筑材料。木材具有很多优良的性能，如轻质高强，导电、导热性低，有较好的弹性和韧性，能承受冲击和振动，易于加工等。目前，木材较少用于外部结构材料，但由于它有美观的天然纹理，装饰效果较好，所以仍被广泛用作装饰与装修材料。

　　木材也有缺点，如构造不均匀、各向异性、易吸湿变形、易腐、易燃等，加之树木生长速度缓慢、成材周期长等原因，致使在应用上受到限制，因此，对木材的节约使用和综合利用是十分重要的。

9.1　木材的分类及构造

9.1.1　木材的分类与特性

　　木材通常按树种不同分为针叶类和阔叶类两种。

　　针叶类树种主要有：红松、落叶松、云杉、冷杉及杉木等。针叶树叶子成针状，树干直而高大，文理通顺，木质轻、软，也称软木材。软木材易于加工，胀缩变形小，强度较高。建筑工程中常用作主要承重结构材料。

　　阔叶类树种主要有：水曲柳、柞木、榆木、椴木、杨木、桦木等。阔叶树叶片宽大，树干通直部分较短，材质较硬，也称硬（杂）木材。硬木材不易加工，易胀缩、翘曲、开裂，不宜用作承重结构材料。可用于内部装饰与家具。

9.1.2　木材的构造

　　木材的构造一般分为宏观构造和微观构造。

9.1.2.1　木材的宏观构造

　　宏观构造是指肉眼或放大镜能观察到的木材组织。由于木材是各向异性的，可通过横切面、径切面、弦切面了解其构造。

　　横切面——与树纵轴相垂直的横向切面；径切面——通过树轴的纵切面；弦切面——与树心有一定距离，与树轴平行的纵向切面。

　　树木主要由树皮、髓心和木质部组成。木材主要是使用木质部。木质部是髓心和树皮之间的部分，是木材的主体。在木质部中，靠近髓心的部分颜色较深，称为心材；靠近树皮的部分颜色较浅，称为边材。心材含水量较小，不易翘曲变形，耐蚀性较强，边材含水量较大，易翘曲变形，耐蚀性也不如心材。

　　横切面有深浅相间的同心圆，称为年轮。每一年轮中，色浅而质软的部分是春季长成的，称为春材或早材，色深而质硬的部分是夏秋季长成的，称为夏材或晚材。夏材越多，年轮越密且均匀，木材质量越好。在木材横切面上，有许多径向的，从髓心向树皮呈辐射状的细线条，或断或续地穿过数个年轮，称为髓线，是木材中较脆弱的部位，干燥时，常沿髓线发生裂纹。年轮和髓线构成了木材美丽的花纹。

9.1.2.2 木材的微观构造

在显微镜下所见到的木材组织称为微观构造。针叶树和阔叶树的微观构造不同，用显微镜观察木材切片，可看到木材是由大量管状细胞紧密结合而成的。除少量细胞横向排列外（髓线），绝大部分细胞沿树干纵向排列。木材的管状细胞是由细胞壁和细胞腔组成的，而细胞壁由细纤维构成。木材的细胞壁越厚，细胞腔越小，木材就越密实，且表观密度大、强度高，但木材的胀缩变形也越大。夏材的细胞壁比春材要厚。

9.2 木材的主要性质

9.2.1 木材的物理性质

9.2.1.1 木材的吸湿性及含水量

木材吸水的能力很强，木材的含水量是以木材所含水的质量占木材干燥质量的百分率（即含水率）来表示。其含水量随所处环境的湿度不同而变化，木材中的水分可分为下列三种。

① 自由水 自由水是存在于木材细胞腔和细胞间隙中的水，自由水的存在会影响木材的表观密度、耐蚀性、干燥性和燃烧性，木材干燥时，自由水首先蒸发。

② 吸附水 吸附水是由于细胞的吸附作用而进入细胞壁中的水分，木材受潮时其细胞壁首先吸水，吸附水是影响木材的强度和湿胀干缩变化的主要因素，吸附水的增加会导致木材的湿胀，吸附水减少则木材会产生干缩。

③ 化学结合水 化学结合水是木材化学成分中的水，总含量很少，通常不超过$1\%\sim2\%$。它是随树种的不同而异，在常温下不变化，因而对木材性质无影响。

水分进入木材后，首先被木材吸入细胞壁中成为吸附水，吸附水饱和后，多余的水才积聚于细胞腔或细胞间隙中成为自由水。木材干燥时，首先失去自由水，然后才失去吸附水。当吸附水已达饱和状态而又无自由水存在时，木材的含水率称为该木材的纤维饱和点，其值随树种而异，一般为$25\%\sim35\%$，平均值为30%。木材的纤维饱和点是木材物理、力学性质是否随含水率而发生变化的转折点。

木材有吸湿性，即干燥的木材可以从周围潮湿的空气中吸收水分，但潮湿的木材也可向周围放出水分。也就说，木材的含水率能随周围空气的湿度变化而变化，直到与周围空气的湿度达到平衡为止。木材的含水率与周围空气相对湿度达到平衡时，此时的含水率称为木材的平衡含水率。木材的平衡含水率随大气的温度和相对湿度变化而变化。新砍伐的木材含水率在35%以上，风干的木材含水率为$15\%\sim25\%$，室内干燥的木材含水率为$8\%\sim15\%$。木材在加工或使用之前，应将木材干燥至使用时周围环境的平衡含水率，以免由于含水率的变化引起木材各项性能的变化。

9.2.1.2 木材的湿胀干缩

木材细胞壁内吸附水的增减会引起木材的湿胀干缩。当木材从潮湿状态干燥至其纤维饱和点时，此时为自由水的减少，所以木材的尺寸并不改变（木材不会干缩），但若继续干燥，即木材的含水率低于其纤维饱和点时，由于吸附水开始减少，木材将发生干缩。反之，干燥木材吸湿时，由于吸附水的增加而使木材发生湿胀，直到含水率达到纤维饱和点为止。当木材的含水率≥纤维饱和点时，随水分的增加，木材不会发生湿胀。

由于木材构造的各向异性，其胀缩在各个方向上也各有不同，如图 9-1 所示。弦上胀缩最大，径向次之，纵向最小。从图中还可知，当含水率超过纤维饱和点时（含水率为 30%），木材不再继续湿胀。

图 9-2 所展示的是木材干燥时在横切面上由于各方向收缩不同而造成的变形。从圆木锯下的板材，距离髓心较远的一面，其横向更接近于典型的弦向，因而收缩较大，使板材背离髓心翘曲。由此可知，湿材干燥后，将改变其截面形状和尺寸，这对实际应用木材是很不利的。

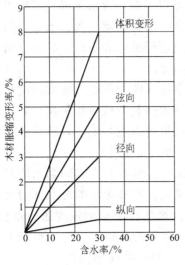

图 9-1　木材含水率与
湿胀变形的关系

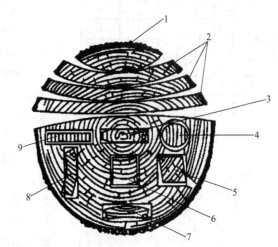

图 9-2　木材干燥后截面形状的改变
1—弓形变成橄榄核状；2—成反翘状；3—通过髓心径向锯板两头缩小变成纺锤形；4—圆形变成椭圆形；5—与年轮成对角线的正方形变菱形；6—两边与年轮平行的正方形变长方形；7，8—长方形板的翘曲；9—边材径向锯板较均匀

木材的湿胀干缩对木材的使用有严重影响，干缩使木结构构件连接处出现缝隙而导致接合松弛，湿胀则造成凸起。为了避免这种情况，最根本的办法是预先将木材进行干燥，使其含水率与构件使用所处的环境湿度相适应，即将木材干燥至平衡含水率后再使用。

9.2.2　木材的力学性质

9.2.2.1　木材的各种强度

木材按受力状态分为抗拉、抗压、抗弯和抗剪四种强度，而抗拉、抗压和抗剪强度又有顺纹和横纹之分。若作用力方向与纤维方向平行称为顺纹；作用力方向与纤维方向垂直则称为横纹。木材的顺纹和横纹强度有很大差别。木材各种强度之间的比例关系见表 9-1。

表 9-1　木材各种强度之间的比例关系

抗压强度		抗拉强度		抗弯强度	抗剪强度	
顺纹	横纹	顺纹	横纹		顺纹	横纹切断
1	1/10~1/3	2~3	1/20~1/3	1.5~2	1/7~1/3	1/2~1

　　木材的顺纹抗拉强度最高，但在实际应用中木材很少用于受拉构件，原因是木材天然疵病对顺纹抗拉强度影响较大，使其实际强度值下降。另外，受拉构件在连接处受力较复杂，构件连接处首先因横纹受压或顺纹受剪而破坏，这也是木材很少用于受拉构件的另一原因。

9.2.2.2　影响木材强度的主要因素

（1）含水率

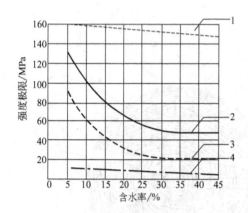

图 9-3　含水率对木材强度的影响
1—顺纹抗拉强度；2—抗弯强度；
3—顺纹抗压强度；4—顺纹抗剪强度

　　木材含水率对木材强度影响很大，木材含水率在纤维饱和点以下时，含水率降低，吸附水减少，细胞壁紧密，木材强度增加；反之，强度降低。当含水率超过纤维饱和点时，只是自由水变化，木材强度不变。

　　木材含水率对其各种强度的影响程度是不相同的，受影响最大的是顺纹抗压强度，其次是抗弯强度，对顺纹抗剪强度影响小，影响最小的是顺纹抗拉强度，如图 9-3 所示。

　　为了便于比较各种木材在不同含水率时的强度，国家标准规定：木材含水率为 15% 时为标准含水率，标准含水率时木材的强度为标准强度，其它含水率（w%）时的强度（σ_w）可按下式换算为标准强度（σ_{15}），单位 MPa。

$$\sigma_{15} = \sigma_w[1 + \alpha(w - 15)]$$

式中　σ_{15}——标准含水率（15%）时的强度，MPa；

　　　σ_w——含水率为 w% 时的强度，MPa；

　　　w——试验时木材的含水率（当含水率＞30% 时，即超过纤维饱和点时，均以 30 代入）；

　　　α——含水率校正系数，随受力情况与树种不同而异（通常顺纹抗压 0.05；抗弯 0.04；顺纹抗拉，阔叶树 0.015，针叶树 0；顺纹抗剪 0.03；横纹抗压 0.045）。

　　（2）疵病的影响

　　木材由于生长情况不同及加工、储存不当，会产生很多缺陷，统称为疵病。木材的疵病主要有木节、斜纹、裂纹、腐朽及虫害等。这些疵病对木材的力学性能均造成不利影响，导致木材的强度降低、质量等级下降，甚至完全不能使用。

　　完全消除木材的各种缺陷是不可能的，也不经济，可以根据使用的要求，正确、合理的选用木材，就可以达到节省木材的目的。

　　（3）负荷时间

　　长期受力的木材其强度要比短期受力的木材强度低得多。木材在长期外力作用下，只有当其应力远低于强度极限的某一范围以下时，才可避免因长期负荷而破坏。而它所能承受的不致引起破坏的最大应力，称为持久强度。木材的持久强度仅为极限强度的50%～60%。木材在外力作用下会产生塑性流变，当应力不超过持久强度时，变形到一定限度后趋于稳定；若应力超过持久强度时，经过一定时间后，变形急剧增加，从而导致木材破坏。因此，在设计木结构时，要考虑负荷时间对木材强度的影响，一般要以持久强度为依据。

（4）环境温度

温度对木材强度也有直接影响，当温度从 25℃升至 50℃时，将因木纤维和其间的胶体软化等原因，使木材抗压强度降低 20%～40%，抗拉和抗剪强度降低 12%～20%。所以，环境温度长期超过 50℃时，不适合采用木结构。

9.3　木材的防护与应用

9.3.1　木材防护

9.3.1.1　木材的防腐、防虫

木材受到真菌侵害后，其细胞改变颜色，结构逐渐变得松脆，强度和耐久性降低，这种现象称为木材的腐蚀（腐朽）。

侵害木材的真菌主要有霉菌、变色菌、腐朽菌等。它们在木材中生存和繁殖必须同时具备三个条件：适当的水分、足够的空气和适宜的温度。当空气相对湿度在 90%以上，木材的含水率在 35%～50%，环境温度在 25～30℃时，真菌就容易繁殖，导致木材易腐蚀。另外，木材还易受到白蚁、天牛、蠹虫等昆虫的蛀蚀，这使木材形成很多孔眼或沟道，甚至蛀穴，从而使木质结构的完整性遭到破坏，并降低强度和耐久性。

木材的防腐，其根本在于破坏真菌及虫类生存和繁殖的条件，常用方法有以下两种：一是将木材干燥至含水率在 20%以下，保证木结构处在干燥状态，可采取对木结构通风、防潮、表面涂刷涂料等措施；二是将对真菌和昆虫有害作用的化学防腐剂注入木材使真菌和昆虫无法寄生。常用的方法有表面喷涂法、浸渍法、压力渗透法等。常用的防腐剂有水溶性的、油溶性的及浆膏类的几种。对于木构件内部的防腐，可用水溶性防腐剂。常用氯化锌、氟化钠、铜铬合剂、硼氟酚合剂、硫酸铜等。由于油溶性防腐剂药力持久、毒性大、不易被水冲走、不吸湿，但有臭味，故多用于室外、地下、水下等，如蒽油、煤焦油等。

9.3.1.2　木材的防火

木材是易燃物质，应进行防火处理，以提高其耐火性，使木材着火后不致沿表面蔓延，或当火源移开后，木材面上的火焰能立即熄灭。常用的防火处理有表面涂敷法和溶液浸注法两种。

在木材的表面涂敷防火材料称为表面涂敷法，表面涂敷法既能防火，又能起到防腐和装饰的作用。常用的防火涂料有石膏、硅酸盐类、四氯苯酐醇树脂、丙烯酸乳胶防火涂料等。

溶液浸注法分为常压浸注和加压浸注两种，后者吸入阻燃剂的量及吸入深度大大高于前者。浸注处理前，要使木材充分干燥，并经初步加工成型，以免防火处理后再进行大量锯、刨等加工，造成阻燃剂的浪费。常用浸渍用阻燃剂有磷氮系列、硼化物系列、卤素系列等。

9.3.2　木材在建筑工程中的应用

在建筑工程施工中，应根据已有木材的树种、等级、材质情况合理使用木材，做到大材

不小用,好材不零用。

建筑木材主要用于屋架、屋顶及梁、柱、桁架、檩、椽、斗拱、望板、地板、门窗、天花板、扶手、栏杆、龙骨等建筑部件。利用其装饰性,木材可做墙裙、隔断、隔墙、服务台及家具等。木材还可进行综合利用,木材综合利用的产品有:热固性树脂装饰层压板、胶合板、胶合木、胶合夹心板、纤维板、木丝板及刨花板等。

小　结

木材是传统的三大建筑材料(水泥、钢材、木材)之一,但由于木材生长周期长,大量砍伐不利于保持生态平衡,而且木材也存在易燃、易腐及各向异性等缺点,所以在工程中要尽量以其它材料代替木材,从而节省木材资源。

木材因树种不同、取材位置不同而造成的材质不匀,致使其各项性能相差悬殊。同种木材中,不同方向的抗拉、抗压、抗剪强度也各不相同,这是由木材的构造决定的。通过本章学习,应正确认识木材的优点、缺点,掌握木材的各种技术性能,才能做到在选材、制材和工程施工中扬长避短,物尽其用,避免浪费。

除了直接使用木材制造构件和制品外,还可将采伐、制材和加工中的剩余物质或废弃物充分加以利用,如发展人造板材,且各类人造板材具有幅面大、不翘曲、不易开裂等优点,是解决我国木材供应不足的重要途径之一。

能力训练习题

1. 选择题(下列各题不一定只有一个正确答案,请把正确答案的题前字母填入括号内)

(1) 木材的力学指标是以木材含水率多少时为标准的?(　　　)

　　A. 12% 　　　　　B. 14% 　　　　　C. 16% 　　　　　D. 15%

(2) 木材的疵病主要有(　　　)。

　　A. 木节 　　　　　B. 腐朽 　　　　　C. 斜纹 　　　　　D. 虫害

(3) 木材物理、力学性能发生转变的转折点是(　　　)。

　　A. 平衡含水率 　　B. 纤维饱和点 　　C. 标准含水率 　　D. 气干状态

(4) 木材在加工使用前,应预先将其干燥至含水率达(　　　)。

　　A. 纤维饱和点 　　　　　　　　　　　B. 标准含水率

　　C. 气干状态 　　　　　　　　　　　　D. 使用环境长年平均的平衡含水率

(5) 一般情况下所用木材多取自(　　　)。

　　A. 木质部 　　　　B. 髓心 　　　　　C. 年轮 　　　　　D. 树皮

(6) 木材强度中最大的强度是(　　　)。

　　A. 顺纹抗压 　　　B. 顺纹抗拉 　　　C. 顺纹抗剪 　　　D. 抗弯

(7) 木材含水率变化对下列哪两种强度影响较大?(　　　)

　　A. 顺纹抗压 　　　B. 顺纹抗拉 　　　C. 顺纹抗剪 　　　D. 抗弯

2. 判断题(对的打"√",错的打"×")

(1) 化学结合水不会对木材的性能产生影响。　　　　　　　　　　　　　　　(　　　)

(2) 真菌在木材中生存、繁殖,要具备适当的水分、空气和温度条件。　　　　(　　　)

(3) 木材胀缩变形的特点是径向变化率最大,顺纹方向次之,弦向最小。　　　(　　　)

(4) 木材的强度随含水率的增加而下降。　　　　　　　　　　　　　　　（　　）

(5) 木材在各个方向上的胀缩变形是相同的。　　　　　　　　　　　　　（　　）

3. 问答题

(1) 为什么木材在加工使用前要进行干燥？

(2) 影响木材强度的主要因素有哪些？

(3) 解释木材湿胀干缩的原因？木材受潮时一定会发生湿胀，这种说法对不对？为什么？

(4) 什么叫木材的纤维饱和点和平衡含水率？各有何实际意义？

(5) 木材的抗拉强度最大，但实际应用却多用顺纹受压或受弯构件，而很少用作受拉构件，这是为什么？

10 建筑塑料与胶黏剂

>>> **教学目标**

通过本章学习，掌握建筑塑料与胶黏剂的主要特性及应用，了解材料组成结构对性能的影响，能根据工程环境条件合理选用材料。

10.1 建筑塑料

以高分子聚合物为主要材料，掺加一些辅助材料，在一定温度和压力下制成各种形状，且在常温常压下能保持其形状不变的有机合成高分子材料，称为塑料制品。建筑塑料是指用于建筑工程的各种塑料及其制品，是一种新型的建筑材料，在建筑工程中具有广阔的发展前景。

建筑塑料的优点：成本较低、质轻、绝缘、耐腐、耐磨、隔声、色泽美观、加工成型方便、适宜工业化生产等。

建筑塑料的缺点：耐热性差、热膨胀系数较大、易变形、易老化等。

10.1.1 塑料的主要特性

（1）表观密度小

塑料制品的密度通常在 $0.8\sim2.2g/cm^3$ 之间，约为钢材的 $1/5$、铝的 $1/2$、混凝土的 $1/3$，与木材相近。这对降低施工的劳动强度，减轻建筑物的自重都十分有利。

（2）比强度高

建筑塑料是一种优良的轻质高强材料，建筑塑料的比强度（即按单位质量计算的强度）已接近甚至超过钢材。

（3）保温隔热、吸声性好

建筑塑料是理想的保温隔热和吸声材料，建筑塑料的热导率为 $0.020\sim0.046W/(m\cdot K)$，特别是泡沫塑料的导热性更小，是理想的保温隔热材料。

（4）耐蚀性好

一般塑料耐酸、碱等化学物质腐蚀的能力比金属材料和一些无机材料要强，特别适用于做化工厂门窗、地面、墙体、屋架等。

（5）电绝缘性好

一般塑料都是电的不良导体。

（6）耐水性强

塑料吸水率和透气性一般都很低，可用于防水防潮工程。

（7）装饰性好

塑料制品不仅可以着色，而且色泽鲜艳耐久，还可进行印刷、电镀、压花等加工，使塑料制品呈现丰富多彩的艺术装饰效果。

（8）加工性好

塑料可以采用多种方法加工成各种类型和形状的产品，有利于机械化大规模生产。

（9）耐老化性差

有机高分子材料在外界环境因素（阳光、温度、气候、空气等）作用下，容易引起老化，导致脆性增加，易开裂破损，缩短使用寿命，塑料也不例外。但是，如果在配方中加入稳定剂及合适的颜料，可以基本满足建筑工程的需要。

（10）刚性小

塑料的刚性比钢等其它材料要小很多，且受温度、时间等影响较大，具有较大的蠕变性，限制了它在受荷状态下的使用。目前，建筑塑料主要用于非承重或承重较小的部位。

（11）耐热性差

塑料受热易变形，甚至分解，一般热塑性塑料在温度为 $80\sim120℃$ 发生变形，热固性塑料耐热性较好，但一般也不超过 $150℃$。

（12）易燃

不同品种的塑料可燃性也有很大差异，如聚苯乙烯点火就能燃烧，而聚氯乙烯只有放在火焰中才会燃烧，移去火焰就自动熄灭。

总之，塑料具有很多优点，也有不足，在使用中要扬长避短，合理选用。

10.1.2　塑料的组成

10.1.2.1　合成树脂

合成树脂是用人工合成的高分子聚合物，简称树脂。塑料的名称也按其所含树脂的名称来命名。树脂是塑料的基本组成成分，在塑料中约占 $40\%\sim60\%$，树脂在塑料中主要起胶结作用，它不仅能自身胶结，而且还能将塑料中的其它组分牢固地胶结在一起。合成树脂的种类、性质和用量不同，塑料的物理力学性质也不同，所以合成树脂决定了塑料的主要性质。

按受热时发生的变化不同，合成树脂可分为热塑性树脂和热固性树脂两种。

具有受热软化，冷却后变硬性能的树脂称为热塑性树脂。其优点是：加工成型简便，机械性能较高，可以再生利用，属节能环保材料。缺点是：耐热性、刚性较差，易变形等。如PVC树脂、PE树脂就是典型的热塑性树脂。

加工时受热软化，并发生化学变化，相邻的分子互相交联而逐渐硬化成型，再受热则不软化或改变其形状，只能塑制一次，这样的树脂称为热固性树脂。其优点是：强度高、耐热性较好、受压不易变形等。但缺点是加工困难、机械性能较差，不能回收再用，对环境造成污染，不属于节能环保材料。如酚醛塑料、环氧树脂、脲醛树脂等属于这类树脂。

10.1.2.2　添加剂

塑料中除主要成分为合成树脂外，还添加了其它的掺合料，如填充料、增塑剂、稳定剂、润滑剂和着色剂等，统称为添加剂。在塑料中加入所需的添加剂后，能改变塑料的性质，改善加工和使用性能。常用添加剂有：填充料（木粉、滑石粉、石灰石粉、石英粉、石棉、玻璃纤维、硅藻土等）、增塑剂（邻苯二甲酸二丁酯、邻苯二甲酸二辛酯、樟脑等）、稳定剂（硬脂酸盐、铅白、环氧化物等）和着色剂（有机染料、无机染料等）。

10.1.3　常用建筑塑料

10.1.3.1　聚乙烯（PE）

聚乙烯是由乙烯单体聚合而成。按其密度大小，分为高密度聚乙烯（HDPE）和低密度聚乙烯（LDPE）。聚乙烯的特点是：耐溶剂性特别好，在室温下不溶于已知溶剂，耐酸、碱性好，只有硝酸和浓硫酸会对它缓慢腐蚀，耐水性好，绝缘性好，聚乙烯熔点 132～135℃。低密度聚乙烯的力学性能较差，强度不高，质地较软，高密度聚乙烯的力学性能尚好。聚乙烯很易燃烧，设计制品时应当采取阻燃措施，使用时要严加防火。

聚乙烯主要用作建筑防水材料、给排水管、卫生洁具等。

10.1.3.2 聚氯乙烯（PVC）

聚氯乙烯是由氯乙烯单体聚合而成。目前是建筑工程中用量最大的塑料之一。聚氯乙烯在光、热或某些盐类的作用下，可以分解释放出氯化氢，常温下易溶于某些有机溶剂（酮、酯等），利用这一性质，可将聚氯乙烯制品进行粘接。聚氯乙烯的耐酸、碱及其它溶剂的能力极强。

聚氯乙烯因含有氯，所以具有自熄性。这对建材来说是十分有利的。但聚氯乙烯对光、热的稳定性差，设计制品时必须加入稳定剂。聚氯乙烯塑料制品分为硬制和软制两类。

硬制聚氯乙烯塑料制品的特点是：基本上不含增塑剂，其机械强度高，耐腐蚀，常温抗冲击性较好，但在低温下呈现脆性，通常需加入某些改性树脂，以提高抗冲击性，它的软化点低，耐热性差，故不能在 50℃ 以上的环境中使用。硬质聚氯乙烯制品应用很广，如百叶窗、墙面板、屋面采光板、管材、密封条、踏脚板、门窗框、楼梯扶手、地面砖、塑料地板等，也可制成泡沫塑料，用于隔热、隔音材料。

软制聚氯乙烯制品的特点是：柔性好，随所加增塑剂量而变，变化范围较大，由于含有增塑剂，所以可燃烧，燃烧时冒烟并释放氯化氢气体。软质聚氯乙烯用途更广，可挤压成板、片、型材，作地面材料和装饰材料，还可制成半透明而柔软的天花板。PVC 塑料管道和塑钢门窗是近年来发展迅速的产品。

10.1.3.3 聚苯乙烯（PS）

聚苯乙烯是由苯乙烯单体聚合而成。聚苯乙烯为白色或无色的透明固体，透光度可高达88％以上。

聚苯乙烯特点：能溶于苯、甲苯、乙苯等芳香族溶剂，耐化学腐蚀，绝热性能好（热导率低），电绝缘性好，刚性强，质量轻（是合成树脂中最轻的树脂之一），但性脆，耐热性差。在建筑中，最主要的制品是聚苯乙烯泡沫塑料，可做复合板材，用于隔热材料。

10.1.3.4 ABS 塑料

ABS 塑料是由丙烯腈、丁二烯和苯乙烯三种单体共聚而成的。丙烯腈使 ABS 具有良好的耐化学腐蚀性及表面硬度，丁二烯使 ABS 呈现橡胶状韧性，苯乙烯使 ABS 具有热塑性塑料的加工特性。

ABS 为不透明塑料，密度为 1.02～1.08g/cm³，尺寸稳定，硬而不脆，易于成型和机械加工，耐化学腐蚀。其耐热温度为 96～116℃，易燃。ABS 塑料可制作装饰板及室内装饰用配件和日用品等。其发泡制品可代替木材制作家具。

10.1.3.5 聚甲基丙烯酸甲酯（PMMA）

俗称"有机玻璃"，是由丙酮、氰化物和甲醇反应产物甲基丙烯酸甲酯单体，加入引发剂、增塑剂聚合而成的。

聚甲基丙烯酸甲酯特点：光学性能好，既能透过92％的日光，还能透过73.5％的紫外线，耐候性和化学稳定性好。但表面易划伤，易溶于低级酮、苯、丙酮、甲苯及四氯化碳等有机溶剂，质轻、不易碎裂，在低温时具有较高的冲击强度，韧性、弹性较好，耐水性好，易于加工成型，常代替玻璃用于受振或易碎处，也可作室内隔墙板、天窗、装饰板及制造浴缸等。

10.1.3.6 聚丙烯（PP）

PP是由丙烯单体用催化剂定向聚合而成的。以聚丙烯树脂为主要成分的塑料，其机械性能和耐热性都优于聚乙烯，刚性、延性好，耐蚀性好，无毒，但不耐磨，易燃，有一定脆性。主要用于生产管材、卫生洁具、耐腐衬板等。

10.1.3.7 有机硅塑料（SI）

有机硅塑料的分子量低，常用作清漆、润滑剂、脱模剂中的外加剂或单独作为憎水剂。有机硅树脂常用玻璃纤维、石棉、云母或二氧化硅来增强，用于制造层压塑料或模塑成各种制品。

有机硅树脂特点：耐高温，耐水，耐化学腐蚀，电的绝缘性好。是很好的防水涂料和优良的建筑密封材料。

10.1.3.8 酚醛树脂（PF）

酚醛树脂是以酚类和醛类化合物缩聚而得的一类树脂塑料，其中主要是以苯酚和甲醛为单体缩聚而得。酚醛树脂有两种结构，线型大分子和体型大分子，前者属热塑性，后者属热固性。

酚醛树脂塑料特点：具有强度高、刚性大、耐腐蚀、耐热、电绝缘性好等优点，但本身很脆，不能单独作为塑料使用。

在建筑工程中酚醛树脂塑料主要制造各种层压板和玻璃纤维增强塑料，还用作模压制品、电器配件和小五金等。此外，尚可用来配制涂料、黏结剂等。

10.1.3.9 脲醛树脂（UF）

脲醛树脂是由尿素与甲醛缩聚而成。低分子量时的脲醛树脂呈液态，溶于水和某些有机溶剂，常用作胶黏剂、涂料等。高分子量的脲醛树脂为白色固体，用来加工成模塑粉，色泽鲜艳，有自熄性，可制作装饰品、电器绝缘件和小五金等。

10.1.3.10 三聚氰胺甲醛树脂（MF）

三聚氰胺甲醛树脂，是由三聚氰胺与甲醛缩聚而成，通称蜜胺树脂。三聚氰胺甲醛树脂与脲醛树脂相近，但其耐水性和电性能均较好，多用来生产层压装饰板，还能用机械方法制成泡沫塑料，作为空心墙的隔热层。

10.1.3.11 玻璃纤维增强塑料（GRP）

玻璃纤维增强塑料俗称"玻璃钢"，是采用合成树脂为胶结剂，玻璃纤维或玻璃布为增强材料，经一定的成型工艺而制成的轻质高强型复合材料。其特点是：质轻、高强（比强度超过钢材）、耐高温、电绝缘性好、化学稳定性好，但刚度较低，使用时蠕变较大。在建筑工程及其它行业得到广泛应用。如：各种层压板、装饰板、房顶采光材料、门窗框、通风道、冷却塔、浴盆等。

10.2 胶 黏 剂

胶黏剂是指能形成薄膜，并能将两个物体的表面通过薄膜紧密胶结而达到一定物理化学性能要求的材料，也称黏合剂。目前，胶黏剂作为新型建材，被广泛用于建筑工程中，如地板、墙板、吸声板等的粘接，釉面砖、水磨石、壁纸等的铺贴，混凝土裂缝、破损的修补等。

　　胶结作为材料连接的一种方式，与焊、铆、螺栓等连接方式相比，具有下列特点：其一，可用胶黏剂复合薄膜材料、纤维材料、层状材料、碎屑材料等。如胶合板、纤维板、玻璃纤维增强材料、玻璃棉等。其二，胶黏缝的应力分布面积大，受力较均匀，可避免或缓解应力集中，有利于制作高强材料。其三，胶黏缝的气密性、水密性好，有利于建筑节能。其四，施工方法简便、易行，省工省料。所以，目前胶黏剂已成为建筑工程中必不可少的材料之一。

10.2.1　胶黏剂的组成

　　胶黏剂大多是多组分物质，除了起到胶结作用的黏性材料外，为了满足其它特定的物理、化学性能，还要掺加各种填料和添加剂。

　　（1）黏料

　　黏料是胶黏剂的基本组分，它使胶黏剂具有黏附特性，对胶黏剂的性能（如胶结强度、耐热性、韧性、耐老化性及用途和使用工艺等）起着决定性的作用。常用的黏料有天然高分子化合物（如淀粉、天然橡胶等）、合成高分子化合物（如酚醛树脂、聚醋酸乙烯酯等）、无机化合物（如某些硅酸盐、磷酸盐等）。一般胶黏剂是用黏料的名称来命名的。

　　（2）稀释剂

　　稀释剂也称溶剂，主要作用是改善胶黏剂的工艺性能，降低黏度以便操作，可提高胶黏剂的润滑性和流动性。常用的稀释剂有环氧树脂和丙烷等。

　　（3）固化剂

　　固化剂的作用是使某些线型分子通过交联作用形成网状或体型的结构，从而使胶黏剂硬化成坚固的胶层。固化剂也是胶黏剂的主要成分，其性质和用量对胶黏剂的性能起着重要作用。常用的固化剂有胺类、酸酐类等。

　　（4）填料

　　填料可以改善胶黏剂的性能，如增加胶黏剂的黏度、强度及耐热性，减少收缩，同时降低其成本。常用的填料有石棉粉、滑石粉、铁粉等。所用填料必须干燥，并磨细过筛才能使用。

　　（5）其它添加剂

　　为了满足某些特殊要求，还可掺加增塑剂、防霉剂、稳定剂、阻燃剂等。

10.2.2　胶黏剂的分类

　　胶黏剂品种多，可以从不同角度进行分类。

　　按胶黏剂的化学成分可分为两类。

　　（1）有机类胶黏剂

　　① 天然胶黏剂　动物胶（鱼胶、骨胶、虫胶等）、植物胶（淀粉、松香、阿拉伯树胶）。

　　② 合成胶黏剂　热固性树脂胶黏剂（环氧、酚醛、脲醛、有机硅等）、热塑性树脂胶黏剂（聚醋酸乙烯酯、乙烯-醋酸乙烯酯等）、橡胶型胶黏剂（氯丁胶、硅橡胶等）、混合型胶黏剂（酚醛-环氧、环氧-尼龙等）。

　　（2）无机类胶黏剂

　　如硅酸盐类、磷酸盐类、硼酸盐类、硅溶胶等。

　　按胶黏剂的强度、特性可分为三类。

　　（1）结构胶黏剂

结构胶黏剂的胶结强度较高，至少与被胶结物本身的材料强度相当，同时对耐油、耐热、耐水性均有较高的要求。

（2）非结构胶黏剂

非结构胶黏剂要求要有一定的强度，但不能承受较大的力，仅起定位作用，如聚醋酸乙烯酯等。

（3）次结构胶黏剂

次结构胶黏剂，也称准结构胶黏剂，其物理力学性能介于结构型和非结构型胶黏剂之间。

10.2.3　建筑上常用的胶黏剂

目前建筑上常用的胶黏剂有聚醋酸乙烯及共聚物胶黏剂、不饱和聚酯树脂类胶黏剂、环氧树脂类胶黏剂及聚氨酯类等。

（1）聚醋酸乙烯胶黏剂

聚醋酸乙烯胶黏剂又称"白乳胶"。其特点是如下。

① 胶液呈酸性。

② 流动性好，便于粗糙材料表面的粘接。

③ 亲水性较强，耐水性差。不能用于潮湿、有水环境。

④ 温度在 $5 \sim 80 ℃$ 较易粘接。

⑤ 无毒、无污染，属于优良的环保材料。

聚醋酸乙烯胶黏剂的粘接强度不高，主要用于粘接受力不大的墙纸、壁布等，还可粘接以受压力为主的木地板、塑料地板等。除用于粘接材料外，也可加入水泥砂浆中组成聚合物水泥砂浆，以提高砂浆与基体的粘接力。

（2）环氧树脂胶黏剂

环氧树脂胶黏剂是以环氧树脂为主要原料，掺加适量固化剂、增塑剂、填料和稀释剂等配制而成的胶黏剂。其特点：黏合力强、收缩性小、稳定性高、耐化学腐蚀、耐热、耐久等。可粘接铁制品、玻璃、陶瓷、木材、塑料、皮革、水泥制品、纤维材料等。适用于水中作业和需耐酸碱等场合，建筑上可配制环氧混凝土、环氧砂浆、还可作为灌浆材料用于混凝土的补强。由于其用途广泛，故俗称万能胶。

（3）聚乙烯醇缩甲醛胶黏剂

商品名称为 107 胶，是以聚乙烯醇和甲醛为主要原料，加入少量盐酸、氢氧化钠和水，在一定条件下缩聚而成的无色透明胶体。

水溶性聚乙烯醇缩甲醛特点：耐热性好，胶结强度高，施工方便，抗老化性好等。107胶可用作胶结塑料壁纸、墙布、瓷砖等。在水泥砂浆中掺入少量的水溶性聚乙烯醇缩甲醛胶黏剂，能提高砂浆的黏结性、抗渗性、柔韧性，以及具有减少砂浆收缩等优点。

（4）聚乙烯醇缩脲甲醛胶黏剂

商品名称为 801 建筑胶，它是一种经过改性的 107 胶。801 建筑胶是通过在 107 胶的制备过程中加入尿素而制得的，使对人体有害的游离甲醛的含量大为降低，胶结性得以增强，因其胶结强度和耐水性均比 107 胶高，所以 801 建筑胶可以代替 107 胶用于建筑工程之中。

10.2.4　胶黏剂的使用

要根据实际情况合理选择胶黏剂的品种。应注意以下几点。

① 所粘接的材料品种与特性。

② 被粘接材料对黏结剂的特殊要求，如强度、韧性、颜色等。

③ 环境条件对黏结剂的要求，如温度、湿度、防潮、防水等。

粘接地板 橡胶地面可用天然或合成橡胶溶液、橡胶乳胶水粘接。地毡、软木地面用一般的黏结剂就可粘贴。塑料地砖、地板的粘接要综合考虑地砖、地板及黏结剂来选择。

粘贴墙面 粘贴塑料壁纸主要可用聚乙烯醇缩甲醛和羧甲基纤维素组成的胶黏剂。

粘贴其它材料 如粘贴大理石、瓷砖、锦砖等可用砂浆、塑料砂浆粘接，如环氧树脂水泥砂浆粘贴大理石墙面，效果不错。纤维板、胶合板等板材，可用聚醋酸乙烯乳液等来粘贴，还可用天然胶或氯丁胶等黏合剂粘贴。室外使用的石棉水泥板等墙面材料，可用环氧树脂砂浆粘贴。

建筑结构的粘接 胶合木的桁架结构常用高强度黏结剂粘接，混凝土构件用环氧树脂或不饱和聚酯砂浆粘接，钢材与混凝土的粘接可用环氧树脂砂浆粘接，金属之间的粘接可用环氧树脂、聚氨酯等黏结剂粘接。

由于许多胶黏剂具有可燃性，有的还会释放有毒气体，所以一定要注意安全。储存时应满足说明书规定的条件，以防黏结剂储存不当而失效。

小 结

高分子材料作为新型的建筑材料在土建工程中得到了广泛的应用，这是科技发展的必然趋势，本章简述了合成树脂及以其为基料所制成的常用塑料及胶黏剂。

合成树脂的组成与结构是决定塑料等材料性质和用途的重要因素，且热固性树脂和热塑性树脂在其受热加工时的性能是不同的，应注意区别。应了解塑料的其它组成，如增塑剂、填料等的主要作用。

塑料是由起胶结作用的树脂和起改性作用的填料、各种添加剂组成。建筑塑料是高分子建材的主要品种之一，其特点是：表观密度小、比强度高、加工性能好、装饰性强、绝缘性能好、耐腐蚀性优良、节能效果显著等。根据塑料受热后性质变化的不同可分为热塑性塑料（如 PVC 塑料、PE 塑料、PP 塑料、ABS 塑料等）和热固型塑料（如 PF 塑料、UF 塑料等）。各种塑料制品（如塑料管材、板材、壁纸、地毯、防水及保温材料等）可用于建筑物的许多部位，尤其是塑料门窗、塑料管道等，在工业与民用建筑中得到广泛使用。各种塑料制品的性能应符合相应的技术标准规定。

胶黏剂是能在两个物体表面形成薄膜，并予以紧密粘接在一起的物质。其性质主要决定于所用胶结料的组成和性质。胶黏剂在装饰、装修工程中使用方便，应用较广。

能力训练习题

问答题

1. 塑料的主要组成及作用如何？

2. 建筑塑料的优缺点是什么？

3. 试述几种常用建筑塑料的性能及特点。

4. 什么是胶黏剂？其组成和分类怎样？

5. 建筑上常用胶黏剂有哪几种？其使用特点怎样？

11 防水材料

>>> **教学目标**

    通过本章学习，掌握石油沥青的主要技术性能及应用，了解石油沥青的组成对其性能的影响，了解各种防水材料的特性及应用，并能根据工程环境条件合理选用防水材料。通过石油沥青试验（实训）初步掌握石油沥青的针入度、延度、软化点的测定方法及仪器的使用。

    防水材料是保证房屋建筑能够防止雨水、地下水及其它水分浸透的材料，是建筑工程中不可缺少的建筑材料之一。本章主要讲述石油沥青的组成、结构、技术性质、技术标准，以及石油沥青的改性方法。介绍以改性石油沥青和合成高分子材料为基料制成的各品种防水卷材及建筑涂料等防水材料。

    建筑工程中的防水材料，有刚性防水材料和柔性防水材料两大类。以水泥混凝土自防水为主，外掺各种防水剂、膨胀剂等共同组成的水泥混凝土或砂浆自防水结构，称为刚性防水材料。而另一类柔性防水材料（本章主要介绍的防水材料），以其防水性能可靠，能适应各种不同用途和各种外形的防水工程，在国内外得到广泛应用。

    沥青是一种憎水性的有机胶凝材料，属于柔性防水材料，在建筑、公路、桥梁、地下工程中得到广泛应用。采用沥青作胶结料的沥青混合料是公路路面、机场道路结构中的一种主要材料，也可用于防渗坝面和地下工程等。

    自 20 世纪 60 年代开始，防水材料技术发生了很大的变化，传统的纸胎沥青油毡产量减少，改性沥青油毡迅速发展，80 年代高分子防水材料使用也越来越多，且生产技术不断改进，新品种新材料层出不穷。目前 SBS、APP 两大类卷材已得到广泛的应用。

11.1 沥 青

    沥青是由多种有机化合物构成的复杂混合物。在常温下呈固体、半固体或液体状态，颜色呈褐色以至黑色，能溶解于多种有机溶剂。沥青具有良好的不透水性、黏结性、塑性、抗冲击性、耐化学腐蚀性及电绝缘性等优点。沥青在建筑工程中广泛应用于防水、防腐、防潮工程及水工建筑与道路工程中。

    目前常用的沥青主要是石油沥青和少量煤沥青。

    石油沥青，是石油原油经分馏出各种石油产品后的残留物，再经加工制得的产品。本章主要介绍石油沥青及制品。

11.1.1 石油沥青

    石油沥青是一种有机胶凝材料，在常温下呈固体、半固体或黏性液体状态，颜色为褐色或黑褐色。它是由许多高分子碳氢化合物及其非金属（如氧、硫、氮等）衍生物组成的复杂混合物。由于其化学成分复杂，为便于分析研究和使用，常将其物理、化学性质相近的成分归类为若干组，称为组分，不同的组分对沥青性质的影响不同。

11.1.1.1 石油沥青的组分与结构

（1）组分

通常将沥青分为油分、树脂质和沥青质三组分。生产中也有分为饱和分、芳香分、胶质和沥青质四组分的。沥青中还含有一定量的石蜡固体。

① 油分 是沥青中最轻的组分，呈淡黄至红褐色的黏性液体，密度为 $0.7\sim1g/cm^3$，它能溶于大多数有机溶剂，如丙酮、苯、三氯甲烷等，但不溶于酒精。在 170℃ 较长时间加热可以挥发。在石油沥青中，油分含量为 $40\%\sim60\%$，油分可使沥青具有流动性。

② 树脂质（沥青脂胶） 树脂质能溶于汽油、三氯甲烷和苯等有机溶剂，但在丙酮和酒精中溶解度很低。它是密度略大于 $1g/cm^3$ 的黑褐色或红褐色黏稠物质。它在石油沥青中含量为 $15\%\sim30\%$。能赋予石油沥青塑性与黏结性。

③ 沥青质（也称地沥青质） 沥青质不溶于汽油、酒精，但能溶于二硫化碳和三氯甲烷。它是密度大于 $1g/cm^3$ 的黑色固体物质，在石油沥青中其含量为 $10\%\sim30\%$。它决定石油沥青的温度稳定性和黏性，它的含量愈多，则石油沥青的软化点愈高，脆性愈大。

除上述组分外，石油沥青中还常含有一定量的固体石蜡，它会降低沥青的黏结性、塑性、温度稳定性和耐热性。它是存在于沥青油分中的有害成分，故常采用氯盐（$AlCl_3$、$FeCl_3$、$ZnCl_2$ 等）处理或高温吹氧、溶剂脱蜡等方法处理，以便石油沥青的性质得到改善，从而提高其软化点，降低针入度，使之满足使用要求。

（2）结构

沥青中的油分和树脂质可以互溶，树脂质能浸润沥青质颗粒而在其表面形成薄膜，从而构成以沥青质为核心，周围吸附部分树脂质和油分，形成胶团，而无数胶团均匀分散在油分中形成胶体结构（溶胶结构、溶胶-凝胶结构、凝胶结构），由于石油沥青的各组分相对含量不同，故形成的胶团结构也各异。

① 溶胶结构 当沥青质含量较少，油分及树脂质含量较多时，沥青质胶团在胶体结构中运动较为自由，形成溶胶型结构。此时的石油沥青特点是：黏滞性小、流动性大、塑性好，但稳定性较差。

② 凝胶结构 当沥青质含量较高，油分与树脂质含量较少时，沥青质胶团间的吸引力增大，且移动较困难，形成凝胶型结构。这种结构的石油沥青特点是：弹性和黏性较高、温度敏感性较小、流动性和塑性较低。

③ 溶胶-凝胶结构 若沥青质含量适当，而胶团之间的距离和引力介于溶胶型和凝胶型之间的结构状态，即为溶胶-凝胶结构。则此时的石油沥青特点也介于上述二者之间。大多数优质石油沥青属于这种结构状态。

在阳光、空气、水等外界因素作用下，石油沥青中的各组分是不稳定的。各组分之间会不断演变，油分、树脂质会逐渐减少，沥青质逐渐增多，这一演变过程称为沥青的老化。老化后，沥青的流动性、塑性变差，脆性增加，从而变硬，易发生脆裂乃至松散，使沥青失去防水、防腐功能。

11.1.1.2 石油沥青的主要技术性质

（1）黏滞性

沥青材料在外力作用下抵抗发生黏性变形的能力称为黏滞性，又称黏性。沥青在常温下的状态不同，其黏滞性的指标也不同。常温呈液态的沥青的黏滞性用黏度表示，常温呈半固体或固体的沥青的黏性用针入度表示。黏度和针入度是沥青划分牌号的主要指标。

标准黏度是液体沥青在一定温度（20℃、25℃、30℃或60℃）条件下，经规定直径（3mm、5mm或10mm）的孔，漏下50cm³所需的时间（秒数：s）。其测定示意图见图11-1。黏度常以符号C_t^d表示，其中d为孔径（mm），t为试验时沥青的温度（℃）。C_t^d表示在规定的d和t条件下漏满50cm³所需的时间，即所测得的黏度值。黏度值越大，表示沥青的黏滞性就越大。

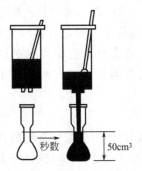

图11-1 黏度测定示意图

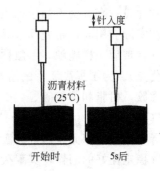

图11-2 针入度测定示意图

针入度是指在规定温度（25℃）的条件下，以规定质量（100g）的标准针，经历规定时间（5s）沉入沥青试样中的深度（0.1mm称1度）来表示。针入度测定示意图见图11-2。针入度值越大，说明沥青流动性就越大，黏性越差。

（2）塑性

沥青在外力作用下产生变形而不破坏，外力消除后仍能保持其变形后的形状的性质称为塑性。塑性表示沥青开裂后自愈能力及受机械应力作用后变形而不破坏的能力。沥青之所以能被制造成性能良好的柔性防水材料，在很大程度上取决于这种性质。

沥青的塑性用"延伸度"（亦称延度）或"延伸率"表示。按标准试验方法，将沥青试样制成"8"形标准试件（试件中间最狭处断面积为1cm²），在规定温度（一般为25℃）和规定速度（5cm/min）的条件下在延伸仪上进行拉伸，延伸度以试件拉细而断裂时的长度（cm）表示。沥青的延伸度越大，沥青的塑性越好。延伸度测定示意图见图11-3。

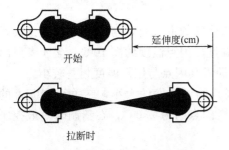

图11-3 延伸度测定示意图

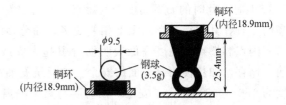

图11-4 软化点测定示意图（单位：mm）

（3）温度稳定性

石油沥青的黏滞性和塑性随温度升降而变化的快慢程度称为温度稳定性。当温度变化相同时，黏滞性和塑性变化小的沥青，其稳定性好。沥青用于屋面防水材料，受日照辐射作用，可能发生流淌和软化，失去防水作用而不能满足使用要求，因此温度稳定性是沥青材料的重要技术性质。

可用"软化点"来表示沥青的温度稳定性，软化点是沥青材料由固体状态转变为具有一定流动性的膏体时的温度。通常可用"环球法"试验测定软化点（见图11-4）。环球法测定方法是将经过熬制，已经脱水的沥青试样，装入规定尺寸的铜环（内径为 18.9mm）中，上置规定尺寸和质量的钢球（重 3.5g），再将置球的铜环放在有水或甘油的烧杯中，以 5℃/min 的升温速率，加热至沥青软化下垂达 25.4mm 时的温度（℃），即为沥青的软化点。软化点越高，表明沥青的温度稳定性越好。

不同品种的沥青其软化点不同，大致在 50～100℃之间。软化点越高，说明沥青的耐热性能好，但软化点过高，会不易于加工和施工，软化点低的沥青，夏季易产生变形，甚至流淌。所以，在实际应用时，希望沥青具有高软化点和低脆化点（当温度在非常低的范围时，整个沥青就好像玻璃一样脆硬，一般称作"玻璃态"。沥青由玻璃态向高弹态转变的温度即为沥青的脆化点）。为了提高沥青的耐寒性和耐热性，常常对沥青进行改性，如在沥青中掺入增塑剂、橡胶、树脂和填料等。

（4）大气稳定性

石油沥青在温度、阳光、氧气和潮湿等因素的长期综合作用下抵抗老化的性能称为大气稳定性，大气稳定性好的沥青，其耐久性也就越好，使用时间更长。导致沥青大气稳定性差的原因是：沥青在各种环境因素的长期作用下，沥青的三大组分会发生转化，油分、树脂的含量会逐渐减少，沥青质会逐渐增加，从而引起沥青的塑性、韧性的下降，脆性增加，这种现象称为沥青的"老化"。沥青的大气稳定性可以用沥青的"蒸发损失率"及"针入度比"来表示。蒸发损失率是将石油沥青试样加热到 160℃恒温 5h，测得蒸发前后的质量损失百分率。针入度比是指沥青蒸发后的针入度与蒸发前的针入度的比值。蒸发损失率越小，针入度比越大，则表示沥青的大气稳定性越好。石油沥青的蒸发损失率不超过 1%，石油沥青的针入度比不小于 0.75。

上述四项指标是评定沥青的主要技术指标。另外，沥青的闪点、燃点、溶解度等，也对沥青的使用有影响。如闪点和燃点直接关系沥青熬制温度的确定，对评定沥青的稳定性及保证安全施工也很重要。

闪点（也称闪火点），是指沥青加热至开始挥发出可燃性气体与空气的混合物，在规定条件下与火焰接触，初次闪火（有蓝色闪光）时的沥青温度（℃）。它是加热沥青时，从防火要求提出的指标。

燃点（也称着火点），是指热沥青产生的气体和空气的混合物，与火焰接触能持续燃烧 5s 以上时，此时的沥青温度即为燃点（℃）。燃点温度较闪点温度约高 10℃。含沥青质组分多的沥青，其闪点与燃点温度相差较多，油分多的沥青其闪点与燃点温度相差较小。

闪点和燃点的温度高低表明沥青引起火灾或爆炸的可能性的大小，它关系到沥青的运输、储存及加热使用等方面的安全。如建筑石油沥青闪点约为 230℃，在熬制时一般控制温度为 180～200℃，为了安全，沥青要与火焰隔离。

11.1.1.3 石油沥青的分类与技术标准

按用途我国石油沥青产品分为道路石油沥青、建筑石油沥青及普通石油沥青等。土木工程中最常用的是建筑石油沥青和道路石油沥青。石油沥青的牌号是按其针入度、延度和软化点等技术指标划分的，以针入度值表示。同一品种的石油沥青，牌号越高，则其针入度越大，脆性越小，延度越大，塑性越好，软化点越低，温度稳定性越差。

（1）建筑石油沥青

建筑石油沥青按针入度指标划分牌号，每一牌号的沥青还应保证相应的延度、软化点、溶解度、蒸发损失、蒸发后针入度比、闪点等。其技术要求如表 11-1 所示。

表 11-1 道路石油沥青和建筑石油沥青技术标准

质量指标	建筑石油沥青 （GB/T 494—2010）			道路石油沥青 （NB/SH/T 0522—2010）						
	40 号	30 号	10 号	A-200	A-180	A-140	A-100 甲	A-100 乙	A-60 甲	A-60 乙
针 入 度（25℃，100g,5s）0.1mm	36～50	26～35	10～25	201～300	161～200	121～160	91～120	81～120	51～80	41～80
延度（25℃，5cm/min）/cm ≥	3.5	2.5	1.5	—	100	100	90	60	70	40
软 化 点（环球法）/℃	>60	>75	>95	30～45	35～45	38～48	42～52	42～52	45～55	45～55
溶解度(三氯乙烯、四氯化碳或苯)/% ≥	99.5	99.5	99.5	99	99	99	99	99	99	99
蒸发损失（160℃，5h）/% ≤	1	1	1	1	1	1	1	1	1	1
蒸发后针入度比/% ≥	65	65	65	50	60	60	65	65	70	70
闪点(开口)/℃ ≥	230	230	230	180	200	230	230	230	230	230

（2）道路石油沥青

我国道路石油沥青采用针入度划分牌号，按道路的交通量，道路石油沥青分为：中、轻交通道路石油沥青（代号 A），共有 7 个牌号，牌号越高，黏性越小（针入度越大），塑性越好（延度越大），温度稳定性越差（软化点越低）（如表 11-1 所示）。

中、轻交通道路石油沥青主要用于一般的道路路面、车间地面等工程。按石油化工行业标准《道路石油沥青》(NB/SH/T 0522—2010)，道路石油沥青分为 A-60、A-100、A-140、A-180 和 A-200 五个牌号，其中，A-60 和 A-100 按延度指标又划分为甲、乙两个副牌号，各牌号的技术要求见表 11-1。

重交通道路石油沥青（代号 AH）。重交通道路石油沥青主要用于高速公路、一级公路路面、机场道面及重要的城市道路路面等工程。按国家标准《重交通道路石油沥青》（GB/T 15180—2010），重交通道路石油沥青分为 AH-50、AH-70、AH-90、AH-110 和 AH-130 五个牌号，各牌号的技术要求见表 11-2。除石油沥青规定的有关指标外，延度的温度为 15℃，大气稳定性采用薄膜烘箱试验，并规定了含蜡量的要求。

表 11-2 重交通道路石油沥青技术标准

质量指标	重交通道路石油沥青				
	AH-130	AH-110	AH-90	AH-70	AH-50
针入度(25℃,100g,5s)0.1mm	120～140	100～120	80～100	60～80	40～60
延度(15℃,5cm/min)/cm ≥	100	100	100	100	80
软化点(环球法)/℃	40～50	41～51	42～52	44～54	45～55
溶解度(三氯乙烯法)/% ≥	99.0				
含蜡量(蒸馏法)/% ≤	3				
密度(15℃)/(g/cm³)	实测记录				

质 量 指 标		重交通道路石油沥青				
		AH-130	AH-110	AH-90	AH-70	AH-50
薄膜加热试验 (163℃,5h)	质量损失/% ≤	1.3	1.2	1.0	0.8	0.6
	针入度比/% ≥	45	48	50	55	58
	延度(25℃)/cm ≥	75	75	75	50	40
	延度(15℃)/cm	实测记录				
闪点(开口)/℃ ≥		230				

道路石油沥青的牌号较多，选用时应根据地区气候条件、施工季节气温、路面类型、施工方法等按有关标准选用。

道路石油沥青还可作密封材料和黏结剂以及沥青涂料等。此时一般选用黏性较大和软化点较高的道路石油沥青，如 A-60 甲。

11.1.1.4 石油沥青的选用

选用沥青材料的原则是：根据工程类别（房屋、道路、防腐）、当地气候条件、使用部位（屋面、地下）等来选用不同牌号的沥青（或选取两种牌号沥青调配使用）。在满足主要技术性能的要求下，应选用较大牌号的石油沥青，以保证其具有较长的使用年限。

道路石油沥青主要用于道路路面或车间地面等工程，一般拌制成沥青混凝土或沥青砂浆来使用。道路石油沥青的牌号较多，选用时应注意不同的工程要求、施工方法和环境温度差别。道路石油沥青作为密封材料和黏结剂以及沥青涂料时，一般选用黏性较大和软化点较高的石油沥青。

建筑石油沥青具有黏性较大（针入度较小）、耐热性较好（软化点较高），但塑性（延度较小）较小等特点。建筑石油沥青主要用作制造防水材料（如油纸、油毡等）、防水涂料和沥青嵌缝膏。其绝大部分用于屋面及地下防水、沟槽防水、防腐蚀及管道防腐等工程。为避免夏季流淌，对于高温地区及受日晒的部位，为了防止沥青受热软化，应选用牌号较低的沥青。如一般屋面用沥青材料，其软化点应比本地区屋面最高温度高 20℃以上，若软化点低了，夏季易流淌。对于寒冷地区，不仅要考虑冬季低温时沥青易脆裂，而且还要考虑受热软化，所以宜选用中等牌号的沥青，对于不受大气影响的部位，可选用牌号较高的沥青，如用于地下防水工程的沥青，其软化点可不低于 40℃。当缺乏所需的牌号沥青时，可用不同牌号的沥青进行掺配。总之，选用沥青时一定要根据地区、工程环境及要求，合理选用。常用石油沥青牌号简易鉴别方法见表 11-3。

表 11-3　常用石油沥青牌号简易鉴别方法

沥青牌号	简易鉴别方法	沥青牌号	简易鉴别方法
140~100 号	质地比较柔软	30 号	用铁锤敲击,可碎成较大碎块
60 号	用铁锤敲击,不碎,但会变形	10 号	用铁锤敲击,可成为较小的碎块,表面色黑并有光泽

11.1.1.5 沥青的掺配

施工中，当单独使用一种沥青不能满足工程的耐热（软化点）要求时，可以用不同牌号的沥青（两种或三种）进行掺配。

掺配时，为了避免破坏掺配后沥青的胶体结构，应该选用表面张力相近和化学性质相似的沥青进行掺配。试验证明，同产源的沥青相互掺配，掺配后沥青胶体结构的均匀性较好。所谓同产源，是指是否同属石油沥青。

两种沥青掺配时其比例可用下式估算：

$$Q_1 = \frac{T_2 - T}{T_2 - T_1} \times 100\%$$

$$Q_2 = 100\% - Q_1$$

式中　Q_1——较软沥青掺量，%；

　　　Q_2——较硬沥青掺量，%；

　　　T——掺配后沥青的软化点，℃；

　　　T_1——较软沥青的软化点，℃；

　　　T_2——较硬沥青的软化点，℃。

【例 11-1】　某工程需要使用软化点为 60℃ 的石油沥青，现有 30 号和 200 号两种石油沥青，试计算这两种石油沥青的掺量（200 号石油沥青的软化点为 30℃，30 号石油沥青的软化点为 70℃）。

【解】　200 号石油沥青掺量为：$Q_1 = \dfrac{T_2 - T}{T_2 - T_1} \times 100\% = \dfrac{70 - 60}{70 - 30} \times 100\% = 25\%$

30 号石油沥青掺量为：$Q_2 = 100\% - Q_1 = 100\% - 25\% = 75\%$

用计算得出的两种石油沥青掺量进行试配（混合熬制均匀），试配时应按计算的比例进行 5%～10% 的调整（因为在实际掺配过程中，按上式计算得出的掺配比例掺配出的沥青，其软化点总是低于计算的软化点，这是因为掺配后的沥青破坏了原来两种沥青的胶体结构，两种沥青的加入量并非简单的线性关系），如两种沥青的掺量各占 50% 时，实际掺配时其高软化点的沥青应多加 10% 左右。掺配后测试混合后的沥青软化点，绘制"掺配比-软化点"曲线，即可从曲线上确定出所要求的掺配比例。

如用三种沥青进行掺配，可先计算出两种沥青配比，然后再与第三种沥青进行配比计算。

11.1.2　改性沥青

为使石油沥青的性能可全面满足工程的使用要求，常采取一些措施对沥青进行改性，使其具有良好的综合性能。性能得到不同程度改善后的新沥青，称为改性沥青。改性沥青可分为橡胶改性沥青，树脂改性沥青，橡胶、树脂并用改性沥青，再生胶改性沥青和矿物填充料改性沥青等。

11.1.2.1　橡胶改性沥青

在沥青中掺入适量橡胶后使其改性的产品称为橡胶改性沥青。沥青与橡胶的相溶性较好，混溶后的改性沥青低温时具有一定塑性，而高温变形很小。所用的橡胶有天然橡胶、合成橡胶（氯丁橡胶、丁基橡胶和丁苯橡胶等）和再生橡胶。使用的橡胶品种不同，掺入的量与方法不同，形成的改性沥青性能也不同。

（1）氯丁橡胶改性沥青

掺入氯丁橡胶后，沥青的气密性、低温柔性、耐化学腐蚀性、耐光性、耐臭氧性、耐气候性和耐燃烧性大大改善。氯丁橡胶（CR）是由氯丁二烯聚合而成，其强度、耐磨性均高于天然橡胶，所以得到广泛应用。用于改性沥青的氯丁橡胶以胶乳为主，即先将氯丁橡胶溶于一定的溶剂中形成溶液，然后掺入沥青（液体状态）中，混合均匀即成。或者分别将橡胶和沥青制成乳液，再混合均匀亦可。

（2）丁基橡胶改性沥青

丁基橡胶的抗拉强度好，耐热性和抗扭曲性均较强。用其改性的丁基橡胶沥青特点是耐分解性较好，并具有较好的低温抗裂性和耐热性，适用于道路路面工程、制作密封材料和涂料。丁基橡胶改性沥青的配制方法与氯丁橡胶改性沥青类似。

（3）再生橡胶改性沥青

再生橡胶掺入沥青中后，同样可大大提高沥青的气密性、低温柔性、耐光（热）性、耐臭氧性和耐气候性。再生橡胶沥青特点是具有一定的弹性、塑性和良好黏结力，而且价格低廉。它可用于片材、防水卷材、密封材料、胶黏剂和涂料等。

（4）SBS 改性沥青

SBS 是丁苯橡胶的一种，丁苯橡胶由丁二烯与苯乙烯共聚而成，品种很多，若将丁二烯与苯乙烯嵌段共聚，形成具有苯乙烯（S）-丁二烯（B）-苯乙烯（S）的结构，即可得到一种热塑性的弹性体（简称 SBS）。SBS 具有橡胶和塑料的优点，所以 SBS 改性沥青特点是弹性好，延度大（延度可达 200%），常温下不需要硫化就可以具有很好的弹性；塑性好，当温度升到 180℃时，它可以变软、熔化，易于加工，而且具有多次的可塑性；低温柔性也有明显的改善（冷脆点降至 −40℃）；热稳定性较好，耐热度达 90～100℃。SBS 用于沥青的改性，可以明显改善沥青的高温和低温性能。SBS 改性沥青已是目前世界上应用最广的改性沥青材料之一。

11.1.2.2　合成树脂类改性沥青

用树脂改性石油沥青，可以改进沥青的耐寒性、耐热性、黏结性和不透气性。由于石油沥青中含芳香性化合物很少，故树脂和石油沥青的相溶性较差，而且可用的树脂品种也较少。常用的树脂有古马隆树脂、聚乙烯、无规聚丙烯（APP）等。

（1）古马隆树脂改性沥青

将沥青加热熔化脱水，在 150～160℃情况下，把古马隆树脂放入熔化的沥青中，并不断搅拌，再将温度升至 185～190℃，保持一定时间，使之充分混合均匀，即得到古马隆树脂改性沥青。树脂掺量约 40%，这种沥青的黏性较大，可以和 SBS 等材料一起用于自粘接油毡和沥青基黏结剂。

（2）聚乙烯树脂改性沥青

沥青中聚乙烯树脂掺量一般为 7%～10%。将沥青加热熔化脱水，再加入聚乙烯（常用低压聚乙烯），并不断搅拌 30min，温度保持在 140℃左右，即可得到均匀的聚乙烯树脂改性沥青。

（3）环氧树脂改性沥青

环氧树脂改性沥青具有热固性材料性质。其改性后沥青的强度和黏结力大大提高，但对延伸性改变不大。环氧树脂改性沥青可用于屋面、厕所和浴室的修补，其效果较佳。

（4）APP、APAO 改性沥青

APP、APAO 均属 α-烯烃类无规聚合物。APP 为无规聚丙烯均聚物。APAO 是由丙烯、乙烯、1-丁烯共聚而得，其中以丙烯为主。

APP 很容易与沥青混溶，并且对改性沥青软化点的提高很明显，耐老化性也很好。它具有发展潜力，如意大利 85%以上的柔性屋面防水，是用 APP 改性沥青油毡。

APAO与APP相比,具有更好的耐高温性能、耐低温性能、黏结性和与沥青的相溶性及耐老化性。因此,在改性效果相同时,APAO的掺量更少(约为APP的50%)。

11.1.2.3 橡胶和树脂改性沥青

橡胶和树脂用于沥青改性,使沥青同时具有橡胶和树脂的特性。且树脂比橡胶便宜,两者又有较好的混溶性,故效果较好。

配制时,采用的原材料品种、配比、制作工艺不同,可以得到多种性能各异的产品,主要有卷材、片材、密封材料、防水涂料等。

11.1.2.4 矿物填充料改性沥青

为了提高沥青的黏结力和耐热性,降低沥青的温度敏感性(即提高沥青的温度稳定性),经常在沥青中加入一定数量的矿物填充料进行改性。常用的改性矿物填充料有滑石粉、石灰粉、云母粉、硅藻土粉等。

11.2 防水卷材

防水卷材是一种可卷曲的片状防水材料,是建筑工程中重要的防水材料品种之一。防水卷材主要有沥青防水卷材、高聚物改性沥青防水卷材和合成高分子防水卷材三大类。沥青防水卷材是传统的防水材料(俗称油毡),但因其性能远不及改性沥青,因此将逐渐被改性沥青卷材所代替。

各类防水卷材均应具备良好的耐水性、温度稳定性和大气稳定性(抗老化性),并应具有必需的机械强度、延伸性、柔韧性和抗断裂的能力。

11.2.1 石油沥青防水卷材

沥青防水卷材是在原纸、纤维织物等上浸涂石油沥青后,再在表面撒布粉状或片状的隔离材料而制成的可卷曲的片状防水材料。品种较多,产量较大。常用的有石油沥青纸胎油毡、石油沥青玻璃布油毡、石油沥青玻纤胎油毡、石油沥青麻布胎油毡等。其特点及适用范围见表11-4。

表11-4 石油沥青防水卷材的特点及适用范围

卷材名称	特点	适用范围
石油沥青纸胎油毡	低温柔性差,防水层耐用年限较短,但价格较低	三毡四油、二毡三油叠层铺设的屋面工程
石油沥青玻璃布油毡	抗拉强度高,胎体不易腐烂,材料柔韧性好,耐久性比纸胎油毡高一倍以上	多用于纸胎油毡的增强附加层和突出部位的防水层
石油沥青玻纤胎油毡	耐水性好,耐腐、耐久性好。柔韧性、抗拉性能优于纸胎油毡	可用于屋面或地下防水工程
石油沥青麻布胎油毡	抗拉强度高,耐水性好,柔韧性好,但胎体材料易腐	可用于屋面增强附加层
石油沥青铝箔面油毡	有很强阻隔蒸汽渗透的能力,防水功能好,并具有一定的抗拉强度	与带孔玻纤毡配合或单独使用,宜用于热反射屋面和隔气层

11.2.1.1 石油沥青纸胎油毡(简称油毡)

用低软化点石油沥青浸渍原纸,然后用高软化点石油沥青涂盖油纸两面,再撒以隔离材料所制成的一种纸胎防水卷材,称为石油沥青纸胎油毡。隔离材料的作用是防止油毡成卷材时各层间的相互粘接。石油沥青纸胎油毡按所用隔离材料不同划分为粉状面（粉毡）和片状面（片毡）油毡。

按《石油沥青纸胎油毡》(GB 326—2007) 的规定：油毡按原纸 $1m^2$ 的质量克数划分为 200、350、500 三种标号，其中，200 号油毡可用于简易防水、临时性建筑防水、防潮包装等，350 号和 500 号油毡可用于屋面、地下工程的多层防水。油毡的幅宽一般为 1000mm，其它规格可由供需双方商定。按油毡的物理性能分为合格品、一等品和优等品三个等级。各标号、等级油毡的物理性能见表 11-5。

表 11-5　石油沥青纸胎油毡的物理性能

指　标	标号	200 号			350 号			500 号		
	等级	合格品	一等品	优等品	合格品	一等品	优等品	合格品	一等品	优等品
浸涂材料总量/(g/m²) ≥		600	700	800	1000	1050	1110	1400	1450	1500
不透水性≥	压力/MPa	0.05			0.10			0.15		
	保持时间/min	15	20	30	30	30	45	30	30	30
吸水率/% ≥	粉毡	1.0			1.0			1.5		
	片毡	3.0								
耐热度/℃		85±2		90±2	85±2		90±2	85±2		90±2
		受热 2h，涂盖层应无滑动和集中性气泡								
纵向拉力[(25±2)℃]/N ≥		240	270	270	340	340	370	440	440	470
柔度/℃		18±2		18±2	18±2	16±2	14±2	18±2	16±2	14±2
		绕 φ20 圆棒或弯板无裂纹								

纸胎油毡易腐蚀、耐久性差、抗拉强度较低，且消耗大量优质纸源。目前，已大量用玻璃布及玻纤毡等为胎基生产沥青卷材。

11.2.1.2　石油沥青玻璃布油毡

用玻璃纤维布为胎基涂盖石油沥青，并在两面撒布粉状隔离材料所制成的油毡称为沥青玻璃布油毡。油毡幅宽 1000mm，每卷面积 $(20±0.3)m^2$。石油沥青玻璃布油毡的抗拉强度高于 500 号纸胎油毡，按物理性能分为一等品和合格品。技术指标应符合《石油沥青玻璃布胎油毡》(JC/T 84—1996) 的规定。

石油沥青玻璃布油毡的抗拉强度高于 500 号纸胎油毡，其柔度也较纸胎油毡要好（延伸率比纸胎油毡高出一倍以上），且能耐霉菌腐蚀，耐水、耐久性均优于纸胎油毡。因此，玻璃布油毡广泛用于地下防水、防腐工程及振动变形较大的部位。

11.2.1.3　石油沥青玻璃纤维胎油毡

采用玻璃纤维薄毡为胎基，浸涂石油沥青，表面涂撒矿物材料或覆盖聚乙烯膜等隔离材料所制成的油毡称为玻璃纤维胎油毡。

石油沥青玻璃纤维胎油毡的幅宽为 1000mm，玻纤胎油毡按上表面材料分为膜面、粉面和砂面三个品种。根据油毡每 $10m^2$ 标称质量（kg）分为 15、25、35 三个标号。按物理性能分为优等品（A）、一等品（B）和合格品（C）三个等级，各等级的质量要求应符合《石油沥青玻璃纤维胎防水卷材》(GB/T 14686—2008) 的规定。

15 号石油沥青玻璃纤维胎油毡可用于一般建筑工程的多层防水，并可用于包扎管道

（热管道除外）作防腐保护层。25 号、35 号石油沥青玻璃纤维胎油毡可用于屋面、地下、水利等工程多层防水，其中 35 号可采用热熔法施工用于多层（或单层）防水。彩砂面石油沥青玻璃纤维胎油毡可用于防水屋面层和不再作表面处理的斜屋面。

11.2.1.4 铝箔面油毡

采用石油沥青玻璃纤维胎油毡为胎基，浸涂氧化沥青，在其表面用压纹铝箔贴面，底面撒以细颗粒矿物材料或覆盖聚乙烯膜（PE），所制成的一种具有热反射和装饰功能的防水卷材称为铝箔面油毡。铝箔面油毡的装饰效果较好，并具有反射热量和紫外线的功能，能降低屋面及室内温度，可用于多层防水的屋面等。

11.2.2 高聚物改性沥青防水卷材

高聚物改性沥青防水卷材已是全世界防水材料发展的普遍趋势，也是我国近期发展的主要防水卷材品种。高聚物改性沥青防水卷材克服了传统沥青防水卷材温度稳定性差、延伸度小的缺点，其特点是高温不流淌、低温不脆裂、抗拉强度高、延伸度大等。而且价格适中，在我国属中、低档防水卷材。常用的有 SBS 改性沥青防水卷材、APP 改性沥青防水卷材、PVC 改性沥青防水卷材、再生胶改性沥青防水卷材等。

11.2.2.1 SBS 改性沥青防水卷材

以聚酯毡或玻纤毡为胎基，SBS 热塑性弹性体作改性剂，两面覆以隔离材料所制成的建筑防水卷材称为 SBS 改性沥青防水卷材，简称 SBS 卷材。SBS 卷材按胎基分为聚酯胎（PY）和玻纤胎（G）两类。按上表面隔离材料分为聚乙烯膜（PE）、细砂（S）及矿物粒（片）料（M）三种。以 $10m^2$ 卷材的标称质量（kg）作为卷材的标号，玻纤胎基卷材分为25 号、35 号和 45 号三种标号，聚酯胎基卷材分为 25 号、35 号、45 号、55 号四种标号。按物理力学性能分为 I 型和 II 型。卷材按不同胎基、不同上表面材料分为六个品种，见表 11-6。

表 11-6 SBS 卷材品种 （GB 18242—2008）

胎 基 上表面材料	聚 酯 胎	玻 纤 胎
聚乙烯膜	PY-PE	G-PE
细砂	PY-S	G-S
矿物粒（片）料	PY-M	G-M

卷材幅宽为 1000mm，聚酯胎卷材厚度为 3mm 和 4mm；玻纤胎卷材厚度为 2mm、3mm 和 4mm。每卷面积为 $15m^2$、$10m^2$ 和 $7.5m^2$ 三种。物理力学性能应符合表 11-7 规定。

表 11-7 SBS 改性沥青防水卷材物理力学性能 （GB 18242—2008）

胎 基		聚 酯 毡		玻 纤 毡	
型 号		I 型	II 型	I 型	II 型
可溶物含量/(g/m²)	2mm	—		1300	
	3mm	2100			
	4mm	2900			
不透水性，水压（保持 30min 以上）/MPa ≥		0.3		0.2	0.3
耐热度/℃		90	105	90	105
		无滑动、流淌、滴落			

胎 基		聚 酯 毡		玻 纤 毡	
拉力/(N/50mm)≥	纵向	450	800	350	500
	横向			250	300
低温柔度/℃		−18	−25	−18	−25
		无裂纹			
撕裂强度/N ≥	纵向	250	350	250	350
	横向			170	200
最大拉力时的伸长率/% ≥	纵向	30	40	—	—
	横向				
人工气候加速老化	外观	一级,无滑动、流淌、滴落			
	纵向拉力保持率/% ≥	80			
	低温柔度/℃ ≥	−10	−20	−10	−20

SBS 卷材的特点:柔韧性、延展性、耐寒性、黏附性、耐气候性均好,具有良好的耐高温、低温性能,能形成高强度的防水层。耐穿刺、硌伤、撕裂和疲劳,出现裂缝可自愈,可在寒冷气候下热熔搭接,密封可靠。

SBS 卷材的应用:可用于各种领域和类型的防水工程。如建筑工程的常规及特殊屋面的防水;地下工程的防水、防潮及室内游泳池等的防水;各种水利设施及市政工程的防水。尤其适用于寒冷地区和结构变形频繁的建筑物防水。可采用热熔法施工。其中,35 号及以下品种可用作多层防水;35 号以上品种用于单层防水或多层防水的面层。

11.2.2.2 APP 改性沥青防水卷材

以聚酯毡或玻纤毡为胎基,无规聚丙烯(APP)或聚烯烃类聚合物(APAO、APO)作改性剂,两面覆以隔离材料所制成的建筑防水卷材,统称 APP 沥青防水卷材。

APP 卷材的品种、规格与 SBS 卷材相同。其物理力学性能应符合表 11-8 规定。

表 11-8　APP 改性沥青防水卷材物理力学性能 (GB 18243—2008)

胎 基		聚 酯 毡		玻 纤 毡	
型 号		Ⅰ 型	Ⅱ 型	Ⅰ 型	Ⅱ 型
可溶物含量/(g/m²) ≥	2mm	—		1300	
	3mm	2100			
	4mm	2900			
不透水性,水压(保持 30min 以上)/MPa ≥		0.3		0.2	0.3
耐热度/℃		110	130	110	130
		无滑动、流淌、滴落			
拉力/(N/50mm)≥	纵向	450	800	350	500
	横向			250	300
低温柔度/℃		−5	−15	−5	−15
		无裂纹			

胎　基		聚　酯　毡		玻　纤　毡	
撕裂强度/N　≥	纵向	250	350	250	350
	横向			170	200
最大拉力时的伸长率/%　≥	纵向	25	40	—	
	横向			—	
人工气候加速老化	外观	一级,无滑动、流淌、滴落			
	纵向拉力保持率/%　≥	80			
	低温柔度/℃　≥	3	−10	3	−10

APP卷材的特点:防水性好、耐高温、柔韧性较好,能形成高强度、耐撕裂、耐穿刺的防水层,耐紫外线照射,使用寿命较长。可采用热熔法粘接,可靠性强。

APP卷材的应用:可广泛用于各类建筑工程防水、防潮,尤其适用于高温或有强烈日照地区的建筑物防水。可采用热熔法施工。

11.2.2.3　改性沥青聚乙烯胎防水卷材

以改性沥青为基料,以高密度聚乙烯膜为胎体,以聚乙烯膜或铝箔为上表面覆盖材料,经滚压、水冷、成型制成的防水材料,称为改性沥青聚乙烯胎防水卷材。

目前按基料不同可分为改性氧化沥青防水卷材、丁苯橡胶改性氧化沥青防水卷材、高聚物改性沥青防水卷材三类。按表面覆盖材料可分为聚乙烯膜、铝箔两个品种。

改性沥青聚乙烯胎防水卷材应用:可用于一般建筑的防水工程。上表面覆盖聚乙烯膜的卷材适用于非外露防水工程,上表面覆盖铝箔的卷材适用于外露防水工程。

改性沥青聚乙烯胎防水卷材的物理力学性能应符合 GB 18967—2009 的规定。

11.2.3　合成高分子防水卷材

以合成橡胶、合成树脂或两者的共混体为基料,加入适量的化学助剂和填充料等,经过混炼(塑炼)、压延或挤出成型、定型、硫化等工序制成的可卷曲的片状防水材料,称为合成高分子防水卷材。

目前主要品种有橡胶系列(聚氨酯、三元乙丙橡胶、丁基橡胶等)防水卷材、塑料系列(聚乙烯、聚氯乙烯等)和橡胶塑料共混系列防水卷材三大类,又可分为加筋增强型与非加筋增强型两种。

合成高分子防水卷材特点:拉伸强度和抗撕裂强度高、断裂伸长率大、耐热性和低温柔性好、耐腐蚀、耐老化等,是新型的高档防水卷材。常见的有三元乙丙橡胶防水卷材、聚氯乙烯防水卷材、氯化聚乙烯防水卷材、氯化聚乙烯-橡胶共混防水卷材等。这类卷材按厚度分为1mm、1.2mm、1.5mm、2.0mm 等规格。

11.2.3.1　三元乙丙橡胶(EPDM)防水卷材

以乙烯、丙烯和少量双环戊二烯三种单体共聚合成的三元乙丙橡胶为主要原料,掺入适量的丁基橡胶、硫化剂、促进剂、软化剂、补强剂和填充剂等,经密炼、拉片、过滤、挤出(或压延)成型、硫化等工序加工制成的防水卷材,称为三元乙丙橡胶防水卷材。它是一种高弹性的新型防水材料。

三元乙丙橡胶的特点:耐候性、耐老化性好,化学稳定性好,耐臭氧性、耐热性和低温柔性甚至超过氯丁橡胶与丁基橡胶,质量轻(1.2～2.0kg/m²)、抗拉强度高(>7.5MPa)、延伸率大、耐酸碱腐蚀，对基层材料的伸缩或开裂变形适应性强，使用温度范围宽（－60～120℃），使用年限长（30～50年），可冷施工，且施工成本低等。

三元乙丙橡胶的应用：适宜高级建筑防水，单层使用，也可复合使用，可广泛用于防水要求高、耐用年限长的防水工程中。

11.2.3.2　聚氯乙烯（PVC）防水卷材

以聚氯乙烯树脂为主要原料，掺加填充料和适量的改性剂、增塑剂等，经混炼、压延或挤出成型、分卷包装而成的防水卷材，称为聚氯乙烯防水卷材。

PVC防水卷材根据基料的组分及其特性分为两种类型，即S型和P型，S型是以煤焦油与聚氯乙烯树脂混溶料为基料的柔性卷材，其厚度为1.50mm、2.00mm、2.50mm等；P型是以增塑聚氯乙烯为基料的塑性卷材，其厚度为1.20mm、1.50mm、2.00mm等。卷材的宽度为1000mm、1200mm、1500mm等。

PVC防水卷材的物理力学性能应符合GB 12952—2011的规定。见表11-9。

表 11-9　聚氯乙烯防水卷材的物理力学性能

技 术 性 能	技 术 指 标
抗拉强度/MPa	1.0～6.0
延伸率/%	120～240
撕裂强度/(N/cm)	200～400
低温柔性	在－20～40℃时，卷材绕直径10mm的金属棒弯180°无裂纹
耐热性	在(80±2)℃下恒温168h后，抗拉强度、延伸率、撕裂强度降低小于20%
吸水率	≤0.5

PVC防水卷材的特点：抗拉强度高、断裂伸长率大、低温柔韧性好、使用寿命长、尺寸稳定性好、耐腐蚀、耐热、耐细菌等。

PVC防水卷材的应用：可用于建筑工程的屋面防水，也可用于堤坝、水池等防水工程。施工方法可采用黏结法、空铺法和机械固定法，并配有独特的焊接工艺。复杂的防水施工部位，可采用配套的PVC特制配件。

11.2.3.3　氯化聚乙烯-橡胶共混防水卷材

以氯化聚乙烯树脂和合成橡胶为主体，加入适量的硫化剂、促进剂、稳定剂、软化剂和填充剂等，经过素炼、混炼、过滤、压延（或挤出）成型、硫化等工序加工制成的高弹性防水卷材，称为氯化聚乙烯-橡胶共混防水卷材。

氯化聚乙烯-橡胶共混防水卷材的特点：不仅具有氯化聚乙烯所特有的高强度和优异的耐臭氧、耐老化性能，而且具有橡胶类材料所特有的高弹性、高延伸性和良好的低温柔性，拉伸强度在7.5MPa以上，断裂伸长率在450%以上，脆性温度在－40℃以下，热老化保持率在80%以上。

氯化聚乙烯-橡胶共混防水卷材的应用：特别适用于寒冷地区或变形较大的建筑防水工程，也可用于有保护层的屋面、地下室、储水池等防水工程。施工时可采用黏结剂冷粘施工。

合成高分子防水卷材除以上三种典型品种外，还有氯丁橡胶、丁基橡胶、氯化聚乙烯、聚乙烯、氯乙烯-三元乙丙橡胶共混等多种防水卷材。常见的合成高分子防水卷材的特点和适用范围见表11-10。

表 11-10　常见合成高分子防水卷材的特点和适用范围

卷材名称	特　点	使用范围	施工工艺
三元乙丙橡胶防水卷材	防水性能优异,耐候性好,耐臭氧性、耐化学腐蚀性好,弹性和抗拉强度大,对基层变形开裂的适应性强,质量轻,使用温度范围宽,寿命长,但价格高	防水要求较高,防水层耐用年限要求长的建筑工程,单层或复合使用	冷粘法或自粘法
丁基橡胶防水卷材	有较好的耐候性、耐油性,抗拉强度和延伸率较大,耐低温性能稍低于三元乙丙橡胶防水卷材	单层或复合使用,适用于要求较高的防水工程	冷粘法施工
氯化聚乙烯防水卷材	良好的耐候性、耐热老化、耐臭氧、耐油、耐化学腐蚀,抗撕裂性能好	单层或复合使用,适用于紫外线强的炎热地区	冷粘法施工
氯磺化聚乙烯防水卷材	延伸率较大,弹性较好,对基层变形开裂的适应性强,耐高温、低温性能好,耐腐蚀性好,难燃性	适用于有腐蚀介质影响及在寒冷地区的防水工程	冷粘法施工
聚氯乙烯防水卷材	拉伸和撕裂强度较高,延伸率较大,耐老化性能好,原材料丰富,价格便宜,易粘接	单层或复合使用,适用于外露或有保护层的防水工程	冷粘法或热风焊接法施工
氯化聚乙烯-橡胶共混防水卷材	不但具有氯化聚乙烯特有的高强度和优异的耐臭氧、耐老化性能,而且还具有橡胶特有的高弹性、高延伸性及良好的低温柔性	单层或复合使用,适用于寒冷地区或变形较大的防水工程	冷粘法施工
聚乙烯-三元乙丙橡胶共混防水卷材	良好的耐臭氧和耐老化性能,使用寿命长,低温柔性好,可在负温条件下施工	单层或复合外露防水层面,适用于寒冷地区使用	冷粘法施工

11.3　防水涂料

以高分子合成材料、沥青等为主体,在常温下呈无定型流态或半流态,经涂布能在结构物表面结成坚韧防水膜的物料称为防水涂料。涂布的防水涂料同时又起黏结剂作用。

防水涂料按液态类型划分为溶剂型、水乳型和反应型三种;按成膜物质的主要成分划分为沥青类、高聚物改性沥青类和合成高分子类。

防水涂料主要用于建筑工程的屋面防水、地下混凝土工程的防潮、防渗等。

防水涂料的基本特点:成膜快(防水涂料在水平面、立面阴阳角及各种复杂表面均能迅速形成完整的防水层)、防水性好(用时不需加热、可减少环境污染、便于施工操作)。

11.3.1　沥青类防水涂料

沥青类防水卷材使用时常用沥青胶粘贴,为了提高与基层的黏结力,常在基层表面涂刷一层冷底子油。

11.3.1.1　沥青胶(也称玛琋脂)

沥青胶是用沥青材料加填充料,均匀混合制成。填充料有粉状的材料,如滑石粉、石灰石粉、普通水泥、白云石粉等;有纤维状的材料,如木纤维、石棉粉等;还可用二者的混合物形成的混合填料。填料的作用:提高其耐热性,增加韧性,降低低温下的脆性,节约沥青用量等。填料的加入量通常为 10%～30%,由试验确定。

沥青胶标号以耐热度表示,分为 S-60、S-65、S-70、S-75、S-80、S-85 六个标号。沥青胶的技术性能要求主要包括耐热度、柔韧度和黏结力,见表 11-11。

表 11-11　石油沥青胶的技术性能要求

指标 标号	耐　热　度		柔　韧　度		黏　结　力
S-60	60	用 2mm 厚的沥青玛琋脂粘接两张沥青油脂，在不低于左侧温度(℃)时，在 1:1 坡度上停放 5h 的沥青玛琋脂不应流淌，油纸不应滑动	10	涂在油纸上的 2mm 沥青胶层，在(18±2)℃时，围绕左侧直径(mm)的圆棒，用 2s 的时间以均衡速度弯成半圆，沥青胶不应有裂纹	用手将两张用沥青胶粘贴在一起的油纸慢慢地撕开时，若被撕开的面积超过粘贴面积的一半时，则认为不合格，否则认为合格
S-65	65		15		
S-70	70		15		
S-75	75		20		
S-80	80		25		
S-85	85		30		

　　沥青胶主要用于粘贴各层石油沥青油毡、涂刷棉层油、绿豆砂的铺设、油毡棉层补漏及做防水层的底层等，它与水泥砂浆或混凝土均有良好的黏结性。

11.3.1.2　冷底子油

　　用建筑石油沥青加入汽油、煤油、轻柴油，或者用软化点 50~70℃ 的煤沥青加入苯，融合而配制成的沥青溶液，称为冷底子油。冷底子油的黏度小，能渗入到混凝土、砂浆、木材等材料的毛细孔隙中，待溶剂挥发后，便与基面牢固结合，使基面具有一定的憎水性，为粘接同类防水材料创造了有利条件。若在冷底子油层上面铺热沥青胶粘贴卷材，能够使防水层和基层粘贴牢固。由于它一般在常温下用于防水工程的底层，所以称冷底子油。冷底子油应涂刷在干燥的基面上，一般要求水泥砂浆找平层的含水率不大于 10%。

　　冷底子油一般要随配随用，配制时先将沥青加热至 108~200℃，脱水后冷却至 130~140℃，再加入溶剂量 10% 的煤油，待温度降至约 70℃ 时，加入余下的溶剂搅拌均匀为止。若储存时，应使用密闭容器，以防溶剂挥发。

11.3.1.3　水乳型沥青防水涂料

　　水乳型沥青防水涂料即水性沥青防水涂料，它是以乳化沥青为基料的防水涂料。借助于乳化剂作用，在机械强力搅拌下，将熔化的沥青微粒（<10μm）均匀地分散于溶剂中，使其形成稳定的悬浮体。沥青基本未改性或改性作用不大。

　　水乳型沥青防水涂料分两大类：厚质防水涂料和薄质防水涂料，可以统称为水性沥青基防水涂料。厚质防水涂料常温时为膏体或黏稠液体，不具有自流平的性能，一次施工厚度可以在 3mm 以上。薄质防水涂料常温时为液体，具有自流平的性能，一次施工不能达到很大的厚度（其厚度在 1mm 以下），需要施工多层才能满足涂膜防水的厚度要求。

　　水乳型沥青防水涂料主要特点：可以在潮湿的基础上使用，而且还有相当大的黏结力。水乳型沥青防水涂料的最主要优点是可以冷施工，不需加热，这就避免了采用热沥青施工可能造成的烫伤、中毒的事故，有利于消防安全，而且还减轻了施工人员的劳动强度，提高工作效率，加快施工进度。这类材料价格也较便宜，施工机具容易清洗，所以在沥青基涂料中占有 60% 以上的市场。水乳型沥青防水涂料的另一优点是与一般的橡胶乳液、树脂乳液具有良好的互溶性，且混溶后的性能较稳定，能显著地改善水乳型沥青防水涂料的耐高温性能和低温柔性。

　　但是，水乳型沥青防水涂料不如溶剂型涂料和热熔型涂料的稳定性好，而且储存时间不宜过长（不超过 3 个月），存期过长容易分层变质，变质后的水乳型沥青防水涂料不能再用。存储时温度不能低于 0℃，也不宜在 0℃ 以下施工和使用，以免结冰破坏防水层。也不宜在夏季烈日下施工，因水分蒸发过快，导致水乳型沥青防水涂料快速结膜，使水分蒸发不出而产生气泡。

11.3.2 高聚物改性沥青防水涂料

以沥青为基料，用合成高分子聚合物进行改性，制成的水乳型或溶剂型防水涂料称为高聚物改性沥青防水涂料。这类涂料的特点是：柔韧性、抗裂性、拉伸强度、耐高、低温性能、使用寿命等方面比沥青基涂料均有很大改善。品种有再生橡胶改性沥青防水涂料、水乳型氯丁橡胶沥青防水涂料、SBS 橡胶改性沥青防水涂料等。

适用于Ⅱ级、Ⅲ级、Ⅳ级防水等级的屋面、地面、混凝土地下室和卫生间等。

11.3.2.1 氯丁橡胶沥青防水涂料

氯丁橡胶沥青防水涂料可分为溶剂型和水乳型两种。

溶剂型氯丁橡胶沥青防水涂料，也叫氯丁橡胶-沥青防水涂料，是氯丁橡胶和石油沥青溶化于甲基苯（或二甲苯）形成的一种混合胶体溶液，其主要成膜物质是氯丁橡胶和石油沥青。技术性能见表 11-12。

表 11-12　溶剂型氯丁橡胶沥青防水涂料技术性能

项　　目	技术性能指标
外观	黑色黏稠液体
耐热性(85℃,5h)	无变化
黏结力/MPa	＞0.25
低温柔韧性(−40℃,1h,绕 φ5mm 圆棒弯曲)	无裂纹
不透水性(动水压 0.2MPa,3h)	不透水
抗裂性(基层裂缝≤0.8mm)	涂膜不裂

水乳型氯丁橡胶沥青防水涂料又叫氯丁胶乳沥青防水涂料。它的成膜物质也是氯丁橡胶和石油沥青，但与溶剂型涂料不同的是以水代替了甲苯等有机溶剂，使其成本降低并无毒。其技术性能见表 11-13。

表 11-13　水乳型氯丁橡胶沥青防水涂料技术性能

项　　目		技术性能指标
外观		深棕色乳状液
黏度/Pa·s		0.1～0.25
含固量/%		≥43
耐热性(80℃,5h)		无变化
黏结力/MPa		≥0.2
低温柔韧性(−10℃,2h)		φ2mm,不断裂
不透水性(动水压 0.1～0.2MPa,0.5h)		不透水
耐碱性[在饱和 Ca(OH)₂ 溶液中浸 15d]		表面无变化
抗裂性(基层裂缝宽度≤2mm)		涂膜不裂
涂膜干燥时间/h	表干	≤4
	实干	≤24

11.3.2.2 水乳型再生橡胶防水涂料

该涂料（简称 JG-2 防水冷胶料）是水乳型双组分（A 液、B 液）防水冷胶结料。A 液为乳化橡胶，B 液为阴离子型乳化沥青，两液分别包装，现场配制使用。涂料呈黑色，为无光泽黏稠液体，略有橡胶味，无毒。经涂刷或喷涂后形成防水薄膜，涂膜具有橡胶弹性，温度稳定性好，耐老化性能及其它各项技术性能均比纯沥青和玛蹄脂好。可以冷操作，加衬中碱玻璃丝布或无纺布作防水层，抗裂性好。适用于屋面、墙体、地面、地下室、冷库的防水防潮，也可用于嵌缝及防腐工程等。

11.3.2.3 聚氨酯防水涂料

聚氨酯防水涂料也叫聚氨酯涂膜防水材料，属双组分反应型涂料。甲组分是含有异氰酸基的预聚体，乙组分含有多羟基的固化剂与增塑剂、稀释剂等。甲乙两组分混合后，经固化反应，形成均匀而富有弹性的防水涂膜。

聚氨酯涂膜防水材料有透明、彩色、黑色等品种，这种防水涂料耐磨、装饰及阻燃性能好，防水、延伸及温度适应性能优异，施工简便，所以在中高级公用建筑的卫生间、水池等防水工程及地下室和有保护层的屋面防水工程中得到广泛应用。按《聚氨酯防水涂料》(GB/T 19250—2013) 的规定，其主要技术性能应满足表 11-14 的要求。

表 11-14 聚氨酯防水涂料的主要技术性能

指标要求 等级 项目名称		一 等 品	合 格 品
拉伸强度/MPa		＞2.45	＞1.65
断裂延伸率/%		＞450	＞300
拉伸时的老化	加热老化	无裂缝及变形	
	紫外线老化	无裂缝及变形	
低温柔性		−35℃无裂纹	−30℃无裂纹
不透水性		0.3MPa,30min 不渗漏	
固体含量/%		≥94	
适用时间/min		≥20	
干燥时间/h		表干≤4,实干≤12	

11.3.3 屋面防水材料的应用

防水材料品种较多、性能各异，在建筑工程中应正确、合理的选用，才能达到最佳的防水效果。

根据建筑物的性质、重要程度、使用功能要求、建筑结构特点以及防水耐用年限等，将屋面防水分成四个等级，可按《屋面工程质量验收规范》(GB 50207—2012) 的规定选用防水材料，见表 11-15。

表 11-15 屋面防水等级和材料选用

项 目	屋面防水等级			
	I	II	III	IV
建筑物类别	特别重要的民用建筑和对防水有特殊要求的工业建筑	重要的民用建筑,如博物馆、图书馆、医院、宾馆、影剧院;重要的工业建筑、仓库等	一般民用建筑,如住宅、办公楼、学校、旅馆;一般的工业建筑、仓库等	非永久性的建筑,如简易宿舍、简易车间等

项　目	屋面防水等级			
	Ⅰ	Ⅱ	Ⅲ	Ⅳ
防水耐用年限	20 年以上	15 年以上	10 年以上	5 年以上
选用的材料	应选用合成高分子防水卷材、高聚物改性沥青防水卷材、合成高分子防水涂料、细石防水混凝土、金属板等材料	应选用高聚物改性沥青防水卷材、合成高分子防水卷材、合成高分子防水涂料、高聚物改性沥青防水涂料、细石防水混凝土、金属板等材料	应选用三毡四油沥青基防水卷材、高聚物改性沥青防水卷材、合成高分子防水卷材、高聚物改性沥青防水涂料、合成高分子防水涂料、刚性防水层、平瓦、油毡瓦等	可选用二毡三油沥青基防水卷材、高聚物改性沥青防水涂料、沥青基防水涂料、波形瓦等
设防要求	三道或三道以上防水设防,其中必须有一道合成高分子防水卷材,且只能有一道厚度不小于2mm的合成高分子防水涂膜	两道防水设防,其中必须有一道卷材,也可采用压型钢板进行一道设防	一道防水设防,或两种防水材料复合使用	一道防水设防

11.4　石油沥青实训项目

11.4.1　取样方法及一般规定

同一批出厂,且类别、牌号相同的沥青,从桶(或袋、箱)中取样,应在样品表面以下及距离容器内壁至少5cm处采取。当沥青为可敲碎的块体时,则用干净的工具将其打碎后再取样;当沥青为半固体,则要用干净的工具切割取样。取样量为1~1.5kg。

本方法适用于测定针入度小于350的石油沥青。石油沥青的针入度以标准针在一定的荷重、时间及温度条件下垂直穿入沥青试样的深度来表示,针入度是以0.1mm为单位表示的。如未另行规定,标准针、针连杆与附加砝码的合计质量为(100±0.1)g,温度为25℃,时间为5s。特定试验条件见表11-16。

表 11-16　针入度特定试验条件规定

温度/℃	0	4	46
荷重/g	200	200	50
时间/s	60	60	5

11.4.2　沥青材料试验(实训)

11.4.2.1　沥青的针入度测定

(1)检测目的

通过测定沥青的针入度,可评定其黏滞性并依据针入度值来确定沥青的牌号。学会正确使用所用的仪器设备。

(2)主要仪器设备

① 针入度测定仪　见图11-5,测定仪的支柱上有两个悬臂,上臂装有分度为360°的刻度盘及活动齿杆,其上下运动的同时,能使指针转动;下臂装有能滑动的针连杆(其下端安

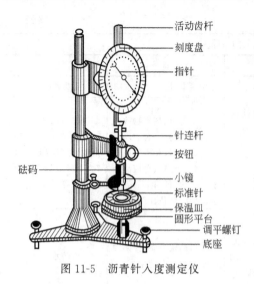

图 11-5　沥青针入度测定仪

图中标注：活动齿杆、刻度盘、指针、针连杆、按钮、砝码、小镜、标准针、保温皿、圆形平台、调平螺钉、底座

装标准针），总质量为（50±0.05）g，针入度仪附带有（50±0.5）g 和（100±0.5）g 砝码各一个。设有控制针连杆运动的制动按钮，基座上设有放置玻璃皿的能旋转的平台及观察镜。

② 标准针　应由硬化回火的不锈钢制成，尺寸应符合有关规定。

③ 恒温水浴　容量不小于 10L，能保持温度在试验温度的 ±0.1℃ 范围内，水槽中应备有一个带孔的搁架，位于水面下不少于 100mm，距水槽底不少于 50mm 处。

④ 试样皿　金属圆柱形平底容器。针入度小于 200 时，试样皿内径为（55±1）mm，内部深度为（35±1）mm；针入度在 200～350 时，试样皿内径为（70±1）mm，内部深度为（45±1）mm；对于针入度大于 350 的试样需使用特殊试样皿，其深度不小于 60mm，试样体积不少于 125mL。

⑤ 其它仪器　平底玻璃皿、温度计、秒表、石棉筛、砂浴或可控制温度的密闭电炉等。

（3）试样制备

① 将预先除去水分的试样放到可控温的砂浴或密闭电炉上加热（80℃左右），并不断搅拌，以防局部过热，加热至沥青样品全部熔化能够流动。加热温度不得超过估计软化点 100℃，加热时间不得超过 30min，加热过程中避免试样中进入气泡。用 0.6mm 筛过滤，除去杂质。

② 将试样倒入预先选好的试样皿中，试样深度应超过预计针入度值 10mm，并盖上盛样皿，以防落入灰尘。

③ 将试样皿在 15～30℃ 的空气中冷却 1～1.5h（小试样皿）或 1.5～2h（大试样皿），在冷却过程中应遮盖试样皿，防止灰尘落入。然后将试样皿移入保持规定试验温度的恒温水浴中，水面应高于试样表面 10mm 以上，小试样皿恒温 1～1.5h，大试样皿恒温 1.5～2h。

（4）检测步骤

① 调整针入度仪使之水平。检查针连杆和导轨，以确认无水和其它外来物，无明显摩擦。用合适的溶剂（如三氯乙烯等）清洗标准针，并擦拭，将已擦净的标准针插入针连杆，用螺丝固紧，按试验要求条件放上砝码。

② 将恒温 1h 的试样皿自槽中取出，置于水温严格控制在（25±0.1）℃（可用恒温水槽中的水）的平底保温玻璃皿中的三脚支架上，沥青试样表面以上水层高度不小于 10mm，再将保温玻璃皿置于针入度仪的旋转圆形平台上。

③ 调节标准针使针尖与试样表面恰好接触，不得刺入试样。拉下刻度盘的拉杆，使之与针连杆顶端轻轻接触，调节刻度盘或深度指示器的指针指示为零。

④ 用手紧压按钮，同时开动秒表，使标准针自由地针入沥青试样，到规定时间（5s）放开按钮，使针停止针入。

⑤ 再拉下拉杆使之与标准针连杆顶端相接触。此时刻度盘指针读数即为试样的针入度。准确至 0.5mm，用 0.1mm 为单位表示。

同一试样至少重复试验三次，各测点间及测定点与试样皿之间的距离不应小于 10mm。每次检测后，都应将放有试样皿的平底玻璃皿放入恒温水槽，使平底玻璃皿中的水温保持试验温度。将针取下，用浸有溶剂（煤油、苯或汽油）的棉花将针端附着的沥青擦干净，每次检测都应采用干净针。

⑥ 测定针入度大于 200 的沥青试样时，至少用 3 根标准针，每次测定后将针留在试样中，直至 3 次测定完成后，才能把针从试样中取出。

（5）检测结果

以 3 次测定针入度的平均值作为该沥青的针入度。三次试验所测定的针入度的最大值与最小值之差不应大于表 11-17 中的数值。若差值超过表中数值，检测应重做。

表 11-17　针入度测定允许最大差值

针入度	0～49	50～149	150～249	250～350
最大差值	2	4	6	10

11.4.2.2　沥青的延度（延伸度）测定

（1）检测目的

通过测定沥青的延度，可以评定沥青的韧性、塑性好坏，并依据延度值确定沥青的牌号。通过试验操作练习，学会有关仪器设备的使用。

（2）主要仪器设备

延度仪及试样模具（见图 11-6）、瓷皿或金属皿、孔径 0.3～0.5mm 筛、温度计（0～50℃，分度 0.1℃、0.5℃各一支）、刀、金属板、砂浴。

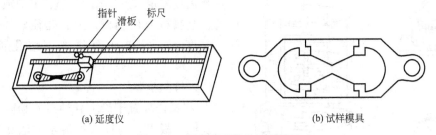

(a) 延度仪　　　　　　　　　　　　　　(b) 试样模具

图 11-6　沥青延度仪及试样模具

（3）检测步骤

① 将甘油滑石粉隔离剂拌和均匀，涂于洁净干燥的金属板上及模具侧模的内表面，并将模具置于金属板上。

② 将预先除去水分的沥青试样放入金属皿，在砂浴上加热熔化、搅拌。加热温度不得超过估计软化点 100℃，用筛过滤，并充分搅拌至气泡完全消除。

③ 将熔化沥青试样自模具的一端至另一端往返多次缓缓注入并使试样略高出模具，灌膜时应注意勿使气泡混入。

④ 试件在 15～30℃的空气中冷却 30min 后，放入（25±0.1）℃的水浴中，保持 30min 后取出，用热刀将高出模具的沥青刮去，使沥青面与模面齐平。沥青的刮法应自模具的中间刮向两边，表面应刮得十分光滑。将试件连同金属板再浸入（25±0.1）℃的水浴中保持 1～1.5h。

⑤ 检查延度仪的拉伸速度是否符合标准要求，然后移动滑板使指针正对标尺的零点。

⑥ 将试件移至延度仪水槽中，然后将试件从金属板上取下，将模具两端的孔分别套在滑板及槽端的金属柱上，然后去掉侧模，水面距试件表面应不小于25mm。

⑦ 确认水槽中水温为（25±0.5）℃时，开动延度仪（此时仪器不得有振动），观察沥青的拉伸情况。在测定过程中应随时观测，保持水温在（25±0.5）℃的范围内，水面不得有晃动，试验时，若发现沥青细丝浮于水面或沉入槽底时，则应在水中加入乙醇或食盐水，调整水的密度至与试样的密度相近后，再重新进行测定。

⑧ 试件拉断时指针所指标尺上的读数，即为试样的延度，以 cm 表示。在正常情况下，试件应拉伸成锥尖状，在断裂时实际横断面接近于零。如不能得到上述结果，则应在报告中注明。

（4）检测结果

取平行测定三次结果的算术平均值作为测定结果。三次的单个值与平均值之差均应在平均值的5%以内，若其中一次测定值与平均值之差不在平均值的5%以内，则舍去该值，取另两次结果的平均值，若其中有两次测定值与平均值之差均不在平均值的5%以内，则应重新检测。

11.4.2.3　沥青软化点测定

（1）检测目的

通过测定沥青的软化点，可评定沥青的温度稳定性（即温度敏感性），并依据软化点值确定沥青的牌号，软化点也是在不同的温度下选用沥青的重要技术指标。学会有关仪器设备的使用。

（2）主要仪器设备

软化点测定仪（见图 11-7）、电炉或其它加热设备、金属板或玻璃板、刀、孔径 0.3～0.5mm 筛、温度计、瓷皿或金属皿（熔化沥青用）、砂浴。

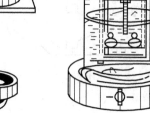

图 11-7　软化点测定仪

（3）检测步骤

① 将试样环置于涂上甘油滑石粉隔离剂的金属板或玻璃板上，与针入度测定方法相同，准备好沥青试样，将试样注入试样环内至略高于环面为止（如估计软化点在 120℃ 以上时，应将试样环和金属板预热至 80～100℃）。

② 将试样在 15～30℃ 的空气中冷却 30min 后，用热刀刮去高出环面的试样，使其与环面齐平。

③ 对于软化点不高于 80℃ 的试样，将盛有试样的试样环及金属板置于盛满水的保温槽内，水温保持（5±0.5）℃，恒温 15min。

对于软化点高于 80℃ 的试样，将盛有试样的试样环及金属板置于盛满甘油的保温槽内，水温保持（32±1）℃，恒温 15min。或将盛有试样的试样环水平地安放在试验架中层板的圆孔内，然后放在烧杯中，恒温 15min，温度要求与保温槽相同。

④ 烧杯内注入新煮沸并冷却至约 5℃ 的蒸馏水（对于软化点不高于 80℃ 的试样），或注入预先加热至 32℃ 的甘油（对于软化点高于 80℃ 的试样），使水面或甘油面略低于连接杆上深度标记。

⑤ 从水（或甘油）保温槽中取出盛有试样的试样环放置在环架中层板的圆孔中，并套上钢球定位环，把整个环架放入烧杯内，调整水面或甘油面至连接杆上的深度标记，环架上任何部分均不得有气泡。再将温度计由上层板中心孔垂直插入，使测温头底部与试样环下面齐平。

⑥ 将烧杯移至有石棉网的加热炉具上，然后将钢球放在试样上（须使各环的平面在全部加热时间内完全处于水平状态），立即开动振荡搅拌器，使水或甘油微微振荡，并开始加热，使烧杯内的水或甘油温度在 3min 内调节至上升速度为（5±0.5）℃/min，在整个测定过程中如温度的上升速度超出此范围时，则检测应重做。

⑦ 试样受热软化下坠至与下层底板表面接触时的温度即为试样的软化点。

（4）检测结果

取平行测定两个结果的算术平均值作为测定结果。平行测定的两个结果的偏差不得大于下列规定：软化点低于80℃时，允许差值为 0.5℃；软化点高于或等于80℃时，允许差值为 1℃。否则检测重做。

小　结

防水材料是建筑工程中重要的功能材料之一。沥青材料及其制品是传统的建筑防水材料，通常适用于防水等级不高的防水工程。对于防水要求较高的工程一般使用高聚物改性沥青、合成高分子材料及其制品等新型防水材料。防水材料按形态可分为防水卷材、防水涂料等。

建筑工程中应用的沥青防水材料主要是石油沥青，石油沥青可划分为油分、树脂和沥青质三个主要组分，呈三种胶体结构，不同的组分及结构的沥青性能有所不同。石油沥青的技术性质主要包括黏性、塑性、温度稳定性（也称温度敏感性）、大气稳定性等。石油沥青根据针入度、延度和软化点指标划分为多种牌号。

沥青基防水制品主要有：沥青防水卷材（如石油沥青油纸、石油沥青纸胎油毡、石油沥青玻璃布胎油毡等）、沥青防水涂料（如冷底子油、玛瑞脂、水乳型沥青防水涂料等）。

聚合物改性沥青防水材料、合成高分子防水材料的低温弹性和塑性、高温稳定性和抗老化性均好，综合防水性能好。建筑工程中常用的高聚物改性沥青防水材料主要有：SBS 改性沥青防水卷材、APP 改性沥青防水卷材、再生橡胶沥青防水卷材，乳液型氯丁橡胶沥青防水涂料等。合成高分子防水材料主要有：三元乙丙橡胶防水卷材、PVC 防水卷材、氯化聚乙烯-橡胶共混防水卷材、聚氨酯防水涂料等。

应根据具体工程的结构特点、使用部位及环境条件要求，依据技术可行、经济合理的原则合理选用各种防水材料。

能力训练习题

1. 选择题（下列各题不一定只有一个正确答案，请把正确答案的题前字母填入括号内）

（1）石油沥青的针入度越大，则其黏滞性（　　）。

　　A. 越小　　　　　　B. 越大　　　　　　C. 不变　　　　　　D. 两者无关

（2）石油沥青的组分主要包括（　　）。

　　A. 油分　　　　　　B. 树脂　　　　　　C. 沥青质　　　　　D. 蜡

(3) 防水卷材根据其主要防水组成材料分为哪三类？（　　）
　　A. 沥青类防水卷材　　　　　　　　　B. 玻璃纤维类防水卷材
　　C. 改性沥青类防水卷材　　　　　　　D. 合成高分子类防水卷材

(4) 为避免夏季流淌，一般屋面用沥青材料的软化点要比本地区屋面最高温度高多少度？
（　　）
　　A. 10℃以上　　　　B. 20℃以上　　　　C. 15℃以上　　　　D. 30℃以上

(5) 石油沥青的牌号是根据下列哪些质量指标划分的？（　　）
　　A. 针入度　　　　　B. 延伸度　　　　　C. 软化点　　　　　D. 温度稳定性

(6) 对于 SBS 改性沥青防水卷材，下列哪个牌号及其以下品种可用作多层防水，该牌号以
上的品种可用作单层防水或多层防水的面层？（　　）
　　A. 55　　　　　　　B. 45　　　　　　　C. 35　　　　　　　D. 65

(7) 三元乙丙橡胶（EPDA）防水卷材属于哪类防水卷材？（　　）
　　A. 合成高分子　　　B. 沥青　　　　　　C. 高聚物改性沥青　D. PVC

(8) 沥青胶的标号主要根据下列哪项划分？（　　）
　　A. 黏结力　　　　　B. 耐热度　　　　　C. 柔韧性　　　　　D. 大气稳定性

(9) 同一品种的石油沥青，其牌号越高，则说明其（　　）。
　　A. 针入度越大　　　B. 流动性越大　　　C. 黏滞性越小　　　D. 黏滞性越大

(10) 石油沥青的黏滞性，对于液态和半固态（固态）分别用什么指标表示？（　　）
　　A. 针入度　　　　　B. 延伸度　　　　　C. 黏度　　　　　　D. 分层度

2. 判断题（对的打"√"，错的打"×"）

(1) 石油沥青的牌号越高，说明其针入度越大。　　　　　　　　　　　　　　　（　　）

(2) 石油沥青的软化点越低，则其温度敏感性越小。　　　　　　　　　　　　　（　　）

(3) 作为屋面防水材料，应选择软化点高于本地区最高温度20℃以上的沥青材料。（　　）

(4) 石油沥青的温度敏感性可用延伸度表示。　　　　　　　　　　　　　　　　（　　）

(5) 石油沥青的延伸度越大，其塑性越好。　　　　　　　　　　　　　　　　　（　　）

(6) SBS 防水卷材属于改性沥青防水卷材。　　　　　　　　　　　　　　　　　（　　）

3. 问答题

(1) 石油沥青有哪些主要技术性质？各用什么指标表示？

(2) 石油沥青的组分比例改变对沥青的性质有何影响？

(3) 石油沥青的牌号如何划分？牌号大小说明什么问题？

(4) 沥青为什么会发生老化？如何延缓其老化？

(5) 与传统的沥青防水卷材相比较，改性沥青防水卷材和合成高分子防水卷材有什么突出的
优点？

(6) 为满足防水要求，防水卷材应具有哪些技术性能？

(7) 试述防水涂料的特点。

4. 计算题

　　某防水工程需要石油沥青30t，要求软化点不低于80℃，现有60号和10号两种石油沥
青，测得它们的软化点分别为50℃和98℃，问这两种牌号的石油沥青如何进行掺配？

12 建筑装饰材料

>>> **教学目标**

通过本章学习，了解各种建筑装饰材料的定义、分类、作用，掌握建筑装饰材料的特点、主要技术性能及选用原则，并能根据环境条件及建筑工程的具体要求，合理选用装饰材料。

12.1 装饰材料的基本要求及选用

12.1.1 装饰材料的基本要求

建筑装饰材料也称装修材料。它是在建筑施工中结构工程、水、电、暖管道安装等基本完成后，在最后装修阶段所使用的各种起装饰作用的材料。

建筑装饰材料虽然品种繁多，但概括起来应该满足下列基本要求。

12.1.1.1 美化环境、装饰效果好

建筑物的外观艺术效果主要取决于建筑的形状、比例、尺寸、虚实对比及线条等的设计手法。但在建筑设计已经确定的条件下，建筑的室内、外的装饰艺术效果则主要通过装饰材料的光泽、质地、质感、线条、图案、花纹和色彩等来体现和美化建筑物。如高层建筑外墙面采用的玻璃幕墙和铝板幕墙装饰时，就会让人感到有一种光亮夺目、交相辉映的现代化的气息。而各种变化莫测、立体感极强的新型涂料会营造出一种从有限空间向无限空间延伸的感觉。而天然或人造石材则表现出凝重与质朴，给人以安定、可信赖之感。所以建筑装饰材料是建筑装饰工程的物质基础。

12.1.1.2 使用安全，绿色环保

随着人们对环境问题、能源问题及资源问题的普遍关注，人类更加注重"绿色住宅"和"健康住宅"的开发建设。"绿色住宅"除了考虑人们自身的需求外，更要尽量减少所用建筑材料对其造成的污染，使人们生活居住的环境真正成为安全、方便、美观、舒适的"健康住宅"。按照世界卫生组织的建议，健康住宅应能够使居住者在身体上、精神上和社会上的安全处于良好的状态，而其中最主要的指标就是对室内空气质量的要求，要求要尽可能的不使用有毒、有害的建筑装饰材料，避免因此产生的化学污染。我国在 2002 年 7 月 1 日起对室内装饰装修材料强制实行市场准入制度，即只有达到《室内装饰装修材料有害物质限量》的10 项标准才可进入市场。

12.1.1.3 保护建筑，耐久性好

建筑装饰材料除了要满足上述两项要求，还应对建筑物起到保护的作用，建筑物外墙受到大自然的风吹、日晒、雨淋、冰冻及腐蚀性气体及微生物的侵蚀作用，其耐久性会受到严重影响。建筑装饰材料对建筑物的保护作用，可提高建筑物的耐久性。对于室内地板、墙体使用的建筑装饰材料，同样也应具有对建筑物的保护作用，所以保护建筑，提高其耐久性也

是对建筑装饰材料提出的基本要求。

12.1.1.4　其它要求

建筑装饰材料除了应具有美化环境、装饰、保护建筑物的性能，还应具有多种功能，如轻质、高强、保温、隔热、隔声、耐久、价廉、使用方便等。例如现代建筑中采用的吸热或热反射玻璃幕墙，就可以对室内产生"冷房效应"，采用中空玻璃，就可起到绝热、隔声及防结露等作用。

12.1.2　建筑装饰材料的选用

选用建筑装饰材料时，首先应考虑其艺术性。要从材料的颜色、质感、花纹和图案等方面选择高雅、和谐、统一、有新意的艺术性强的装饰材料，从而准确地表达设计师的设计理念和意境，才能达到装饰美化的根本目的。其次，在选择建筑装饰材料时还应关注其技术性，即材料的强度、变形性能、老化、开裂及各种使用功能是否满足使用的要求。另外，建筑装饰材料的安全性更不能忽视，如甲醛释放的毒性、有机材料的可燃性、地面材料的抗滑性等。最后还应关注材料的经济性。总之，我们应该选择物美、价廉、多功能、无毒无味、绿色环保、持久耐用的建筑装饰材料，使我们真正实现"绿色住宅""健康住宅"的目标。

12.2　建筑装饰面砖

12.2.1　陶瓷类装饰面砖

凡用黏土及其它天然矿物原料，经配料、制坯、干燥、焙烧制得的成品，统称为陶瓷制品。建筑陶瓷是用于建筑物墙面、地面及卫生设备的陶瓷材料及制品。自古以来就作为建筑物的优良装饰材料之一。建筑陶瓷的特点：强度高、性能稳定、耐腐蚀性好、耐磨、防水、防火、易清洗以及装饰性好等，在建筑工程及装饰工程中应用十分普遍。

12.2.1.1　外墙面砖

镶嵌于建筑物外墙面上的片状陶瓷制品称为外墙面砖，它是采用品质均匀又耐火的黏土经压制成型后焙烧而成。外墙面砖有下列几种类型：表面不施釉的单色砖（又称墙面砖）；表面施釉的彩釉砖；表面既有彩釉又有凸起的花纹图案的立体彩釉砖（又称线砖）；表面施釉，并做成花岗岩花纹的称为仿花岗岩釉面砖等。面砖的背面均有肋纹，其目的是为了增强与基层墙面的黏结力。

外墙面砖特点：规格尺寸较多、颜色多样、强度较高、防潮、抗冻、耐用、不易污染和装饰效果好。外墙面砖的种类、规格见表 12-1。

表 12-1　外墙面砖的种类、规格及应用

类　别		一般规格/mm	特　点	用　途
名称	颜色及花纹			
表面无釉外墙面砖（又称单色砖）	有白、浅黄、深黄、红、绿等色	200×100×12 150×75×12 75×75×8	质地坚硬，吸水率不大于 8%，色调柔和，耐水，抗冻，经久耐用，防火，易清洗等	用于建筑物外墙的装饰及保护墙体
表面有釉外墙面砖（又称彩釉砖）	有粉红、蓝、绿、金砂釉，并有黄、绿等色	108×108×8 150×30×8		
立体彩釉砖（线砖）	表面有凸起线纹，并有釉，并有黄、绿等色	200×60×8 200×80×8		

类别		一般规格/mm³	特 点	用 途
名称	颜色及花纹			
仿花岗岩釉面砖	表面有花岗岩花纹,表面有釉	195×45 95×95 108×60 227×60	质地坚硬,吸水率不大于8%,色调柔和,耐水,抗冻,经久耐用,防火,易清洗等	用于建筑物外墙的装饰及保护墙体

12.2.1.2 内墙面砖

内墙面砖也称釉面砖、瓷砖、瓷片,是用于建筑物室内装饰的薄型精陶制品。它由多孔坯体和表面釉层两部分组成。表面釉层有结晶釉、花釉、有光釉等不同类别。按釉面颜色可分为单色(含白色)、花色和图案砖等。常用的规格:长×宽为108mm×108mm,152mm×152mm,200mm×200mm,200mm×300mm,300mm×300mm;厚度为5~10mm等。

釉面砖特点:色泽柔和典雅,朴实大方,热稳定性好,防潮、防火、耐酸碱,表面光滑易清洗。主要用于厨房、卫生间、浴室、实验室、医院等室内墙面、台面等。但不宜用于室外,因其多孔坯体层和表面釉层的吸水率、膨胀率相差较大,在室外受到日晒雨淋及温度变化时,易开裂或剥落。

釉面砖的主要种类及特点见表12-2。

表 12-2 内墙面砖的主要种类及特点

种 类		代 号	特 点
白色釉面砖		FJ	色纯白,釉面光亮,镶于墙面,清洁大方
彩色釉面砖	有光彩色釉面砖	YG	釉面光亮晶莹,色彩丰富雅致
	石光彩色釉面砖	SHG	釉面半无光,不晃眼,色泽一致,色调柔和
装饰釉面砖	花釉砖	HY	色釉相互渗透,花纹千姿百态,有良好装饰效果
	结晶釉砖	JJ	晶花辉映,纹理多姿
	斑纹釉砖	BW	斑纹釉面,丰富多彩
	大理石釉砖	LSH	具有天然大理石花纹,颜色丰富,美观大方
图案砖	白地图案砖	BT	系在白色釉面砖上装饰各种彩色图案经高温烧成,纹样清晰,色彩明朗,清洁优美
	色地图案砖	YGT D-YGT SHGT	系在有光(YG)或石光(SHG)色彩釉面砖上,装饰各种图案,经高温烧成,产生浮雕、缎光、绒毛、彩漆等效果,做内墙饰面,别具风格
瓷砖画及色釉陶瓷字	瓷砖画	—	以各种釉面砖拼成各种瓷砖画,或根据已有画稿烧成釉面砖拼成各种瓷砖画,清洁优美,永不褪色
	色釉陶瓷字	—	以各种色釉、瓷土烧制而成,色彩丰富,光亮美观,永不褪色

釉面内墙砖根据其外观质量分为优等品、一等品、合格品三个等级。各等级外观质量应符合 GB/T 4100—2006 规定,见表 12-3。

表 12-3 釉面内墙砖表面缺陷允许范围

缺陷名称	优 等 品	一 等 品	合 格 品
开裂、夹层、釉裂	不允许		
背面磕碰	深度为砖厚的1/2	不影响使用	
剥边、落脏、釉泡、斑点、坯粉釉缕、波纹、橘釉、缺釉、棕眼裂纹、图案缺陷、正面磕碰	距离砖面1m处目测无可见缺陷	距离砖面2m处目测缺陷不明显	距离砖面3m处目测缺陷不明显

12.2.1.3 墙地砖

墙地砖包括外墙用贴面砖和室内外地面铺贴用砖，因这类饰面砖通常是墙、地两用，因此称为墙地砖。

墙地砖是以优质陶土为主要原料，经半干压成型后于1100℃左右焙烧而成，分无釉（无光面砖）和有釉（彩釉砖）两种。该类砖特点：颜色繁多，表面质感多样，如平面、麻面、毛面、磨面、抛光面、纹点面、仿花岗石面、压花浮雕面、无光釉面、金属光泽面、防滑面及耐磨面等。且均可通过着色颜料制成各种色彩。主要品种如下。

（1）劈裂墙地砖

劈裂砖也称劈离砖或双合砖，是新开发的一种彩釉墙地砖。其特点是密度大，强度高，吸水率小、耐磨、抗冻，具有良好的装饰性和可清洗性。其品种有：平面砖，踏步砖，阳、阴角砖，彩色釉面砖及表面压花砖等。在平面砖中又有长方形、条形、双联条形和方形等。有各种颜色，外形美观，可按需要拼砌成多种图案来美化环境。因其表面不反光、无亮点、外观质感好，所以，适用于外墙面，可达到质朴、大方，具有石材的装饰效果。用于室内外地面、台面、踏步、广场及游泳池、浴池等处，因其表面具有黏土质的粗糙感，既防滑，又美观，装饰和使用效果均好。

（2）麻面砖

采用仿天然岩石的色彩配料，压制成表面凸凹不平的麻面坯体后经焙烧而成的饰面砖称为麻面砖。

麻面砖特点：砖的表面酷似经人工修凿过的天然岩石，纹理自然，有白、黄等多种色调。该类砖的抗折强度大于20MPa，吸水率小于1％，防滑、耐磨。薄型砖适用于外墙饰面，厚型砖适用于广场、停车场、人行道等地面铺设。

（3）彩胎砖

彩胎砖是一种本色无釉瓷质饰面砖，富有天然花岗石的纹点，纹点细腻，色调柔和莹润，质朴高雅。主要规格有200mm×200mm、300mm×300mm、400mm×400mm、500mm×500mm、600mm×600mm等，最大规格为600mm×900mm，最小为95mm×95mm。

彩胎砖特点：表面有平面和浮雕两种，又有无光、磨光、抛光之分，吸水率小于1％，抗折强度大于27MPa，耐磨性和耐久性好。可用于住宅厅堂的墙、地面装饰，特别适用于人流量大的商场、剧院、宾馆等公共场所的地面铺贴。

墙地砖具有强度高、耐磨、化学稳定性好、易清洗、吸水率低、不燃、耐久等特点。按墙地砖的有关标准规定，其物理力学性能应满足表12-4的要求。

表 12-4 墙地砖的物理力学性能

项目	吸水率/%	耐急冷急热性	抗冻性	弯曲强度平均值/MPa
技术要求	≤10	经3次急冷急热循环不出现炸裂或裂纹	经20次冻融循环不出现破裂、剥落或裂纹	≥24.5

12.2.1.4 陶瓷锦砖

陶瓷锦砖也称马赛克（Mosaic），是由边长不大于95mm、表面积不大于55cm^2、具有各种颜色、多种几何形状的小块瓷片铺贴在牛皮纸上形成的陶瓷制品（也称纸皮砖）。产品出厂前已按各种图案粘贴好。每张（联）牛皮纸制品面积约为0.093m^2，质量约为0.65kg，每40联为一箱，每箱可铺贴面积约3.7m^2。

　　陶瓷锦砖分为有釉和无釉两类，目前各地产品多是无釉的。按砖联分为单色、拼花两种。陶瓷锦砖特点：质地坚实，经久耐用，色泽明净，抗压强度高、耐酸、耐碱、耐火、耐磨，吸水率小，不渗水，易清洗，热稳定性好且价格较低。

　　陶瓷锦砖适用于室内地面装饰，如浴室、厨房、餐厅、化验室、门厅、走廊等地面。也可用作内、外墙饰面，并可镶拼成风景名胜和花鸟动物图案的壁画，形成别具风格的锦砖壁画艺术，其装饰性和艺术性均较好，还可增强建筑物的耐久性。

12.2.2　玻璃类装饰砖

12.2.2.1　玻璃锦砖

　　以边长不超过 45mm 的各种颜色和形状的玻璃质小块预先粘贴在纸上而构成的装饰材料，称为玻璃锦砖，也称玻璃马赛克或玻璃纸皮砖（石）。

　　玻璃锦砖规格：一般每片尺寸为 20mm×20mm，每块（张）纸皮石尺寸为 32.7cm×32.7cm，每箱装 40 块，可铺贴 4.2m²，毛重约 27kg。另外，还有 25mm×25mm×4mm 和 30mm×30mm×4mm 等规格。

　　根据《玻璃马赛克》（GB/T 7697—1996）规定，其物理化学性能见表 12-5。

表 12-5　玻璃马赛克的物理化学性能

试验项目	玻璃马赛克与铺贴纸粘接牢固度	脱纸时间	热稳定性	化学稳定性
条件	直立平放法 卷曲摊平法	水浸	90℃（30min），18～25℃(10min)循环 5 次	1mol/L 盐酸溶液,100℃,4h; 1mol/L 硫酸溶液,100℃,4h; 1mol/L 氢氧化钠溶液,100℃,4h; 蒸馏水,100℃,4h
指标	均无脱落	5min 时,无单块脱落；40min 时,有 70%以上的单块脱落	全部试样均无裂纹、破损	质量变化率：K≥99.90,且外观无变化；K≥99.93,且外观无变化；K≥99.88,且外观无变化；K≥99.96,且外观无变化

　　玻璃锦砖特点：颜色多样、色彩绚丽、色泽柔和、不退色，表面光滑、不吸水、不吸尘、雨水自涤，化学稳定性及冷、热稳定性好，与水泥砂浆黏结性好，施工方便。适用于各类建筑的外墙饰面及壁画装饰等。

12.2.2.2　玻璃砖

　　玻璃砖有空心砖和实心砖两种。实心玻璃砖是用机械压制方法制成的。空心玻璃砖是采用箱式模具压制而成的两块玻璃加热熔接成整体的空心砖，其空腔内充以干燥空气，经退火，最后涂饰侧面而制成。空心玻璃砖有单腔和双腔两种。按形状分，有正方形、矩形以及各种异型产品。按尺寸分，一般有 115mm、145mm、240mm、300mm 等规格。按颜色分，有玻璃本身着色的，有侧面涂色的及在内侧面用透明着色材料涂饰的等产品。

　　玻璃砖特点：强度高、绝热、隔声、透明度高、耐水、耐火、控光及防结露等。玻璃砖适用于砌筑透光的墙壁、建筑物的非承重内外隔墙、淋浴隔断、门厅、通道等。特别适用于高级建筑、体育馆、图书馆，写字楼、宾馆、饭店、别墅等用作控制透光、眩光的场所及一些外墙装饰。

12.2.3　地面用装饰砖

　　铺贴地面的装饰砖主要有墙地砖（见本章 12.2.1.3）和地面砖。

　　用塑性较大且难熔黏土经压制成型后焙烧而成的板状陶瓷材料称为地面砖，有红、黄、蓝、绿等色。地面砖的特点：质坚、耐磨、强度高、吸水率低、易清洗等，一般适用于室外平台、阳台、浴室、厕所、厨房以及人流量大的通道、站台、商店等地面装饰。其规格和性能见表12-6。

表 12-6　地面砖的花色品种、性能、特点及规格

花色品种	性能要求	应 用	规格(长×宽×厚)/mm³
地砖花色有红、白、浅黄、深黄等色； 分方形、长方形、六角形三种，并有带釉及不带釉两类； 红地砖多不带釉，其它有带釉的，有不带釉的	红地砖吸水率≤8%，其它各色地砖≤4%；冲击强度 6～8 次以上；地砖色调均匀，砖面平整，施工方便，装饰效果好	一般适用于室外台阶、地面及室内门厅、厨房、浴厕等处地面	150×75×13 150×150×13 150×150×15 150×150×20 100×100×10 六角： 115×100×10 200×100×13
玻化石有纯色系列、梦幻彩系、聚晶系列、麻点系列、特种系列、宇宙系列	吸水率<0.1%，莫氏硬度达到75级，耐磨性较好，强度高且耐酸、碱，地砖色调均匀，砖面平整，施工方便，装饰效果好	一般适用于门厅、厨房、走廊等处地面	300×300 400×400 600×600 300×600
宇宙石系列			300×300 300×600
地砖花色有化石砖、意大利仿洞石砖、仿古休闲砖、艺术砖、木纹砖等系列	吸水率≤(0.1%～1%)，抗酸、耐碱，地砖色调均匀，砖面平整，施工方便，装饰效果好	适用于客厅、走道、会议厅、卧室、浴室、厨房、咖啡厅、餐厅等处地面	330×30 165×330 165×165 80×333 108×108 200×500 666×666
地砖花色有亚光纯色艺术地砖、超硬度釉面地砖、复古地砖等系列	吸水率<3%，抗冻性、耐急冷急热性好，地砖色调均匀，砖面平整，施工方便，装饰效果好	适用于客厅、走道、会议厅、餐厅等处地面	300×300

铺地陶瓷类产品已向大尺寸、多功能、豪华型发展，如已有边长达 300～600mm 的大规格地板砖（已接近铺地石材的常用规格），并有仿石型地砖、防滑型地砖、玻化地砖等不同装饰效果的陶瓷铺地砖。

12.3　金属材料类装饰板材

金属材料类装饰板材以它特有的装饰性、质感及优良的物理、力学性能成为重要的装饰板材之一。金属材料中，作为装饰应用最多的主要有铝材（铝合金），如铝合金门、窗、百叶窗帘及装饰板等。近年来，不锈钢板材也得到较广泛的应用。由于防蚀技术的不断发展，各种普通钢材的应用也逐渐增加。

金属装饰材料的主要形式为各种板材，如花纹板、波纹板、压型板、冲孔板等。其中波纹板可增加强度，降低板材厚度，并具有其特殊形状风格。冲孔板主要为增加其吸声性能，大多用作顶棚装饰。

金属饰面板是建筑装饰中的中高档装饰材料，主要用于墙面的点缀，柱面的装饰。由于金属装饰板易于成型，能满足造型方面的要求，同时具有防火、耐磨、耐腐蚀等一系列优

点，因此，在现代建筑装饰中，金属装饰板以独特的金属质感、丰富多变的色彩与图案、美满的造型而获得广泛应用。

12.3.1 铝合金装饰板材

铝合金装饰板材特点：价格便宜、加工方便、易于成型、色彩丰富、质量轻、刚度好、耐蚀性好、经久耐用等。

适用于饭店、商场、体育馆、办公楼、高级宾馆等建筑的墙面和屋面装饰。建筑中常用的铝合金装饰板材主要有如下几种。

12.3.1.1 铝合金花纹板

采用防锈铝合金坯料，用特殊的花纹轧辊轧制而成的铝合金装饰板材称为铝合金花纹板。其特点：花纹美观大方、不易磨损、筋高适中、防滑性好、防腐蚀性能强、便于冲洗、色彩美丽、板材平整、裁剪尺寸精确、便于安装等。适用于现代建筑的墙面装饰以及楼梯踏板等处。

铝合金浅花纹板是优良的建筑装饰材料之一，它的花纹精巧别致，色泽美观大方，除具有普通铝合金共有的优点外，刚度提高 20%，抗污垢、抗划伤、抗擦伤能力均有所提高，它是我国所特有的建筑装饰产品。

铝合金浅花纹板对白光反射率达 75%～90%，热反射率达 85%～95%。在氨、硫、硫酸、磷酸、亚磷酸、浓硝酸、浓醋酸中耐腐蚀性良好。通过电解、电泳涂漆等表面处理，可以得到不同色彩的浅花纹板。

12.3.1.2 铝合金压型板

铝合金压型板特点：质量轻、外形美、耐腐蚀、经久耐用、安装容易，经表面处理可得各种优美的色彩，是目前广泛应用的一种新型建筑装饰材料，主要用作墙面和屋面。该板也可作复合外墙板，用于一般建筑工程的非承重外挂板。

12.3.1.3 铝合金冲孔平板

铝合金冲孔平板是用各种铝合金平板经机械冲孔而成。孔型根据需要有圆孔、方孔、长圆孔、长方孔、三角孔、大小组合孔等，这是近年来开发的一种降低噪声并兼有装饰作用的新产品。

铝合金冲孔平板特点：材质轻、耐高温、耐高压、耐腐蚀、防火、防潮、防震、化学稳定性好、造型美观、色泽幽雅、立体感强、装饰效果好、组装简单等。

适用于宾馆、饭店、剧场、影院、播音室等公共建筑和中、高级民用建筑以改善音质条件，也可作为降噪声措施用于各类车间厂房、机房、人防地下室等。

12.3.2 装饰用钢板

装饰用钢板有：不锈钢钢板、彩色不锈钢钢板、彩色涂层钢板、彩色压型钢板等。

12.3.2.1 不锈钢钢板

装饰用不锈钢钢板主要是厚度小于 4mm 的薄板，厚度小于 2mm 的板材用量最多。有平面钢板和凹凸钢板两类。前者通常是经研磨、抛光等工序制成，后者是在正常的研磨、抛光之后再经辊压、雕刻、特殊研磨等工序而制成。不锈钢钢板根据表面色泽程度分为镜面板（板面反射率＞90%）、有光板（反射率＞70%）、亚光板（反射率＜50%）三类。凹凸板也有浮雕花纹板、浅浮雕花纹板和网纹板三类。

（1）镜面不锈钢钢板

镜面不锈钢钢板光亮如镜，其反射率、变形率均与高级镜面相似，与玻璃镜有不同的装饰效果。该板特点：耐火、耐潮、耐腐蚀，不会变形和破碎，安装施工方便等。主要用于高级宾馆、饭店、舞厅、会议厅、展览馆、影剧院的墙面、柱面、造型面，以及门面、门厅的装饰。

常用镜面不锈钢钢板规格有：1220mm×2440mm×0.8mm，1220mm×2440mm×1.0mm，1220mm×2440mm×1.2mm，1220mm×2440mm×1.5mm 等。

（2）亚光不锈钢钢板

不锈钢钢板表面反光率在 50% 以下者称为亚光板，其光线柔和，不刺眼，在室内装饰中有一种很柔和的艺术效果。亚光不锈钢钢板根据反射率不同，又分为多种级别。通常使用的钢板，反射率 24%～28%，最低的反射率为 8%，比墙面壁纸反射率略高一点。

（3）浮雕不锈钢钢板

浮雕不锈钢钢板表面不仅具有光泽，而且还有立体感的浮雕装饰。它是经辊压、特研特磨、腐蚀或雕刻而成。一般腐蚀雕刻深度为 0.015～0.5mm，钢板在腐蚀雕刻前，必须先经过正常研磨和抛光，比较费工，所以价格较高。

由于不锈钢的高反射性及金属质地的强烈时代感，与周围环境中的各种色彩、景物交相辉映，对空间效应起到了强化、点缀和烘托的作用。

12.3.2.2　彩色不锈钢钢板

彩色不锈钢钢板是在不锈钢钢板上再进行技术性和艺术性加工，使其成为各种色彩绚丽的装饰板材，其颜色有蓝、灰、紫、红、青、绿、金黄、茶色等。彩色不锈钢钢板特点：抗腐蚀性较好、力学性能较高、耐磨、耐高温（200℃）、彩色层面经久不褪色等，色泽还可随光照角度不同会产生色调变幻，增强了装饰效果。常用作厅堂墙板、顶棚、电梯厢板、外墙饰面等。

12.3.2.3　彩色涂层钢板

为提高普通钢板的耐腐蚀性和装饰效果，近年来我国发展了各种彩色涂层钢板。钢板的涂层可分为有机、无机和复合涂层三大类，以有机涂层钢板发展最快。有机涂层可以配制成不同的颜色和花纹，因此称为彩色涂层钢板。这种钢板的原板通常为热轧钢板和镀锌钢板，常用的有机涂层为聚氯乙烯，此外还有聚丙烯酸酯、环氧树脂、醇酸树脂等。涂层与钢板的结合有涂布法和贴膜法两种。

彩色涂层钢板特点：耐污染性强，洗涤后表面光泽、色差不变，热稳定性好，装饰效果好，耐久、易加工及施工方便等。可用作外墙板、壁板、屋面板等。

12.3.2.4　彩色压型钢板

以镀锌钢板为基材，经成型轧制，并敷以各种耐腐蚀涂层与彩色烤漆而制成的装饰板材称为彩色压型钢板。其特点及用途与彩色涂层钢板相同。

不锈钢装饰，是近几年来较流行的一种建筑装饰方法，它已经从高档宾馆、大型百货商场、银行、证券公司、营业厅等高档场所的装饰，走向了中小型商店、娱乐场所的普通装饰中，从以前的柱面、橱窗、边框的装饰走向了更为细部的装饰，如大理石墙面、木装修墙面的分隔、灯箱的边框装饰等。

12.4　有机材料类装饰板材

12.4.1　聚氯乙烯塑料装饰板

聚氯乙烯塑料装饰板是以聚氯乙烯树脂为基料，加入稳定剂、增塑剂、填料、着色剂及润滑剂等，经捏和、混炼、拉片、切粒、挤压或压铸而成的板材，称为聚氯乙烯塑料装饰板。根据配料中是否掺加增塑剂，产品分为软、硬两种。

硬聚氯乙烯塑料特点：机械强度较高，化学稳定性、介电性良好，耐用性和抗老化性好，并易熔接及粘接。但使用温度低（60℃以下），线胀系数大，成型加工性差。

软聚氯乙烯特点：质地柔软，耐摩擦和挠曲，弹性好，吸水性低，易加工成型，耐寒性以及化学稳定性强。破裂时延伸率较高，其抗弯强度及冲击韧性均较硬聚氯乙烯低，使用温度在-15~55℃之间。

聚氯乙烯塑料装饰板的物理力学指标见表12-7，其规格及技术性能见表12-8。

表 12-7　聚氯乙烯塑料装饰板的物理力学性能

物理力学性能	指　标	物理力学性能	指　标
比密度/(g/cm³)	1.6~1.8	吸水性(20℃,24h)/%	≤0.1
抗拉强度/MPa	>16.92	燃烧性	难燃自熄
布氏硬度/(N/mm²)	>2.0	热收缩性(60℃,24h)	≤0.5

表 12-8　聚氯乙烯塑料装饰板的规格及技术性能

名　　称	规格(长×宽×厚)/mm³	技　术　性　能	
聚氯乙烯塑料装饰板	(1600~1700)×(800~840)×2 花色:浅黄色	抗拉强度/MPa	30
		抗弯强度/MPa	60
聚氯乙烯装饰硬板	1600×700×(2~60)	密度/(g/cm³)	1.35~1.6
		抗拉强度/MPa	≥50
		抗弯强度/MPa	≥90
		缺口冲击强度/(J/cm²)	≥30
		耐热(马丁)/℃	≥50

聚氯乙烯塑料装饰板适用于各种建筑物的室内墙面、柱面、吊顶、家具台面的装饰和铺设，主要作为装饰和防腐蚀之用。

12.4.2　塑料贴面装饰板

以酚醛树脂的纸质压层为基胎，表面用三聚氰胺树脂浸渍过的花纹纸为面层，经热压制成的一种装饰贴面材料，称为塑料贴面装饰板（简称塑料贴面板）。有镜面型和柔光型两种，它们均可覆盖于各种基材上。其厚度为0.8~1.0mm，幅面为（920~1230）mm×（1880~2450）mm。

塑料贴面板特点：图案、色调丰富多彩，耐磨、耐湿、耐烫、不易燃、平滑光亮、易清洗、装饰效果好等。适用于室内、车船、飞机及家具等的表面装饰。

12.4.3　覆塑装饰板

以塑料贴面板或塑料薄膜为面层，以胶合板、纤维板、刨花板等板材为基层，采用胶合剂热压而成的一种装饰板材称为覆塑装饰板。用胶合板作基层叫覆塑胶合板，用中密度纤维板作基层的叫覆塑中密度纤维板，用刨花板为基层的叫覆塑刨花板。

覆塑装饰板特点：质感强、美观、装饰效果好，并具有耐磨、耐烫、不变形、不开裂、易于清洗等优点。适用于汽车、火车、船舶、高级建筑的装修及家具、仪表、电器设备的外壳装修。

覆塑装饰板的产品有以下一些规格：915mm×1830mm×（3～35）mm；1220mm×1835mm×（3～35）mm；915mm×1830mm×（5～6）mm；1220mm×1835mm×（5～6）mm 等。

12.4.4 防火板

防火板是用三层三聚氰胺树脂浸渍纸和十层酚醛树脂浸渍纸，经高温热压而成的热固性层积塑料。

它是一种用于贴面的硬质薄板，具有耐磨、耐热、耐寒、耐溶剂、耐污染和耐腐蚀等优点。其质地牢固，使用寿命比油漆、蜡光等涂料长久得多，尤其是板面平整、光滑、洁净，有各种花纹图案，色调丰富多彩，表面硬度大，并易于清洗，是一种较好的防尘材料。

防火板特点：花色品种多，既有各种柔和、鲜艳的彩色饰面板，又有各种名贵树种纹理、大理石、花岗岩纹理的饰面板。防火板的表面分光洁面和亚光面两类，适用于各种环境下的装饰。国产防火板较脆，搬运和加工过程中，边缘易脆裂损伤，损伤处难以修补，因此在搬运和施工过程中要加以保护。

该板可粘贴于木材面、木墙裙、木格栅等木质基层的表面，还可用于餐桌、茶几、酒吧柜和各种家具的表面、柱面、吊顶局部等部位的表面。防火板一般用作装饰面板，粘贴在胶合板、刨花板、纤维板、细木工板等基层上，该板饰面效果较为高雅，色彩均匀，效果较好，属于中高档饰面材料。

12.4.5 有机玻璃板

有机玻璃板是一种具有极好透光度的热塑性塑料，是以甲基丙烯酸甲酯为主要基料，加入引发剂、增塑剂等聚合而成。

有机玻璃特点：透光性极好，可透过光线的99%，并能透过紫外线的73.5%，机械强度较高，耐热性、抗寒性及耐候性都较好，耐腐蚀性及绝缘性良好，在一定条件下，尺寸稳定、容易加工。但质地较脆，易溶于有机溶剂，表面硬度不大，易擦毛等。

有机玻璃在建筑上主要用作室内高级装饰材料及特殊的吸顶灯具，或室内隔断及透明防护材料等。有机玻璃有无色、有色透明有机玻璃和各色珠光有机玻璃等品种。

无色透明有机玻璃板除具有有机玻璃的一般特性外，还具有一些主要特点：透光度极高，可透过光线的99%，并透过紫外线的73.3%，主要用于建筑工程的门窗、玻璃指示灯罩及装饰灯罩、透明壁板、隔断等。

有色有机玻璃板分为透明有色、半透明有色和不透明有色三大类。它主要用作装饰材料及宣传牌等。

珠光有机玻璃板，是在甲基丙烯酸甲酯单体中加入合成鱼鳞粉，并配以各种颜料，经浇注聚合而成。主要用作装饰板材及宣传牌。

12.5 无机材料类装饰板材

12.5.1 天然石材饰面板

天然石材饰面板主要有花岗岩饰面板及大理石饰面板。

12.5.1.1 花岗岩饰面板

花岗岩质地坚实、强度高、耐酸、耐碱、耐风化、装饰性好、但加工困难、价格较高。

根据用途及加工方法，花岗岩板材分为剁斧板材、机刨板材和磨光板材。花岗岩饰面板的外观质量要求见表12-9。

表 12-9 花岗岩饰面板的外观质量要求

缺陷	规 定 内 容	优等品	一等品	合格品
缺棱	长度不大于 10mm（长度＜5mm 不计），周边 1m 长/个	不允许	1	2
缺角	面积不大于 5mm×2mm（面积小于 2mm×2mm 不计），每块板/个			
裂纹	长度不大于两端顺延及板边总长度的 1/10（长度＜20mm 不计），每块板/条			
色斑	面积不大于 20mm×30mm（面积小于 15mm×15mm 不计），每块板/个			
色线	长度不大于两端顺延至板边总长度的 1/10（长度＜40mm 不计），每块板/条		2	3
坑窝	粗面板材的正面出现坑窝		不明显	出现，但不影响

12.5.1.2 大理石饰面板

将天然大理石荒料经锯切、研磨、抛光等加工后就制成大理石板材。装饰大理石多为镜面板材（大理石饰面板）。按板材形状分为普形板材（N）和异形板材（S）两种。《天然大理石建筑板材》（GB/T 19766—2005）规定，按板材的规格尺寸允许偏差、平面度、角度允许极限公差，外观质量及镜面光泽度分为优等品（A）、一等品（B）、合格品（C），并规定同一批板材的花纹色调应基本调和，板材正面的外观缺陷、光泽度应满足表12-10要求。

表 12-10 天然大理石建筑板材的外观质量要求

缺 陷	优等品（A）	一等品（B）	合格品（C）
翘曲	不允许	不明显	有，但不影响使用
裂纹			
砂眼			
凹陷			
色斑			
污点			
正面棱缺陷长不大于 8mm，宽不大于 3mm			1 处

此外，大理石的表观密度不应小于 2.60g/cm³，吸水率应不大于 0.75%，干燥抗压强度应不小于 20.0MPa，抗弯强度应不小于 7.0MPa。

大理石饰面板主要用于大型建筑或要求装饰等级高的建筑，如商店、宾馆、酒店、会议厅等的室内墙面、柱台、台面及地面的装修。大理石的耐磨性较差，所以在人流较多的场所不宜作为地面饰材。

12.5.2 人造石材饰面板

12.5.2.1 装饰石膏板

以建筑石膏为主要原料，掺入适量纤维增强材料和外加剂，与水一起搅拌成均匀的料浆，注入带有花纹的硬质模具内成型，再经硬化干燥而成的无护面纸的装饰板材，称为装饰石膏板。

装饰石膏板的品种很多，根据功能可分为：高效防水吸声装饰石膏板；普通吸声装饰石膏板；吸声石膏板。

装饰石膏板主要技术性能见表 12-11。

表 12-11 装饰石膏板主要技术性能

技 术 性 能	技 术 指 标	技 术 性 能	技 术 指 标
容积密度/(kg/cm³)	750~870	防水性能(24h吸水率)/%	<2.5(高效防水板)
断裂荷载/N	200	吸声系数(驻波管测试)：	
挠度（相对湿度 95%，跨距 580mm)/mm	1.0	频率 250Hz 频率 500Hz	0.08~0.14 0.65~0.80
软化系数	>0.72	频率 1000Hz	0.30~0.50
热导率/[W/(m·K)]	<0.174	频率 2000Hz	0.34

装饰石膏板的主要形状为正方形，其棱边形状有直角形和 45°倒角形，两种板的常用规格有四种：300mm×300mm×8mm，400mm×400mm×8mm，500mm×500mm×10mm，600mm×600mm×10mm。

装饰石膏板特点：轻质、强度较高、绝热、吸声、防火、阻燃、抗震、耐老化、变形小、能调节室内湿度、加工性能好（可进行锯、刨、钉、粘贴等加工，施工方便，工效高）。颜色洁白、质地细腻、图案花纹多样、浮雕造型立体感强，适用于室内装饰，给人以赏心悦目之感。普通吸声装饰石膏板适用于宾馆、礼堂、会议室、招待所、医院、候机室、候车室等作吊顶或平顶装饰用板材，以及安装在这些室内四周墙壁上部，也可用作民用住宅、车厢、轮船房间等室内顶棚和墙面装饰。

高效防水吸声装饰石膏板主要用于对装饰和吸声有一定要求的建筑物室内顶棚和墙面装饰，特别适用于环境湿度大于 70%的工矿车间、地下建筑、人防工程及对防水有特殊要求的建筑工程。

吸声石膏板适用于各种音响效果要求较高的场所，如影剧院、电教馆、播音室等的顶棚和墙面，可同时起消声和装饰作用。

12.5.2.2 嵌装式装饰石膏板

板材背面四周加厚并带有嵌装企口的无护面纸的石膏板称为嵌装式装饰石膏板。嵌装式装饰石膏板有装饰板和吸声板两种。

嵌装式装饰石膏板为正方形，其棱边断面形式有直角形和倒角形（一般为 45°）两种。嵌装式装饰石膏板的装饰功能主要是由其表面具有各种不同的凹凸图案和一定深度的浮雕花纹所形成，并带有各种绚丽的色彩，不论从其立面造型，还是平面布置欣赏，其装饰效果均好。若图案、色泽选择得当，搭配相宜，则装饰效果更显得大方、美观、新颖、别致，特别适用于影剧院、会议中心、大礼堂及展览厅等人流比较集中的公共场所。

嵌装式装饰石膏板还可与轻钢暗式系列龙骨配套使用，组成新型隐藏式装配吊顶体系，即这种吊顶工程施工时，采用板材企口暗缝咬接法安装。

12.6 建 筑 玻 璃

玻璃是一种重要的建筑材料，玻璃用于建筑使人类的居住环境有了极大的改善。它除了透光、透视、隔声、绝热外，还有艺术装饰作用。特种玻璃还具有防辐射、防爆等特殊用途。此外，玻璃还可制成各种玻璃空心砖及泡沫玻璃等作为轻质建筑材料以满足隔声、隔热、保温等方面的特殊要求。现代建筑中越来越多地采用玻璃门窗和玻璃制品、构件，以达到控光、控温、节能、防噪以及美化环境等多种目的。因此，建筑中使用的玻璃制品种类很多，其中最主要的有普通平板玻璃、压花玻璃、钢化玻璃、磨砂玻璃、彩色玻璃等。

12.6.1 平板玻璃

12.6.1.1 普通平板玻璃

普通平板玻璃是未经加工的钠钙玻璃类平板。其透光率为 85%～90%，也称单光玻璃、净片玻璃、窗玻璃，简称玻璃。它是平板玻璃中产量最大、使用量最多的一种，也是进一步加工成技术玻璃及玻璃制品的基础材料。它主要用于门、窗，起透光、保温、隔音、挡风雨等作用。

（1）平板玻璃的分类、规格与等级

普通平板玻璃的成形均采用机械拉制的方法，常用的有垂直引拉法和浮法两种。垂直引拉法是我国生产玻璃的传统方法，它是将红热的玻璃液通过槽转向上引拉成玻璃带，再经急冷而成。此法的主要缺点是产品易产生波纹和波筋。浮法是现代玻璃生产最常用、最先进的一种方法，生产过程是在锡槽中完成的。高温玻璃液通过溢流口流到锡液表面上，在重力及表面张力的作用下，玻璃液摊成玻璃带，向锡槽尾部拉上，经抛光、拉薄、硬化和冷却后退火而成。此法特点：产量高、产品规格大、品种多、质量好。此法是目前世界上生产平板玻璃最先进的方法。根据国家标准《平板玻璃》(GB 11614—2009) 的规定，按玻璃的厚度可分为以下几种规格：引拉法玻璃分为 2mm、3mm、4mm、5mm、6mm 五种；浮法玻璃分为 3mm、4mm、5mm、6mm、8mm、10mm、12mm 七种。

根据国家标准，引拉法玻璃、浮法玻璃的透光率要求应符合表 12-12 的要求。

表 12-12 引拉法玻璃、浮法玻璃的透光率

玻璃品种	引拉法玻璃				浮法玻璃						
玻璃厚度/mm	2	3	4	5	3	4	5	6	8	10	12
透光率/%	≥88	≥87	≥86	≥84	≥87	≥86	≥84	≥83	≥80	≥78	≥75

按其各自外观质量划分为优等品、一等品、合格品三个等级，各等级的外观质量应分别满足表 12-13、表 12-14 的要求，且玻璃不允许有裂口存在。

表 12-13 普通平板玻璃的外观质量要求

缺 陷	说 明	优 等 品	一 等 品	合 格 品
波筋（包括波纹辊子花）	不产生变形的最大入射角	60°	45° 50mm 边部，30°	30° 100mm 边部，0°
气泡	长度大于 1mm 以下的	集中的不许有		不限
	长度大于 1mm 的每 1m² 允许个数	≤6mm，6	≤8mm，8 >8～10mm，2	≤10mm，12 >10～20mm，2 >20～25mm，1
划伤	宽≤0.1mm 的 1m² 允许条数	长≤50mm，3	长≤100mm，5	不限
	宽>0.1mm 的 1m² 允许条数	不许有	宽≤0.4mm， 长<100mm， 1	宽≤0.5mm， 长<100mm， 3

续表

缺 陷	说 明	优 等 品	一 等 品	合 格 品
砂粒	非破坏性的,直径 0.5～2mm,每 1m² 允许个数	不许有	3	8
疙瘩	非破坏性的疙瘩波及范围,直径不大于 3mm,每 1m² 允许个数	不许有	1	3
线道	正面可以看到的每片玻璃允许个数	不许有	30mm 边部,宽≤0.5mm,1	宽≤0.5mm,2
麻点	表面呈现的集中麻点	不许有	不许有	每 1m² 不大于 3 处
	稀疏的麻点,每 1m² 允许个数	10	15	30

注:1. 集中气泡、麻点是指 100mm 直径圆面积内超过 6 个。

2. 砂粒的延续部分,入射角 0°能看出的当线道论。

表 12-14　浮法玻璃的外观质量要求

缺 陷	说 明	优 等 品	一 等 品	合 格 品
光学变形	光入射角	厚 3mm,55° 厚≥4mm,60°	厚 3mm,50° 厚≥4mm,55°	厚 3mm,40° 厚≥4mm,45°
气泡	长度 0.5～1mm,每 1m² 允许个数	3	5	10
	长度>1mm,每 1m² 允许个数	长 1～1.5mm,2		长 1～1.5mm,4 长>1.5～5mm,2
夹杂物	长度 0.3～1mm,每 1m² 允许个数	1	2	3
	长度>1mm,每 1m² 允许个数	长>1～1.5mm,50mm 边部,1	长>1～1.5mm,1	长>1～2mm,1
划伤	宽≤0.1mm 的 1m² 允许条数	长≤50mm,1	长≤50mm,2	长≤100mm,6
	宽>0.1mm 的 1m² 允许条数	不允许	宽 0.1～0.5mm,长≤50mm,1	宽 0.1～1mm,长≤100mm,3
线道	正面可以看到的,每片玻璃允许条数	不许有	50mm 边部,1	2
雾斑(沾锡、麻点与光畸变点)	表面擦不掉的点状或条纹斑点,每 1m² 允许个数	肉眼看不出		斑点状,直径≤2mm,4 个条纹状,宽≤2mm,长≤50mm,2 条

平板玻璃产品为矩形体,按标准规定,引拉法生产的玻璃其长宽比不得大于 2.5,其中厚度 2mm、3mm 的玻璃尺寸不得小于 400mm×300mm,厚度 4mm、5mm 的玻璃不得小于 600mm×400mm。浮法玻璃尺寸一般不小于 1000mm×1200mm,但也不大于 2500mm×3000mm。

(2) 平板玻璃的基本性质与应用

① 密度　玻璃的密度与其化学组成有关,常用的建筑玻璃密度为 2.50～3.60g/cm³。

② 光学性质　玻璃具有优良的光学性能,是各种材料中唯一能利用透光性来控制和隔断空间的材料,所以它广泛应用于建筑采光和装饰部位。平板玻璃在透过光线时,玻璃表面要发生光的反射,玻璃内部对光线产生吸收,从而使透过光线的强度降低,平板玻璃的透光率可按下式计算:

透光率＝(光线透过玻璃后的光通量/光线透过玻璃前的光通量)×100%

③ 热学性质　玻璃是热的不良导体,其热导率的高低与化学组成有关。普通玻璃的热

导率为 $0.75\sim0.92W/(m\cdot K)$，所以玻璃能够较好地承担保温隔热的作用。

此外，玻璃的弹性模量很高，一旦其表面经受温度骤变，就会在其内部与表面产生很高的温度应力，很容易导致玻璃的损坏，因此，玻璃的热稳定性很差。

④ 力学性质　玻璃的强度与其化学组成、表面处理、缺陷及其形状有关。普通玻璃的抗压强度为 $60\sim120MPa$，是石材的 $10\sim20$ 倍。玻璃还具有较高的硬度、耐划性及耐磨性，可长期使用而不会失去透明性。

⑤ 化学稳定性　常见的硅酸盐类玻璃，可抵抗除氢氟酸、磷酸外其它酸类的侵蚀，但其耐碱性较差，长期受碱液侵蚀时，玻璃中的二氧化硅会溶于碱液，使玻璃受到侵蚀。

⑥ 应用　普通平板玻璃大部分直接用于房屋建筑及装修，一部分加工成钢化、夹层和中空等玻璃，少量用作工艺玻璃。一般建筑采用的多为 3mm 厚的普通平板玻璃，用作玻璃幕墙、采光屋面及商店橱窗等的玻璃一般采用 5mm 或 6mm 的钢化玻璃，公共建筑的大门常采用 8mm 以上的钢化玻璃。

（3）储运、保管

平板玻璃属于易碎品，在运输和储存时，必须箱盖向上，垂直立放，入库或入棚保管，注意防雨防潮。

12.6.1.2　装饰玻璃

装饰平板玻璃由于表面具有一定的颜色、图案和质感等，可以满足建筑装饰对玻璃的不同要求。装饰平板玻璃的品种有印刷玻璃、镜子玻璃、磨（喷）砂玻璃、压花玻璃、喷花玻璃、彩色玻璃等。

（1）印刷玻璃

印刷玻璃是在普通平板玻璃的表面用特殊的材料印制成各种图案的玻璃品种。印刷玻璃的图案和色彩丰富，常见的图案有线条形、方格形、圆形和菱形等。这类玻璃的印刷处不透光，空露的部位透光，有特殊的装饰效果。印刷玻璃主要用于商场、宾馆、酒店、酒吧、眼镜店和美容美发厅等装饰场所的门窗及隔断玻璃。

（2）镜子玻璃

镜子玻璃即装饰玻璃镜，是指采用高质量的磨光平板玻璃、浮法平板玻璃或茶色平板玻璃为基材，在玻璃表面通过化学（银镜反应）或物理（真空镀铝）等方法形成反射率极强的镜面反射的玻璃制品。为提高装饰效果，在镀镜之前可对原片玻璃进行彩绘、磨刻、喷砂、化学蚀刻等加工，形成具有各种花纹图案或精美字画的镜面玻璃。

（3）磨砂玻璃

磨砂玻璃也称毛玻璃，是指经研磨、喷砂或氢氟酸溶蚀等加工，使表面（单面或双面）成为均匀粗糙的平板玻璃。用硅砂、金刚砂、石榴石粉等作研磨材料，加水研磨制成的，称为磨砂玻璃；用压缩空气将细砂喷射到玻璃表面而制成的，称喷砂玻璃；用酸溶蚀的称酸蚀玻璃。

因为毛玻璃表面粗糙，使透过的光线产生漫射，造成透光、不透视，使室内光线不眩目、不刺眼。一般适用于建筑物的浴室、卫生间、办公室等的门窗及隔断，也可用作黑板及灯罩等。

（4）花纹玻璃

花纹玻璃按加工方法可分为压花玻璃和喷花玻璃两种。

压花玻璃又称滚花玻璃，是用带花纹图案的滚筒压制处于可塑状态的玻璃料坯而制成的。由于压花玻璃表面凸凹不平而形成不规则的折射光线，可将集中光线分散，使室内光线均匀、柔和、装饰效果较好。在压花玻璃有花纹的一面，用气溶胶对表面进行喷涂处理，玻璃可呈浅黄色、浅蓝色、橄榄色等。经过喷涂处理的压花玻璃，立体感强，且强度可提高 $50\%\sim70\%$。压花玻璃分为一般压花玻璃、真空镀膜压花玻璃、彩色膜压花玻璃等。

喷花玻璃又称胶花玻璃，是在平板玻璃表面贴上花纹图案，抹以保护层，再经喷砂处理制成的玻璃。

花纹玻璃常用于办公室、会议室、浴室，以及公共场所的门窗和各种室内隔断。

（5）彩色玻璃

彩色玻璃又称有色玻璃，分为透明和不透明两种。透明的彩色玻璃是在玻璃原料中加入一定的金属氧化物，按平板玻璃的生产工艺进行加工而成；不透明的彩色玻璃是用 $4\sim6mm$ 厚的平板玻璃按照要求的尺寸切割成型，然后经过清洗、喷釉、烘烤、退火而制成。

不透明的彩色玻璃又称釉面玻璃，彩色玻璃的彩面可用有机高分子涂料制得，这种彩面层为两层结构：底层由透明着色涂料组成，掺以很细的碎贝壳或铝箔粉；面层为不透明着色涂料。这种彩色釉面玻璃板从正面看，颜色如繁星闪闪发光，有着独特的外装饰效果。

彩色玻璃的颜色有红、黄、蓝、黑、绿、乳白等十余种，可拼成各种图案花纹，并有耐蚀、耐冲刷、易清洗等特点，主要用于建筑物的内外墙、门窗装饰及有特殊采光要求的部位。

12.6.2　安全玻璃

玻璃是脆性材料，当外力超过一定数值时，会碎裂成尖锐有棱角的碎片，破坏时几乎没有塑性变形。为了减少玻璃的脆性，提高强度及抗冲击性能，避免其碎块飞溅伤人，并使其兼有防火功能和装饰效果，可通过对普通玻璃进行增强处理，或采用特殊成分与其复合，经过增强改性后的玻璃称为安全玻璃。常用的安全玻璃品种有钢化、夹丝、夹层玻璃。

12.6.2.1　钢化玻璃

经物理（淬火）钢化或化学钢化处理后的平板玻璃称为钢化玻璃（又称强化玻璃）。钢化处理可使玻璃表面层产生残余压缩应力约 $70\sim180MPa$，因此其产品的强度、抗冲击性、热稳定性得到大幅度提高。

钢化玻璃的强度比普通玻璃大 4 倍以上，韧性提高约 5 倍，抗热冲击性能好，弹性好，在受到外力作用时能产生较大的变形而不破坏。受猛烈撞击破碎后呈圆滑微粒状颗粒，不会造成对人体的伤害，安全性较好。所以适用于高层建筑物的门窗、幕墙、隔墙、桌面玻璃及汽车的挡风玻璃、电视屏幕等。钢化玻璃还有较好的耐热性，可耐 200℃ 的温差变化。故可用来制造炉门上的观测窗、辐射式气体加热器、干燥器和弧光灯等。

钢化玻璃不能切割、磨削，边角不能碰击扳压，使用时需按现成尺寸规格选用，或提出具体设计图纸进行加工定制。

12.6.2.2　夹丝玻璃

夹丝玻璃也称防碎玻璃或钢丝玻璃，是将编织好的钢丝网压入已软化的红热玻璃中制成的。这种玻璃的抗折强度、抗冲击能力和耐温度剧变的性能都比普通玻璃好，破碎时玻璃碎片仍附着在钢丝上，因此安全性较好，适用于公共建筑的走廊、防火门、楼梯间、厂房天窗及各种采光屋顶等。

根据国家行业标准 JC 433—91（1996），我国生产的夹丝玻璃产品分为夹丝压花玻璃和夹丝磨光玻璃两类，颜色有无色透明的，还有彩色的。产品按厚度分为 6mm、7mm、

10mm 三种。产品按等级分为优等品、一等品和合格品。产品尺寸一般不小于 600mm×400mm，不大于 2000mm×1200mm。

12.6.2.3 夹层玻璃

夹层玻璃也称夹胶玻璃，是在两片或多片平板玻璃之间嵌夹透明塑料薄衬片，经加热、加压、粘接而成的平面或曲面的复合玻璃制品。生产夹层玻璃的原片可采用平板玻璃、钢化玻璃、热反射玻璃、吸热玻璃等。塑料膜片用聚乙烯醇缩丁醛较多。夹层玻璃的力学性能比普通玻璃高很多，这种玻璃被击碎后，由于中间有塑料衬片的粘接作用，所以仅产生辐射状的裂纹而不致伤人。

夹层玻璃厚度有 2mm、3mm、5mm、6mm、8mm，夹层玻璃的层数最多可达 9 层，这种玻璃一般子弹不易穿透，所以也称为防弹玻璃。

夹层玻璃主要用作汽车和飞机的挡风玻璃、防弹玻璃，以及有特殊安全要求的建筑门窗、隔墙、工业厂房的天窗和某些水下工程等。

12.6.3 节能装饰玻璃

传统的玻璃主要作用是用于建筑的采光，但随着建筑物门窗尺寸的加大，对门窗的保温隔热要求也相应提高，既节能，又有装饰性能的玻璃才能满足现在建筑的要求。节能装饰玻璃一般具有令人赏心悦目的外观色彩，而且还有特殊的对光和热的吸收、透视及反射的功能，用于建筑物外墙窗玻璃或制作玻璃幕墙，既美观，又能起到显著的节能效果，在现代一些高级建筑物上得到广泛应用。常用的节能装饰玻璃有吸热玻璃、热反射玻璃、光致变色玻璃和中空玻璃等。

12.6.3.1 吸热玻璃

吸热玻璃是一种可以控制阳光，能吸收全部或部分热射线（红外线），也能保持良好透光率的平板玻璃。

吸热玻璃又称本体着色玻璃，其生产方法有两种：一是在普通钠-钙硅酸盐玻璃中，加入有着色作用的氧化物，如氧化铁、氧化镍、氧化钴以及硒等，使玻璃带色并具有较高的吸热性能。二是在玻璃表面喷涂氧化锡、氧化锑、氧化钴等有色氧化物薄膜而制成。

吸热玻璃按颜色分，有灰色、茶色、蓝色、绿色、古铜色、粉红色、金色、棕色等。按成分分有硅酸盐吸热玻璃、磷酸盐吸热玻璃、光致变色吸热玻璃与镀膜玻璃等。

吸热玻璃能吸收 20%～80% 的太阳辐射热，透光率为 40%～75%。吸热玻璃除了能吸收红外线，还能减少紫外线的入射，可降低紫外线对人体和室内装饰及家具的损害。

目前，吸热玻璃在建筑工程中的门窗、外墙及车、船挡风玻璃等得到广泛应用，起到了采光、隔热、防眩等作用。另外，它还可以按不同用途进行加工，制成磨光、夹层、镜面及中空玻璃，在外部围护结构中用它配制彩色玻璃窗，在室内装饰中，用它镶嵌玻璃隔断，装饰家具以增加美感。

12.6.3.2 热反射玻璃

热反射玻璃，又称遮阳镀膜玻璃或镜面玻璃。这种玻璃既有较高的热反射性能，又保持了良好的透光性能。它是在玻璃表面用热解法、真空蒸镀法、阴极溅射等方法喷涂金、银、铝、铁等金属及金属氧化物或粘贴有机物的薄膜而制成的。

热反射玻璃有金色、茶色、灰色、紫色、褐色、青铜色及浅蓝色等。

热反射玻璃具有良好的隔热性能，对太阳辐射热的反射能力较强，反射率可达 30% 以上，最高可达 60％，而普通玻璃仅 7％～8％。镀金属膜的热反射玻璃还有单向透像作用，使白天在室内能看到室外景物，而在室外却看不到室内的景物，对建筑物内部起到遮蔽及帷幕的作用。

热反射玻璃主要用于有绝热要求的建筑物，适用于各种建筑物的门窗、汽车和轮船的玻璃窗、玻璃幕墙以及各种艺术装饰。目前，国内外还常用热反射玻璃来制成中空玻璃或夹层玻璃窗，以提高其绝热性能。

12.6.3.3　光致变色玻璃

受太阳或其它光线照射时，其颜色随光的增强而逐渐变暗，停止照射后又能恢复原来颜色的玻璃称为光致变色玻璃。它能自动调节室内的光线和温度。这种玻璃是在玻璃中加入卤化银，或在玻璃与有机夹层中加入钼和钨的感光化合物获得光致变色性。光致变色玻璃广泛应用于车辆、建筑物的挡风玻璃、计算机图像显示装置、光学仪器透视材料等，最普通的是用作光致变色眼镜。

12.6.3.4　中空玻璃

由两片或多片平板玻璃构成的，中间用边框隔开，四周边部用胶接或熔接的办法密封，中间充入干燥空气或其它气体制成的玻璃称为中空玻璃。制作这种玻璃可根据要求选用各种不同性能及规格的玻璃原片，间隔框常用铝质材料，也可用铜质材料，使用的密封胶和干燥剂，均要满足该玻璃制造工艺和性能的要求。玻璃原片厚度有 3mm、4mm、5mm 和 6mm，中空玻璃总厚度为 12～42mm。国产中空玻璃面积已达 3m×2m，充气层厚度一般为 6mm、9mm、12mm。

中空玻璃产品可适用于保温、防寒、隔音、防盗报警等，且一种产品可以具备多种功能。仅就节能而言，采用双层中空玻璃，冬季采暖的能耗可降低 25％～30％。这种玻璃主要用于需要保温、隔热、防止噪声等的建筑上，如住宅、饭店、宾馆、办公楼、学校、医院、商店等，也可用于火车、轮船等。

小　　结

建筑装饰材料可分为外墙装饰材料、内墙装饰材料、地面装饰材料、吊顶装饰材料、室内装饰用品及配套设备等，它是建筑装饰工程的物质基础，建筑装饰既能美化建筑物，又能对建筑物起到保护的作用。建筑装饰材料的选用原则：装饰效果好、环保、耐久、经济。

本章主要介绍了装饰用面砖、装饰板材、建筑玻璃等建筑装饰材料的主要品种、制作方法、装饰效果、特点、技术要求及应用范围。由于装饰材料发展快，品种繁多，产品良莠不齐，且价格较为昂贵，所以在选择使用时，应先进行市场调查，认真了解所用产品的质量、性能、规格，避免伪劣低质产品影响装饰质量。

能力训练习题

1. 判断题（对的打"√"，错的打"×"）

(1) 装饰材料在建筑中只起到装饰的作用。　　　　　　　　　　　　　　　　　　　（　　）

(2) 内外墙饰面材料在性能要求上是有差别的。　　　　　　　　　　　　　　　　　（　　）

(3) 釉面砖既可用于室内墙面装饰，又可用于室外墙面的装饰。　　　　　　　　　　（　　）

(4) 墙地砖是因为可墙、地两用而称为墙地砖。　　　　　　　　　　　　　　　　　（　　）

(5) 陶瓷锦砖可用于地面，也可用于内、外墙的饰面。　　　　　　　　　　　　　　（　　）

(6) 铝合金装饰板材属于金属材料类装饰板材。 （　　）

(7) 塑料贴面装饰板属于有机材料类装饰板材。 （　　）

(8) 花岗岩饰面板属于天然石材饰面板。 （　　）

(9) 大理石饰面板作为地面饰材，可用于人流较多的场所。 （　　）

(10) 建筑玻璃既耐酸又耐碱。 （　　）

(11) 平板玻璃运输与储存时，要垂直立放，且箱盖向上。 （　　）

(12) 钢化玻璃使用时，可进行切割、磨削等加工。 （　　）

(13) 夹丝玻璃、夹层玻璃、花纹玻璃均属于安全玻璃。 （　　）

2. 问答题

(1) 装饰材料在建筑中起什么作用？有哪几大类？

(2) 对装饰材料有哪些要求？在选用装饰材料时应注意些什么？

(3) 内、外墙的饰面材料在性能要求上有无差别？为什么？

(4) 对室内外的地面装饰材料的要求是否相同？为什么？适用于室外地面的装饰材料主要有哪些？

(5) 饰面陶瓷砖有哪几种？各有哪些性能、特点和用途？

(6) 常用的饰面板有哪些？适用于哪些部位？

(7) 中空玻璃、钢化玻璃各有何特性？

(8) 热反射玻璃和吸热玻璃有何不同？如何区别？

13 绝热材料和吸声材料

>>> 教学目标

　　通过本章学习，了解各种建筑绝热材料、吸声材料的定义、分类、作用，掌握建筑绝热材料、吸声材料的特点、主要技术性能及选用原则，并能根据环境条件，建筑工程的具体要求合理选用绝热材料、吸声材料。

13.1 绝热材料

　　在建筑中，将用于控制室内热量外流的材料称为保温材料；把阻止室外热量进入室内的材料称为隔热材料。保温、隔热材料统称为绝热材料。建筑物选择适当的绝热材料，既可保证室内有适宜的温度，为人们构筑一个温暖、舒适的环境，从而提高人们的生活质量，又可以减少建筑物的采暖和空调能耗而节约能源。

13.1.1 绝热材料的分类及基本要求

　　传热是指热量从高温区向低温区的自发流动，是一种由于温差而引起的能量转移。在自然界中，无论是在一种介质内部，还是在两种介质之间，只要存在温差，就会出现热传递过程。传热的方式有三种：导热、对流和辐射。材料的表观密度越小，热导率越小。在实际的热传递中，建筑材料的传热主要是靠导热。

　　衡量材料导热能力的主要指标是热导率 λ，热导率的物理意义是：在稳定传热条件下，当材料层单位厚度（1m）内的温差为1℃时，在单位时间（1s）内通过 $1m^2$ 表面积的热量。热导率越小，材料的导热能力越差，而保温隔热性能就越好。对绝热材料的基本要求是热导率 $\lambda \leqslant 0.175W/(m \cdot K)$，表观密度小于 $600kg/m^3$，抗压强度大于 0.3MPa。此外，还应根据工程特点，考虑材料的吸湿性、温度稳定性、耐腐蚀性等性能及技术经济指标。

　　绝热材料按成分分为：无机绝热材料（如浮石、火山渣、硅藻土、石棉、膨胀珍珠岩、加气混凝土、陶粒与陶砂、玻璃棉、中空玻璃等）；有机绝热材料（如软木、泡沫沥青、泡沫聚苯乙烯、泡沫聚氯乙烯、泡沫聚氨酯、泡沫脲醛树脂、泡沫橡胶、钙塑绝热板等）；复合绝热材料（如镀膜玻璃、铝箔夹心隔热膜、吸热涂层玻璃板等）。

13.1.2 影响材料绝热性能的主要因素

13.1.2.1 热导率

　　热导率 λ 是衡量材料导热能力的主要技术指标。热导率越小的材料，材料的保温隔热性能越好，绝热性能也越好。

13.1.2.2 材料的表观密度和孔隙特征

　　固体物质的热导率要比空气的热导率大得多，所以孔隙率较大、表观密度较小的材料由于含有较多的空气，其热导率较小，因此绝热性能较好。当孔隙率相同时，孔隙尺寸小而封闭的材料，比孔隙尺寸粗大且连通的材料的热导率要小，这是由于空气热对流作用减弱的缘故。

13.1.2.3 材料所处环境的温度、湿度

材料受潮后，其热导率会增大，原因是材料孔隙中增加了水蒸气的扩散和水分子的热传导作用，而水的热导率要比空气热导率大 20 倍之多，这在多孔材料中最为明显。若水结冰，热导率将进一步增大（冰的热导率约为空气热导率的 80 倍），所以，绝热材料要特别注意防水、防潮。

材料的热导率也随温度的升高而增大，原因是温度升高时，材料固体分子的热运动速度加快，同时，材料孔隙中空气的导热和孔壁间的辐射作用也有所增强。

13.1.2.4 热流方向

对于各向异性的材料（如木材），热流方向与纤维排列方向垂直时，材料的热导率要小于平行时的热导率。

由于保温绝热材料一般为多孔材料，所以其强度较低，除能单独承重的少数材料（如具有一定强度的加气混凝土）外，在围护结构中，通常把保温绝热层与承重结构层合并使用，建筑外墙的保温层通常做在内侧，以免受大气的侵蚀，但要选用不易破碎的材料（如软木板、木丝板等）；外墙以砖砌空斗墙或采用混凝土空心制品，保温材料可填充在墙体的空腔内，可采用散粒状或纤维状材料（如粒状矿渣棉、膨胀珍珠岩等）。屋顶保温层则放在屋面上为好，这样可防止钢筋混凝土屋面板上部由于冬夏温差而产生裂缝，但保温层上必须加做效果良好、可靠耐久的防水层。

13.1.3 常用的绝热材料

常用的绝热材料按其成分可分为有机和无机两大类。无机绝热材料是用矿物质原料做成的呈松散状、纤维状或多孔状的材料，可加工成板、卷材或套管等形式的制品。有机绝热材料是用有机原料（如各种树脂、软木、木丝、刨花等）制成。有机绝热材料的密度一般小于无机绝热材料。无机绝热材料特点：不腐烂、不燃，有些材料还能抵抗高温，但密度较大。有机绝热材料特点：吸湿性大，易受潮、腐烂，高温下易分解变质或燃烧，一般温度高于 120℃时就不宜使用，但堆积密度小，原料来源广，成本较低。

13.1.3.1 无机保温绝热材料

（1）玻璃棉及制品

以石灰石、萤石等天然矿物、岩石为主要原料，在玻璃熔炉中熔化后，经喷制而成的保温绝热材料称为玻璃棉。玻璃棉有普通玻璃棉和普通超细玻璃棉。

普通玻璃棉的纤维长度一般为 50～150mm，纤维直径为 12μm，超细玻璃棉纤维直径要更细，一般小于 4μm，其外观洁白如棉。玻璃棉制品适用于建筑保温，但在我国应用较少，主要原因是生产成本较高。

（2）矿棉和矿棉制品

矿棉一般包括矿渣棉和岩石棉。矿渣棉所用原料主要是工业废料（如高炉硬矿渣、铜矿渣和其它矿渣等），另加一些调整原料（含氧化钙、氧化硅的原料）。岩石棉的主要原料是天然岩石，经熔融后用压缩空气喷吹制成的纤维状（棉状）产品。

矿棉特点：质轻、不燃、绝热、电绝缘性能较好，且原料来源丰富，成本较低。可制成矿棉板、矿棉保温带、矿棉套管等，适用于建筑物的墙体保温、屋面保温和地面保温等。

(3) 石棉及制品

石棉是一种纤维状的无机结晶保温隔热材料。其特点：抗拉强度很高、耐高温、耐腐蚀、绝热、绝缘等。通常将其加工成石棉粉、石棉板、石棉毡等制品。适用于热表面绝热和防火覆盖等。

(4) 膨胀珍珠岩及制品

珍珠岩是一种酸性火山玻璃质岩石，内部含有 3%～6% 的结合水，当受高温作用时，玻璃质由固态软化为黏稠状态，内部水则由液态转变为一定压力的水蒸气向外扩散，使黏稠的玻璃质不断膨胀，当被迅速冷却达到软化温度以下时，就形成一种多孔结构的物质，即称为膨胀珍珠岩。

膨胀珍珠岩特点：表观密度小、热导率低、化学稳定性好、使用温度范围广、吸湿性小、无毒、无味、吸声性好等。膨胀珍珠岩及制品的生产占我国保温材料年产量的一半以上，作为一种轻质的保温材料在我国得到广泛使用。

(5) 膨胀蛭石及制品

膨胀蛭石是由天然物——蛭石，经烘干、破碎、焙烧，在短时间内体积急剧膨胀而成的一种金黄色或灰白色的颗粒状材料。

膨胀蛭石的特点：表观密度小，热导率小、防火、防腐、化学稳定性好、无毒、无味等。其应用与膨胀珍珠岩及制品相同。

13.1.3.2 无机多孔类绝热材料

无机多孔类绝热材料主要有泡沫类和发气类产品。在这类绝热材料的整个体积内含有大量均匀分布的气孔（开口气孔、封闭气孔或二者皆有）。

(1) 泡沫混凝土

由水泥、水、松香泡沫剂混合后经搅拌、成型、养护而成的一种多孔、轻质、保温、隔热、吸声材料称为泡沫混凝土。也可用粉煤灰、石灰、石膏和泡沫剂制成粉煤灰泡沫混凝土。泡沫混凝土的表观密度为 $300\sim500\text{kg/m}^3$，热导率为 $0.082\sim0.186\text{W/(m·K)}$。

(2) 加气混凝土

由水泥、石灰、粉煤灰和发气剂（铝粉）配制而成的一种保温隔热轻质材料称为加气混凝土。由于加气混凝土的表观密度小（$500\sim700\text{kg/m}^3$），热导率值 $[0.093\sim0.164\text{W/(m·K)}]$ 比黏土砖要低，因而 24cm 厚的加气混凝土墙体，其保温隔热效果优于 37cm 厚的砖墙。此外，加气混凝土的耐火性能良好。

(3) 硅藻土

硅藻土由水生硅藻类生物的残骸堆积而成。其孔隙率为 $50\%\sim80\%$，热导率约为 0.060W/(m·K)，因此具有很好的绝热性能。最高使用温度可达 900℃。可用作填充料或制成制品。

(4) 微孔硅酸钙

由硅藻土或硅石与石灰等经配料、拌和、成型及水热处理而制成。以托贝莫来石为主要水化产物的微孔硅酸钙，表观密度约为 200kg/m^3，热导率约为 0.047W/(m·K)，最高使用温度约 650℃。以硬硅钙石为主要水化产物的微孔硅酸钙，其表观密度约为 230kg/m^3，热导率约为 0.056W/(m·K)，最高使用温度可达 1000℃。

(5) 泡沫玻璃

由玻璃粉和发泡剂等经配料、烧制而成。气孔率达 80%～95%，气孔直径为 0.1～5mm，且大量为封闭而孤立的小气泡。其表观密度为 150～600kg/m³，热导率为 0.058～0.128W/(m·K)，抗压强度为 0.8～15MPa。采用普通玻璃粉制成的泡沫玻璃最高使用温度为 300～400℃，若用无碱玻璃粉生产时，则最高使用温度可达 800～1000℃。耐久性好、易加工，可满足多种绝热需要。

13.1.3.3　有机绝热材料

（1）泡沫塑料

泡沫塑料是以各种树脂为基料，加入一定剂量的发泡剂、催化剂、稳定剂等辅助材料，经加热发泡而制成的一种具有轻质、绝热、吸声、防震性能良好的材料。

泡沫塑料的特点：轻质、保温、隔热、吸声、防震、耐腐蚀、耐霉变、易加工、施工性能好等。但造价较高，且具有可燃性，因此应用上受到一些限制。

（2）植物纤维复合板

以植物纤维为主要材料，加入胶凝材料和填料制成的有机绝热材料称为植物纤维复合板。如木丝板、甘蔗板、软木板等。植物纤维复合板特点：轻质、吸声、保温、隔热等。

13.2　吸声材料

一般来讲，坚硬、光滑、结构紧密的材料吸声能力差，反射能力强，而结构粗糙、松软、具有相互贯通内外微孔的多孔材料吸声能力好，反射能力差，如玻璃棉、矿棉、泡沫塑料、木丝板、半穿孔吸声装饰纤维板及微孔砖等。

13.2.1　影响材料吸声性能的因素

（1）材料内部孔隙率及孔隙特征

相互连通的细小开放性的孔隙，其吸声性能好，而粗大孔、封闭的微孔其吸声性能较差。而保温隔热材料则是封闭的不连通的孔隙越多，其保温隔热性能越好。

（2）材料的厚度

增加材料的厚度可提高材料的吸声系数，但厚度对高频声波系数的影响并不显著，所以为提高材料的吸声能力而盲目增加材料的厚度是不可取的。

（3）材料的空气层

空气层实际上相当增加了材料的有效厚度，所以，材料的吸声性能随空气层厚度的增加而提高，特别是改善对低频的吸收，它比增加材料厚度来提高对低频的吸收效果更有效。

（4）温度和湿度

温度对材料的吸声性能影响并不是很显著，温度的影响主要是改变入射声波的波长，使材料的吸声系数产生相应的改变。湿度对多孔材料的影响主要是多孔材料容易吸湿变形，滋生微生物，从而堵塞孔洞，降低材料的吸声性能。

13.2.2　多孔吸声材料的分类

凡是符合多孔吸声材料构造特征的，都可以作为吸声材料使用。目前，市场上出售的多孔吸声材料品种较多，详见表 13-1。

表 13-1　多孔吸声材料基本类型

分类	主要种类	常用吸声材料	特点及应用
纤维类	有机纤维材料	动物纤维：毛毡等	价格贵，不常用
		植物纤维：麻绒、海草等	防火、防潮性能差，原料来源丰富
	无机纤维材料	玻璃纤维：中粗棉、超细棉、玻璃棉毡	吸声性能好、保温隔热、不自燃、防腐、防潮、应用广泛
		矿渣棉：散棉、矿棉毡等	吸声性能好、松散材料易自重下沉、施工扎手
	纤维材料制品	软质木纤维板、矿棉吸声板、岩棉吸声板、玻璃棉吸声板等	装配式施工，多用于室内吸声装饰工程
颗粒类	板材	膨胀珍珠岩吸声装饰板	轻质、不燃、保温、隔热、强度偏低
	砌块	矿渣吸声砖、膨胀珍珠岩吸声砖、陶土吸声砖	多用于砌筑截面较大的消声器
泡沫类	泡沫塑料	聚氨酯及脲醛泡沫塑料	吸声性能不稳定，吸声系数使用前应实测
	其它	泡沫玻璃	强度高、防水、不燃、耐腐蚀、价格贵、应用较少
		加气混凝土	微孔不贯通，应用较少
		吸声粉刷	多用于不易施工的墙面等处

<h1 align="center">小　结</h1>

　　绝热、吸声材料是提高建筑物使用功能质量及改善人们生活环境所必需的建筑材料。

　　绝热材料主要是由轻质、多孔、疏松或纤维状材料组成。材料及制品的保温隔热性能可用热导率表示，热导率越小，材料的保温隔热效果越好（即绝热性能就越好）。绝热材料受潮后，其绝热性能会下降，所以绝热材料在使用时应注意防潮。

　　吸声材料的吸声系数越大，其吸声效果越好。在建筑物内部选用合适的吸声材料，能改善声波在室内的传播和减少噪声的危害。

<h1 align="center">能力训练习题</h1>

问答题

1. 何谓绝热材料？

2. 什么叫材料的热导率？影响材料热导率的因素有哪些？

3. 用什么技术指标来评定材料绝热性能的好坏？

4. 影响材料绝热性能的主要因素有哪些？

5. 为什么使用绝热材料时要特别注意防水防潮？

6. 绝热材料有哪些类型？

7. 影响吸声材料吸声效果的因素有哪些？

参 考 文 献

［1］张雄，张永娟主编．建筑功能砂浆．北京：化学工业出版社，2006.

［2］沈春林，苏立荣，岳志俊编著．建筑防水材料．北京：化学工业出版社，2001.

［3］张承志主编．建筑混凝土．第2版．北京：化学工业出版社，2007.

［4］马眷荣等编著．建筑玻璃．第2版．北京：化学工业出版社，2006.

［5］刘祥顺主编．建筑材料．第3版．北京：中国建筑工业出版社，2011.

［6］高琼英主编．建筑材料．第4版．武汉：武汉理工大学出版社，2012.

［7］汪绯，杨东贤主编．建筑材料应用技术．哈尔滨：黑龙江科学技术出版社，2001.

［8］杨胜敏编著．建筑材料及应用．北京：中国农业科学技术出版社，2007.

［9］王秀花主编．建筑材料．第2版．北京：机械工业出版社，2013.

［10］刘学应主编．建筑材料．北京：机械工业出版社，2011.

［11］李文利主编．建筑材料．北京：中国建材工业出版社，2004.

［12］范文昭主编．建筑材料．第3版．北京：中国建筑工业出版社，2010.

［13］卢经扬，余素萍主编．建筑材料．第2版．北京：清华大学出版社，2011.

［14］姜志青主编．道路建筑材料．第3版．北京：人民交通出版社，2009.

［15］湖南大学，天津大学，同济大学，东南大学四校合编．土木工程材料．第2版．北京：中国建筑工业出版社，2011.

［16］冯文元，张友民，冯志华编著．新编建筑材料检验手册．北京：中国建材工业出版社，2013.

［17］公路沥青路面施工技术规范（JTG F40—2004）.

［18］公路水泥混凝土路面施工技术细则（JTG F30—2014）.